校企合作土木与建筑工程专业系列丛书
互联网+创新型“十四五”精品教材

工程造价管理

（微课版）

主　编◎纪仁芹　黄昌文　陈俊东
余宏武　梁本涛
副主编◎李文倩　刘　祥　雷小娟
徐　立　黎琪春　胡庭华
王　飞

哈爾濱工程大學出版社
Harbin Engineering University Press

内 容 简 介

本书共十个项目，主要包括工程造价管理概论、工程造价构成、建设项目决策阶段造价管理、建设项目设计阶段造价管理、建设项目发承包阶段造价管理、建设项目施工阶段造价管理、建设项目竣工与交付阶段造价管理、工程造价审计、工程造价风险管理、工程造价管理的发展趋势与展望。全书将理论知识与工程实践的实例结合，具有较强的指导性和可读性。

本书具有内容翔实、深浅适度、可操作性强、适用面广等特点，既可作为职业院校建筑工程管理专业的教材，也可作为工程技术人员学习工程造价知识的参考用书。

图书在版编目（CIP）数据

工程造价管理 ： 微课版 / 纪仁芹等主编. -- 哈尔滨 ： 哈尔滨工程大学出版社, 2025. 6. -- ISBN 978-7-5661-4802-5

Ⅰ. TU723.3

中国国家版本馆 CIP 数据核字第 2025X29T60 号

工程造价管理（微课版）
GONGCHENG ZAOJIA GUANLI（WEIKE BAN）

选题策划 张林峰
责任编辑 李 暖

出版发行 哈尔滨工程大学出版社
社 址 哈尔滨市南岗区南通大街 145 号
邮政编码 150001
电 话 0451-82519989
经 销 新华书店
印 刷 唐山唐文印刷有限公司
开 本 787 mm×1 092 mm 1/16
印 张 16.5
字 数 422 千字
版 次 2025 年 6 月第 1 版
印 次 2025 年 6 月第 1 次印刷
书 号 ISBN 978-7-5661-4802-5
定 价 49.80 元
http://www.hrbeupress.com
E-mail:heupress@hrbeu.edu.cn

前　言

党的二十大报告指出，“坚持尊重劳动、尊重知识、尊重人才、尊重创造，实施更加积极、更加开放、更加有效的人才政策”“着力形成人才国际竞争的比较优势。加快建设国家战略人才力量”“深化人才发展体制机制改革……把各方面优秀人才集聚到党和人民事业中来”。

工程造价管理不仅关乎工程项目的经济效益，还影响着建筑市场的规范性和行业的进步。加强工程造价管理对于确保建筑工程的顺利实施和推动建筑行业的健康发展具有重要意义。为满足社会对工程造价技术人才的需求，以及适应学校相关专业教学的需要，我们编写了这本《工程造价管理（微课版）》教材，希望为广大学生及读者提供全面、深入的学习资源。本书具有以下特点。

（1）内容全面且系统。本书从工程造价管理的基础知识讲起，逐步深入其专业应用技术等方面的知识。这种全面且系统的内容安排，使读者可以快速建立起对工程造价管理的整体认识，并深入了解其应用细节。

（2）强调实践与应用。本书不仅仅是一本理论图书，还包含了大量的实践和应用内容，以帮助读者理解工程造价管理的知识点，提高其动手解决问题的能力。

（3）图文并茂，易于理解。为了让读者更好地理解工程造价管理，本书以图文结合、图表结合的方式呈现，这种方式不仅增强了教材的可读性，也方便了读者对知识的理解和记忆。

本书由纪仁芹（武汉工程科技学院）、黄昌文（安徽弘泰建设管理有限公司芜湖江北新区分公司）、陈俊东（安徽省良基项目管理有限公司）、余宏武（安徽正大永道工程咨询有限公司）、梁本涛（安徽同升工程管理咨询有限责任公司）担任主编，由李文倩（沧州职业技术学院），刘祥、雷小娟（重庆华西工程造价咨询有限公司），徐立、黎琪春（重庆渝隆环保有限公司），胡庭华（重庆凌淼建设工程有限公司），王飞（同致诚工程咨询有限公司）担任副主编。本书的相关资料和售后服务可扫封底微信二维码或登录 www.bjzzwh.com 下载获得。

在编写本书的过程中，编者参考了大量资料，在此向相关人员表示感谢。由于编者水平有限，书中难免存在不足之处，恳请广大读者批评指正并提出宝贵意见。

编　者

目 录

项目一

工程造价管理概论

项目导读

工程造价管理是工程项目成功的关键，它确保投资合理、成本可控，优化资源配置，提升项目经济效益。通过科学管理和有效控制，实现工程造价的精准预测、合理确定与有效调整，为项目决策提供重要依据，保障工程顺利实施，促进建筑行业健康发展。本项目将带领读者初步了解工程造价管理，包括工程造价、工程计价、工程造价管理和我国工程造价管理体系。

学习目标

知识目标

1. 掌握工程造价的基本概念及其在不同角度（投资者、承包商）下的含义。

2. 理解工程计价的基本原理和方法，以及工程计价在工程造价管理中的重要性。

能力目标

1. 能够运用工程造价管理知识，对工程项目进行初步的成本估算和预算。

2. 具备一定的工程计价能力，能够根据工程项目的实际情况，选择合适的计价方法进行计算。

素质目标

1. 培养严谨的工程造价管理思维，注重细节，确保工程造价的准确性和合理性。

2. 提升团队协作和沟通能力，能够在工程造价管理团队中发挥积极作用，共同完成项目目标。

思政目标

培养学生树立正确的价值观与职业操守，使其在工程造价管理中坚持诚实守信、公平公正的原则，为我国工程造价行业的健康发展贡献自己的力量，同时提升个人的职业道德素养和社会责任感。

任务一　工 程 造 价

任务描述

某高层住宅楼项目进入竣工结算阶段，总建筑面积 80 000 m^2，包含土建、水电安装及装饰装修工程，总造价预算约 3 亿元。现需对项目实际工程造价进行详细审计，核对工程量、材料价格及设计变更费用，确保结算数据真实准确，为项目最终成本结算提供依据。

任务分析

审计需对各分项工程量进行逐一复核，对比预算与实际差异；核查材料市场价格波动，确保计价合理；严格审查设计变更费用，避免不合理支出。通过全面审计，确保结算金额真实反映项目成本，为项目财务结算提供有力支持。

任务实施

一、工程造价概念

工程造价是工程项目在建设期预计或实际支出的建设费用，包括投资估算、设计概算、修正概算、施工图预算、工程结算、竣工决算等核心内容。

扫一扫

工程造价概念

二、工程造价含义

由于所处的角度不同，工程造价有不同的含义。

（一）投资者角度

从投资者（业主）的角度来看，工程造价是指建设一项工程所需的全部固定资产投资费用，包括预期开支和实际开支。投资者为实现投资项目的预期效益，需对项目进行策划决策、建设实施（设计、施工）直至竣工验收等一系列活动。在这些活动中产生的全部费用即构成工程造价。因此，工程造价即为建设工程的固定资产总投资。

（二）市场交易角度

从市场交易的角度来看，工程造价是指在工程发承包交易活动中形成的建筑安装工程费用或建设工程总费用。其含义是指以建设工程为交易对象，通过招标投标等方式，在多次预估基础上由市场形成的价格。工程可以是整个项目、单项工程、单位工程或分部工程（如建筑安装工程、装饰装修工程等）。随着经济发展、技术进步和市场完善，工程建设中的中间产品增多，商品交换频繁，工程价格种类和形式将更加丰富。

工程承发包价格是一种重要且较为典型的工程造价形式，是在建筑市场通过发承包交易（多数为招标投标），由需求主体（投资者或建设单位）和供给主体（承包商）共同认可的价格。

工程造价的两种含义实质上就是从不同角度把握同一事物的本质。对投资者而言，工程造价就是项目投资，是“购买”工程项目需支付的费用；同时，工程造价也是投资者作为市场供给主体“出售”工程项目时确定价格和衡量投资效益的尺度。

任务二　工程计价

任务描述

某城市桥梁建设项目已完工，全长 2 km，包含基础施工、主体结构及桥面铺装等多环节，初步估算总造价为 2 亿元。现需对工程进行计价审计，核对各施工环节的实际成本，包括材料、人工及机械费用，确保计价准确合理，为项目最终结算提供可靠数据支持。

任务分析

审计需细致梳理各施工环节成本，核对材料采购价格、人工费用标准及机械使用时长；对比预算与实际成本差异，分析原因；严格审查计价依据，确保计价过程合规合理，为项目成本结算提供准确依据。

任务实施

工程计价是按照法律法规和标准等规定的程序、方法和依据，对工程造价及其构成内容进行的预测或确定行为。工程造价的预测或确定主要是对工程建设各阶段所需费用进行预测或确定，即明确工程造价的目标值。工程计价过程涵盖工程概预算、工程结算和竣工决算。工程概预算是指在工程建设项目开工前，对所需人力、物力资源及资金进行预先计算的过程。其目的是有效确定和控制建设项目的投资，并为人力、物力、财力的调配做好准备，以确保工程项目顺利实施。

一、工程计价特征

工程项目的特点决定了工程计价具有以下特征。

（一）计价的单件性

建筑产品的单件性特点决定了每项工程都必须单独计算造价。

（二）计价的多次性

工程项目的实施需要按照既定程序进行策划决策和建设推进。与此相对应，工程计价也需要在项目的不同阶段多次开展，以确保造价计算的精确性和控制措施的有效性。这种多次计价的过程是一个逐步深化、细化并不断逼近实际造价的动态过程。工程多次计价过程如图 1-1 所示。

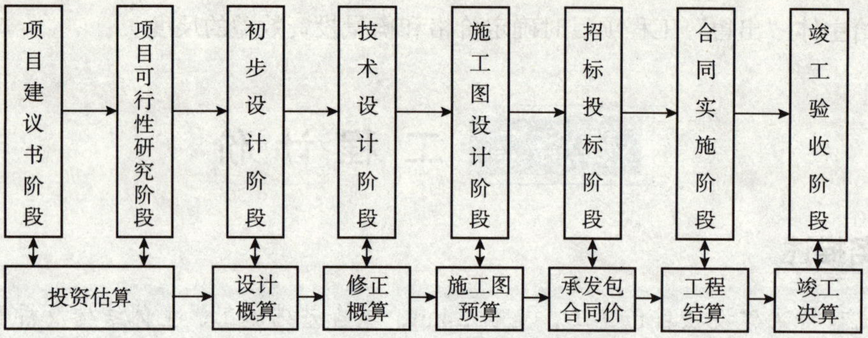

图 1-1　工程多次计价过程示意图

1. 投资估算

投资估算是指在项目建议书和可行性研究阶段通过编制估算文件预先测算的工程造价。投资估算是进行项目决策、筹集资金和合理控制造价的主要依据。

2. 设计概算

设计概算是指在初步设计阶段，根据设计意图，通过编制工程概算文件，预先测算的工程造价。与投资估算相比，设计概算的准确性有所提高，但受投资估算控制。设计概算一般又可分为建设项目总概算、各单项工程综合概算和各单位工程概算。

3. 修正概算

修正概算是指在技术设计阶段，根据技术设计要求，通过编制修正概算文件预先测算的工程造价。修正概算是对初步设计概算的修正和调整，比设计概算准确，但受设计概算控制。

4. 施工图预算

施工图预算是指在施工图设计阶段，根据施工图纸，通过编制预算文件预先测算的工程造价，如图 1-2 所示。施工图预算相较于设计概算或修正概算更为详细和精确，但其编制仍需遵循前一阶段工程造价的控制要求。当前，部分工程项目在招标过程中需明确招标控制价，以此作为投标报价的上限约束。

5. 承发包合同价

承发包合同价是指在工程发承包阶段通过签订合同所确定的价格。合同价属于市场价格，它是由发承包双方根据市场行情通过招标投标等方式达成一致、共同认可的成交价格。但应注意，合同价并不等同于最终结算的实际工程造价。由于计价方式不同，合同价的内涵也会有所不同。

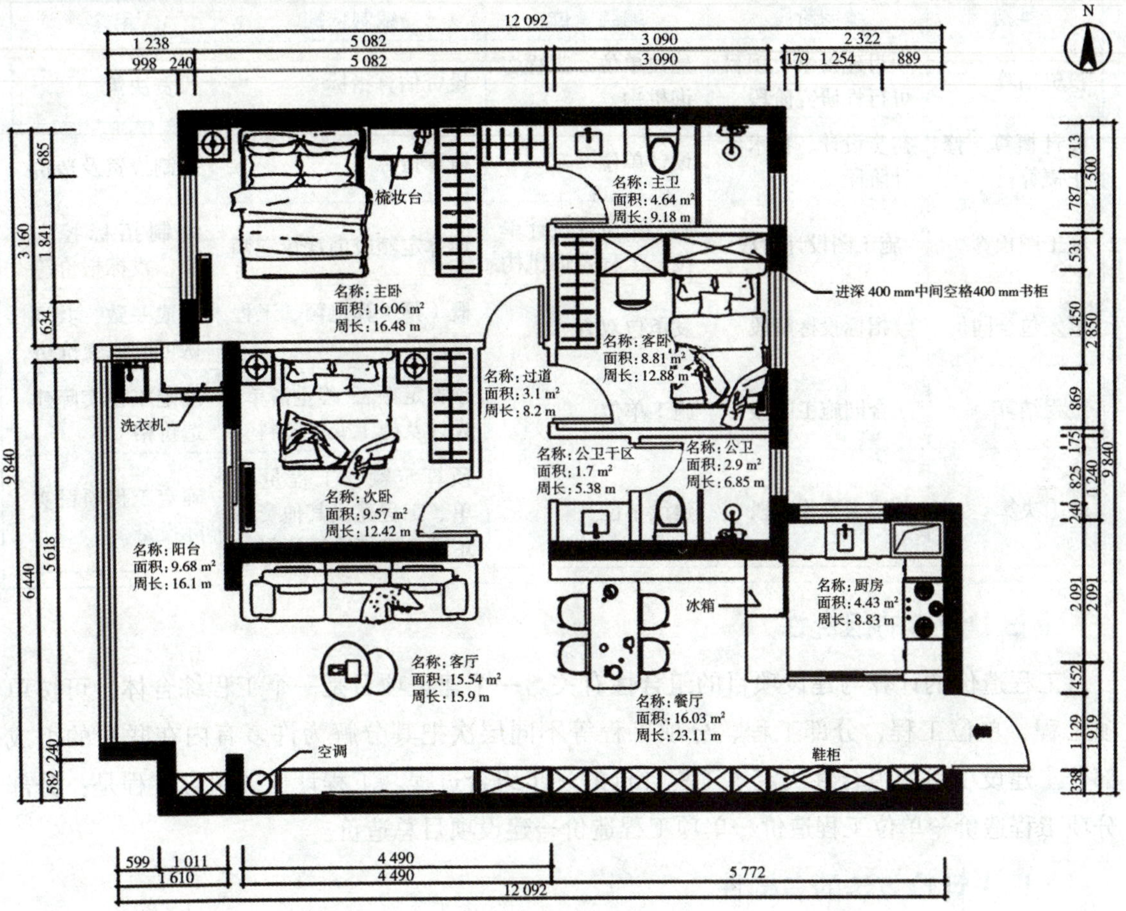

平面布置（1∶60）

图 1-2　施工图纸

6. 工程结算

工程结算涵盖施工过程中的中间结算和竣工验收阶段的竣工结算。其计算需依据合同范围内实际完成的合格工程量，并结合合同约定的调价范围和调价方法，对工程量增减、设备及材料价差等因素进行调整，最终确定结算价格。工程结算反映了工程项目的实际造价。通常情况下，结算文件由承包单位编制，发包单位负责审查，也可委托工程造价咨询机构进行审核。

7. 竣工决算

竣工决算是指建设项目竣工决算阶段，以实物数量和货币指标为计量单位，综合反映竣工项目从筹建开始到项目竣工交付使用为止的全部建设费用。竣工决算文件一般由建设单位编制，上报相关主管部门审查。

小贴士

上述不同计价过程之间存在的差异见表 1-1。

表 1-1　不同计价过程的对比

类别	编制阶段	编制单位	编制依据	用途
投资估算	项目建议书、项目可行性研究阶段	建设单位、工程咨询机构	投资估算指标	投资决策
设计概算、修正概算	初步设计、技术设计阶段	设计单位	概算指标	控制投资及造价
施工图预算	施工图设计阶段	施工单位或设计单位、工程咨询机构	预算定额或消耗量定额	编制招标控制价、投标报价等
承发包合同价	招标投标阶段	发承包双方	概（预）算定额、工程量清单	达成一致、共同认可的成交价格
工程结算	合同施工阶段	施工单位	预算定额、工程量清单、设计及施工变更资料	确定工程实际建造价格
竣工决算	竣工验收阶段	建设单位	预算定额、工程量清单、工程建设其他费用定额、竣工决算资料	确定工程项目实际投资

（三）计价的组合性

工程造价的计算与建设项目的组合性有关。一个建设项目是一个工程综合体，可按单项工程、单位工程、分部工程、分项工程等不同层次把其分解为许多有内在联系的组成部分。建设项目的组合性决定了工程计价的逐步组合过程。工程计价的组合过程是：分部分项工程造价→单位工程造价→单项工程造价→建设项目总造价。

（四）计价方法的多样性

工程项目的多次计价具有不同的计价依据，且每次计价对精确度的要求各异，这决定了计价方法的多样性。例如，投资估算可采用设备系数法、生产能力指数估算法等方法，而概预算则可采用单价法、实物法等。不同的方法适用于不同的条件，因此在计价过程中需根据具体情况进行合理选择。

（五）计价依据的复杂性

影响工程造价的因素较多，这决定了工程计价依据的复杂性。计价依据主要可分为以下七类，见表 1-2。

表 1-2　计价依据分类

计价依据	内容
设备和工程量计算依据	包括项目建议书、可行性研究报告、设计文件等
人工、材料、机械等实物消耗量计算依据	包括投资估算指标、概算定额、预算定额等

表 1-2（续）

计价依据	内容
工程单价计算依据	包括人工单价、材料价格、材料运杂费、机械台班费等
设备单价计算依据	包括设备原价、设备运杂费、进口设备关税等
措施费、间接费和工程建设其他费用计算依据	主要是相关的费用定额和指标
政府规定的税费	包括社会保险费、增值税等
物价指数和工程造价指数	包括建筑安装工程造价指数、设备工器具价格指数和工程建设其他费用指数等

二、工程量清单计价

（一）工程量清单计价概念

我国目前主要使用工程量清单计价方法。清单计价是指在建设工程招标投标中，按照国家统一的工程量清单计价规范，由具有编制招标文件能力的招标人或由招标人委托具有资质的中介机构编制反映工程实体性消耗和措施性消耗的工程量清单，并作为招标文件的一部分提供给投标人，由投标人依据工程量清单，根据各种渠道所获得的工程造价信息和经验数据，结合企业定额自主报价的计价方式。

清单计价方法通过引入市场机制，将工程计价过程明确划分为清单编制和投标报价两个阶段。这种方法不仅有效规范了建设市场主体的行为，维护了交易秩序，还实现了招标方与投标方之间的风险合理分担，从而进一步促进了建设市场的有序竞争，推动了企业的健康可持续发展。

（二）工程量清单计价程序

工程量清单计价的基本程序如图 1-3 所示。

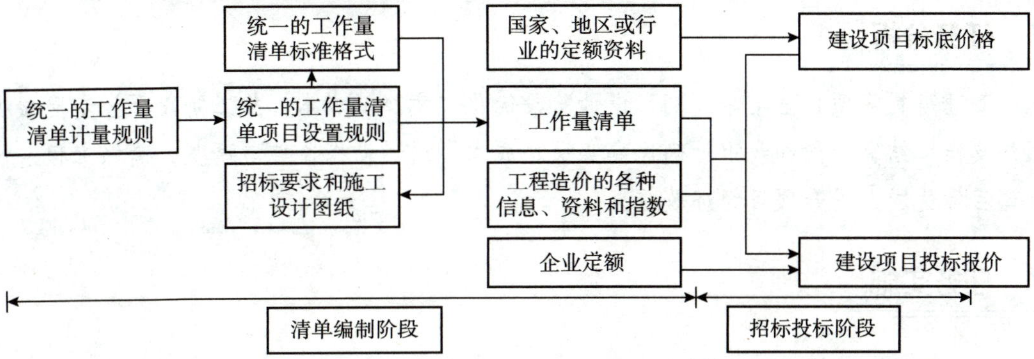

图 1-3　工程量清单计价的基本程序

1. 计算分部分项工程费

分部分项工程费的计算公式为

分部分项工程费 =∑（分部分项工程量 × 相应分部分项工程综合单价）　　（1-1）

其中，

$$分部分项工程综合单价 = 人工费 + 材料费 + 机械费 + 管理费 + 利润 \quad (1\text{-}2)$$

2. 计算措施项目费

措施项目费的计算公式为

$$措施项目费 = \sum（措施项目工程量 \times 措施项目综合单价） \quad (1\text{-}3)$$

3. 计算单位工程报价

单位工程报价的计算公式为

$$单位工程报价 = 分部分项工程费 + 措施项目费 + 其他项目费 + 规费 + 税金 \quad (1\text{-}4)$$

4. 计算单项工程报价

单项工程报价的计算公式为

$$单项工程报价 = \sum 单位工程报价 \quad (1\text{-}5)$$

5. 计算建设项目总报价

建设项目总报价的计算公式为

$$建设项目总报价 = \sum 单项工程报价 \quad (1\text{-}6)$$

任务三 工程造价管理

任务描述

某大型公共设施建设项目，涵盖土建、机电安装及智能化系统，预算总造价 5 亿元。现需实施全程工程造价管理，从设计概算到施工预算，再到结算审计，确保各阶段造价可控，及时发现并纠正成本偏差，保障项目资金高效使用，实现造价目标。

任务分析

管理需贯穿项目全生命周期，设计阶段优化方案降低成本，施工阶段严控变更减少额外支出，结算阶段细致审计确保真实反映成本。通过动态监控与调整，确保工程造价管理目标达成，提升项目经济效益。

任务实施

一、工程造价管理概念

工程造价管理是指综合运用管理学、经济学和工程技术等领域的知识与方法，对工程造价进行预测、规划、控制、核算、分析和评估的过程。它既包括宏观层面的工程建设投资管理，也涉及微观层面的工程项目费用管理。

（一）工程造价的宏观管理

工程造价的宏观管理是指政府部门根据社会经济发展需求，利用法律、经济和行政等手段规范市场主体的价格行为、监控工程造价的系统活动。

（二）工程造价的微观管理

工程造价的微观管理是指工程参建主体根据工程计价依据和市场价格信息等预测、计划、控制、核算工程造价的系统活动。

二、工程造价管理的组织系统

工程造价管理的组织系统是由承担造价管理职能的相关主体及其协同运作机制构成的有机整体。我国建立了覆盖多部门、多层级的造价管理组织架构，各机构在明确的权责划分基础上，共同开展造价管理活动。

（一）政府行政管理系统

政府在工程造价管理中既是宏观管理主体，也是政府投资项目的微观管理主体。从宏观管理的角度，政府对工程造价管理有严密的组织系统，设置了多层管理机构，规定了管理权限和职责范围。

1. 国务院建设主管部门造价管理机构

国务院建设主管部门造价管理机构的主要职责如下。

（1）组织制定工程造价管理有关法规、制度并组织贯彻实施。

（2）组织制定全国统一经济定额和制定、修订本部门经济定额。

（3）监督指导全国统一经济定额和本部门经济定额的实施。

（4）制定和负责全国工程造价咨询企业的资质标准及其资质管理工作。

（5）制定全国工程造价管理专业人员职业资格准入标准，并监督执行。

2. 国务院其他部门的工程造价管理机构

国务院其他部门的工程造价管理机构包括水利、水电、电力、石油、石化机械、冶金、铁路、煤炭、建材、林业、有色、核工业、公路等行业和军队的造价管理机构。其主要职责是修订、编制和解释相应的工程建设标准定额，有的还担负本行业大型或重点建设项目的概算审批、概算调整等职责。

3. 省、自治区、直辖市工程造价管理部门

省、自治区、直辖市工程造价管理部门的主要职责是修编、解释当地的定额、收费标准和计价制度等。此外，其还有开展工程造价审查（核）、提供造价信息、处理合同纠纷等职责。

（二）企事业单位管理系统

企事业单位的工程造价管理属于微观管理。设计单位、工程造价咨询单位等在可行性

研究和设计阶段，通过限额设计等手段合理确定和控制造价；在招投标阶段，编制招标文件、标底或控制价，参与评标和合同谈判；在施工阶段，通过计量支付、变更与索赔管理控制造价。这些单位通过造价管理提升业绩和市场竞争力。

工程承包单位的造价管理是企业自身管理的重要内容。工程承包单位设有专门的职能机构参与企业投标决策，通过市场调查研究，利用过去积累的经验研究报价策略、提出报价。其在施工过程中进行工程造价的动态管理，注意各种调价因素的发生，及时进行工程价款结算，避免收益的流失，以促进企业盈利目标的实现。

（三）行业协会管理系统

中国建设工程造价管理协会（China Cost Engineering Association，CCEA）是经住房和城乡建设部及民政部批准成立、代表我国建设工程造价管理的全国性行业协会，是亚太区测量师协会（Pacific Asia Quantity Surveyors，PAQS）和国际造价管理联合会（International Cost Engineering Council，ICEC）等相关国家组织的正式会员，如图 1-4 所示。

图 1-4　中国建设工程造价管理协会官网

近年来，为加强对工程造价咨询工作及造价工程师的规范化管理，各地相继成立了省级工程造价管理协会。全国性造价管理协会与地方工程造价管理协会之间建立了平等协作、相互支持的工作机制，地方工程造价管理协会在业务上工程接受全国性工程造价管理协会的指导，双方协同推动工程造价行业管理水平的全面提升。

三、工程造价管理的主要内容及基本原则

（一）工程造价管理的主要内容

在工程建设全过程的不同阶段，工程造价管理有着不同的工作内容，其目的是在优化建设方案、设计方案和施工方案的基础上有效控制建设工程项目的实际费用支出，见表 1-3。

表 1-3　工程造价管理的主要内容

工程建设阶段	工程造价管理的工作内容
工程项目策划阶段	按照有关规定编制和审核投资估算，经有关部门批准即可作为拟建工程项目的控制造价；基于不同的投资方案进行经济评价，作为工程项目决策的重要依据
工程设计阶段	在限额设计、优化设计方案的基础上编制和审核工程概算、施工图预算。对于政府投资工程而言，经有关部门批准的工程概算将作为拟建工程项目造价的最高限额
工程承发包阶段	进行招标策划，编制和审核工程量清单、招标控制价或标底，确定投标报价及其策略，直至确定承包合同价
工程施工阶段	进行工程计量及工程款支付管理，实施工程费用动态监控，处理工程变更和索赔
工程竣工阶段	编制和审核工程结算，编制竣工决算，处理工程保修费用等

（二）工程造价管理的基本原则

实施有效的工程造价管理，应遵循以下三项原则。

1. 以设计阶段为重点的全过程造价管理

工程造价管理应贯穿工程建设全过程，尤其要注重设计阶段。其关键在于前期决策和设计，项目投资决策后，控制造价关键在设计。建设工程全生命期费用涵盖工程造价、交付使用后日常开支及报废拆除费用等。

我国长期将控制造价精力主要放在施工阶段的预算和价款审核上，对策划决策和设计阶段重视不足。为有效控制造价，应将管理重点转至工程项目策划决策阶段和工程设计阶段。

2. 主动控制与被动控制相结合

长期以来，人们一直把控制理解为目标值与实际值的比较，以及当实际值偏离目标值时，分析其产生偏差的原因，并确定下一步对策。但这种立足于“调查—分析—决策”基础之上的“偏离—纠偏—再偏离—再纠偏”的控制是一种被动控制，这样做只能发现偏离，而不能预防可能发生的偏离。为尽量减少甚至避免目标值与实际值的偏离，还必须立足于事先主动采取控制措施，实施主动控制。也就是说，工程造价控制不仅要反映投资决策，反映工程设计、发包和施工，被动地控制工程造价，更要能动地影响投资决策，影响工程设计、发包和施工，主动地控制工程造价。

3. 技术与经济相结合

要有效地控制工程造价，应从组织、技术、经济等多方面采取措施。从组织上采取

措施，包括明确项目组织结构，明确造价控制人员及其任务，明确管理职能分工；从技术上采取措施，包括重视设计多方案选择，严格审查初步设计、技术设计、施工图设计、施工组织设计，深入研究节约投资的可能性；从经济上采取措施，包括动态比较造价的目标值与实际值，严格审核各项费用支出，采取对节约投资的有力奖励措施等。

应该看到，将技术与经济有机结合，是控制工程造价最为行之有效的手段。我们需开展技术比较、经济分析以及效果评价工作，正确把握技术先进和经济合理之间既对立又统一的关系。一方面，要在追求技术先进的同时实现经济合理；另一方面，要在确保经济合理的基础上推动技术先进。并且，要把控制工程造价的理念融入每一项设计和施工技术措施当中。

任务四 我国工程造价管理体系

任务描述

某大型基建项目采用我国现行工程造价管理体系，需依据国家定额标准、清单计价规范及地方补充规定，完成项目从设计概算、施工图预算、招标控制价、合同价到结算价的全程管理，确保工程造价合理、合规，提升资金使用效率，保障项目顺利实施。

任务分析

需深入理解并应用我国工程造价管理体系，准确套用定额与清单，合理确定各阶段造价；加强市场调研，考虑材料价格波动等因素，确保造价贴近实际；严格合同管理，控制变更与索赔，保障造价管理目标实现。

任务实施

一、全过程造价管理概述

全过程造价管理是以中国工程造价管理界为主推出的理论和方法。自 20 世纪 80 年代中期开始，我国建设项目造价管理界的工作者中就有一批人先后提出了对建设项目进行全过程造价管理的思想。特别是在 1988 年，国家计划委员会印发的《关于控制建设工程造价的若干规定》（计标〔1988〕30 号）指出，“建设工程造价的合理确定和有效控制是工程建设管理的重要组成部分。控制工程造价的目的不仅仅在于控制工程项目投资不超过批准的造价限额，更积极的意义在于合理使用人力、物力、财力，以取得最大的投资效益”。这是国内对于建设项目造价管理必须以投资效益最大化为指导思想的较早描述，它确定了我国提出的全过程造价管理的根本指导思想。同时，该规定还提出了为有效地控制工程造价，必须建立健全投资主管单位、建设、设计、施工等各有关单位的全过程造价控制责任制。这是我国政府最早有关全过程造价管理的说明文件。

可见，全过程造价管理以实现项目投资效益最大化、合理利用人力、物力、财力为根本指导思想，以各有关单位分工合作实现全过程造价控制为根本方法。其理论与方法强调建设项目及造价确定控制是一个包含决策和实施的过程，各相关单位都要开展造价管理。

由于工程造价管理基本内容是合理确定和有效控制造价，下面将从计价方法、全过程控制、管理体制及造价工程师管理制度四方面介绍我国工程造价管理体系。

二、我国工程造价的计价方法

目前，我国工程造价的计价方法是两种模式并存，即定额计价与工程量清单计价。

（一）定额计价

工程造价的定额计价是借鉴苏联的做法逐步建立起来的，是与计划经济相适应的计价模式。

定额计价的基本操作流程如下：第一步，依据施工图以及国家（或地方）统一制定的工程量计算规则，按照预算定额所规定的分部分项子目，逐一计算工程量，接着套用统一的预算定额单价（或单位估价表），从而确定工程的人工、材料、机械费用。第二步，依照费用定额所规定的取费标准，确定措施项目费、企业管理费、规费、利润、税金等费用，再考虑材料调差系数，将各项费用汇总，得出工程的预算造价。工程竣工之后，根据工程造价管理部门的相关规定计算相应的调整费用，编制竣工结算和决算，经过审核合格后，该结果即为工程的最终造价。定额计价的基本程序如图 1-5 所示。

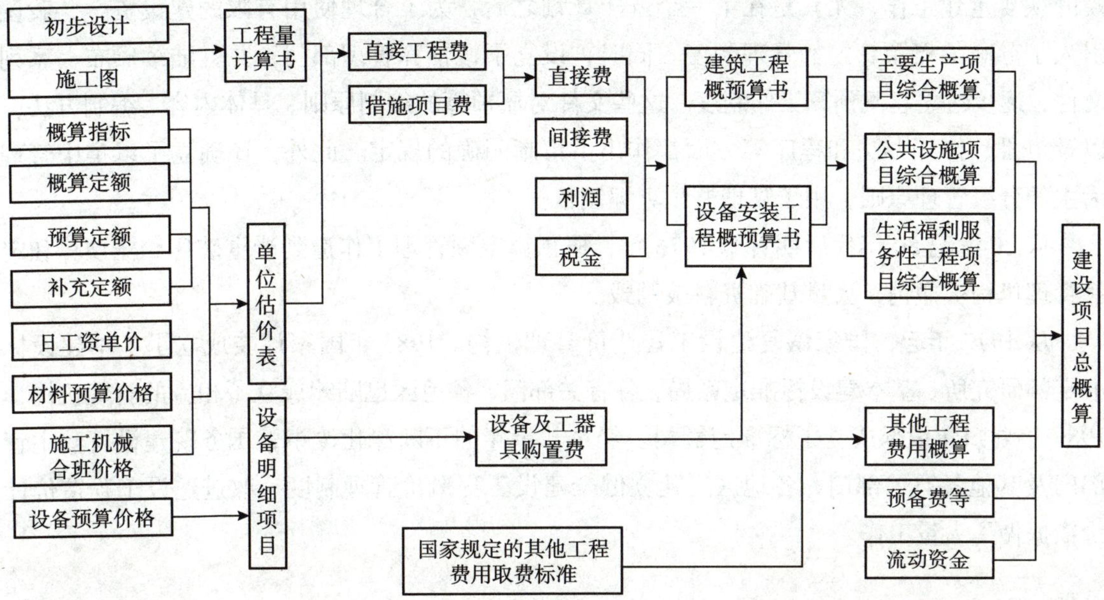

图 1-5　定额计价的基本程序

（二）工程量清单计价

工程量清单计价是指在建设工程招标投标时，以招标人提供的工程量清单为平台，投标人根据自身的技术、财务、管理、设备等能力进行投标报价，招标人根据具体的评标细则进行优选。

工程量清单计价基本操作流程是：先基于统一的工程量清单项目设置清单标准格式，制定工程量清单计量规则；再依据具体工程的施工图，算出各清单项目的工程量；最后结合从各种渠道获取的工程造价信息与经验数据，计算得出工程造价。

从图中可以看出，工程量清单编制过程可以分为两个阶段：工程量清单的编制和利用工程量清单来编制投标报价。投标报价是在业主提供的工程量计算结果的基础上，根据企业自身所掌握的各种信息、资料，结合企业定额编制而成。

三、我国工程造价的全过程控制

我国工程造价全过程控制，是在优化建设、设计方案基础上，于建设各阶段，用方法措施将造价控制在合理范围与核定限额内。具体是用投资估算价控制设计方案选择与初步设计概算，用概算造价控制技术设计与修正概算，用概算或修正概算造价控制施工图设计与预算造价。施工中，企业在合同价内施工并严控成本。

四、我国工程造价管理体制

（一）工程造价管理体制的建立与发展

新中国成立后，我国随之建立了工程造价管理体制。20 世纪 50 年代，全国开展大规模的恢复重建工作，尤其是在第一个五年计划之后，为了合理使用有限的建设资金，我国引入了苏联的概预算定额管理制度。同时，设立了概预算管理部门，并且陆续颁布一系列文件，逐步建立起概预算工作制度。这些文件对概预算的编制原则、具体内容、编制方法，以及审批、修正办法和程序等方面都作出了清晰明确的规定。此外，还确立了以集中管理为主的分级管理原则，用于管理概预算编制依据。

从 20 世纪 50 年代后期直至 1976 年，概预算定额管理工作遭到严重破坏。概预算和定额管理机构被撤销，大量基础资料被销毁。

从 1977 年起，国家恢复建设工程造价管理机构。1983 年国家计委成立了基本建设标准定额研究所、基本建设标准定额局，各有关部门、各地区也陆续成立了相应的管理机构，1988 年划归建设部成立了标准定额司。经过几十年的不断深化改革，国务院建设行政主管部门及其他各有关部门、各地区对建立健全建设工程造价管理制度、改进建设工程造价计价依据做了大量工作。

（二）工程造价管理体制改革

我国在计划经济条件下实行政府高度集权的工程项目管理体制，政府是唯一的投资主体，由政府以指令性计划的方式拨付项目建设资金；同时，国家也是工程造价管理的主体，工程造价管理部门以法定的形式进行造价管理。

随着我国经济水平的发展和经济结构的日趋复杂，传统的与计划经济相适应的管理体制必须改革。自1978年党的十一届三中全会后，伴随经济体制改革的发展，我国项目管理体制进行了一系列改革，主要表现在以下几个方面。

（1）重视和加强项目决策阶段的投资估算工作，努力提高可行性研究报告中投资估算的准确度，切实发挥其控制建设项目总造价的作用。

（2）进一步明确概预算工作的重要作用。概预算不仅要计算工程造价，更要能动地影响设计，从而发挥控制工程造价、促进建设资金合理使用的作用。工程设计人员要进行多方案的技术经济比较，通过优化设计来保证设计的技术经济合理性。

（3）推进工程量清单计价模式，以适应我国建筑市场发展的要求和国际市场竞争的需要，逐步与国际惯例接轨。

（4）引入竞争机制，通过招标方式择优选择工程承包公司和设备材料供应单位，以促使这些单位改善经营管理，提高应变能力和竞争能力，降低工程造价。

（5）提出用“动态”方法研究和管理工程造价。研究如何体现项目投资额的时间价值，要求各地区、各部门工程造价管理机构定期公布各种设备、材料、工资、机械台班的价格指数以及各类工程造价指数，要求尽快建立地区、部门以至全国的工程造价管理信息系统。

（6）提出对工程造价的估算、概算、预算、承包合同价、结算价、竣工决算实行“一体化”管理，并研究如何建立一体化的管理制度，改变过去分段管理的状况。

（7）发展壮大工程造价咨询机构，建立健全造价工程师职业资格制度。

（三）进一步深化工程造价管理体制改革

随着我国建筑市场日益健全与成熟，原有的工程造价管理体制已难以满足市场经济发展需求，开展下一阶段改革迫在眉睫。应逐步构建起政府实施宏观调控、以市场形成价格为主体的价格机制，进而打造出企业自主进行报价、社会全方位实施监督的工程造价管理全新格局。主要有以下几个方面。

1. 实施工程量清单计价模式

2003年，建设部颁布了《建设工程工程量清单计价规范》（GB 50500—2003），在全国范围内推广实施工程量清单计价方法，该计价规范的出台是我国工程造价管理改革的里程碑，推动了工程造价管理改革的不断深入以及机制创新。2008年、2013年住房和城乡建设部相继修订推出《建设工程工程量清单计价规范》（GB 50500—2008）和《建设工程工程量清单计价规范》（GB 50500—2013）。工程量清单计价是一种新的计价方法，它强化了政府对工程造价的宏观调控。国家制定统一的工程量计算规则，编制全国统一的工程项目编码，定期公布人工、材料、机械等价格信息。

实行工程量清单计价是工程造价管理模式改革，会影响建设市场各方主体行为。各地主管部门建设完善造价信息网，采集测算市场供求、设备材料价格等基础数据，分析趋势，适时发布要素价格信息与造价指数，引导规范计价行为，提升信息服务效果。施工企业需建立反映自身水平的造价指标与价格信息库，增强自主报价能力。

2. 区分投资主体，实行工程分类管理

我国已形成了各级政府、企业、个体、外商等多种投资主体并存的多元化局面，在所有权与经营权适度分离的基础上，进一步强调政企分开，使企业逐步发展成为投资主体，并鼓励通过资金市场募集建设资金或者利用外资等多种融资渠道。

2004 年国务院颁布了《国务院关于投资体制改革的决定》（国发〔2004〕20 号），建立了分层次的项目决策管理体系。对于政府投资项目，维持现有的审批制管理办法；对于不需要政府资金支持，但涉及国家安全、重要资源开发、产业布局的重大项目，实行核准制管理办法；对不需要政府投资、能够自行落实建设资金和建设条件的一般竞争性产业项目，实行备案登记制管理办法。

引入市场竞争机制，初步培育发展投资项目市场服务体系，在工程项目可研、设计、施工、监理等方面全面引入竞争，实行项目招投标、工程承包和法人责任制。政府改革公共项目投资、建设、管理方式，推行非经营性项目代建制、经营性项目法人招标制，发挥市场资源配置基础作用。

3. 加强对工程造价咨询业的管理

1996 年，建设部审批工程造价咨询单位，建立造价工程师执业资格制度，推动了咨询业发展。为规范中介组织行为、维护市场秩序，建设部发布《工程造价咨询单位管理办法》等文件。

当前，国务院建设主管部门统一监管全国造价咨询企业，省级建设主管部门负责辖区内监管，有关专业部门监管本专业企业。我国工程造价管理体制改革终极目标是建立市场定价机制，实现管理市场化，形成社会化咨询服务业。

五、我国工程造价工程师管理制度简介

（一）造价工程师简介

造价工程师是指经全国造价工程师执业资格统一考试合格后，注册取得造价工程师注册证书，从事建设工程造价活动的专业技术人员。未经注册的人员，不得以造价工程师的名义从事建设工程造价活动。造价工程师分为一级和二级。对造价工程师的要求如下。

1. 素质要求

造价工程师的工作关系到国家和社会公众利益，具有很强的技术性。对造价工程师的素质要求包括以下几个方面。

（1）职业道德方面。许多建设工程造价高昂，造价确定的准确性与控制的合理性，关乎国民经济发展及多方经济利益。这要求造价工程师有良好的思想修养与职业道德，维护国家利益，公正维护各方合理经济利益，不以权谋私。

（2）专业技能方面。集中体现为基于专业知识和技能的工程造价管理实际工作能力。造价工程师需掌握和了解的专业知识涵盖：经济理论、项目投资管理与融资、建筑经济与企业管理、财政税收与金融实务、市场与价格、招投标与合同管理、工程造价管理、工作方法与动作研究、工业与建筑技术、建筑制图与识图、施工技术与组织、相关法律法规政策、计算机应用与信息管理、现行各类计价依据。

（3）身体方面。造价工程师要有健康的身体，以适应紧张而繁忙的工作。同时，应具有肯钻研和积极进取的精神。

上述提及的各项素质，仅仅是造价工程师开展工作的能力基石。在实际工作岗位上，造价工程师需要具备更强的实操能力。他们应能够独立自主地对建设方案和设计方案进行经济层面的比较。同时，要熟练完成项目可行性研究阶段的投资估算、设计概算、施工图预算等工作，精准编制招标标底、投标报价，科学管理补充定额和造价指数等。此外，造价工程师还需胜任合同价结算和竣工决策管理工作，能够敏锐地分析造价的变动规律，准确预测造价的发展趋势。

2. 技能结构

造价工程师必须具备现代管理人员的技能结构。按照行为科学的观点，作为管理人员应具有三种技能，即技术技能、人文技能和观念技能，见表 1-4。

表 1-4　现代管理人员技能结构

技能	具体内容
技术技能	具有使用经验、教育及训练上的知识、方法、技能及设备，来达到特定任务的能力
人文技能	具有与人共事的能力和判断力
观念技能	了解整个组织及自己在组织中地位的能力，使自己不仅能按本身所属的群体目标行事，而且能按整个组织的目标行事

不同层次的管理人员所需具备的这三种技能的结构有所不同。造价工程师应同时具备这三种技能，特别是观念技能和技术技能，但也不能忽视人文技能，忽视激励的作用。

3. 执业

造价工程师只能在一个单位执业。造价工程师的执业范围主要包括以下几点。

（1）建设项目建议书、可行性研究投资估算的编制、审核，项目经济评价。

（2）工程概算、工程预算、工程结算、竣工决算、工程量清单、工程招标控制价、投标报价的编制、审核。

（3）工程变更和合同价款的调整、工程款支付与工程索赔费用的计算。

（4）建设项目各阶段的工程造价控制。

（5）工程经济纠纷的鉴定。

（6）工程造价计价依据的编制、审核。

（7）与工程造价有关的其他事项。

工程造价成果文件应当由造价工程师签字，加盖执业专用章和单位公章。经造价工程师签字的工程造价成果文件，应当作为审批、报建、拨付工程款和工程结算的依据。

（二）造价工程师执业资格制度概述

我国每年固定资产投资数万亿元，近百万工程造价业务人员在专业技术上对用好投资作用重大。1996 年，国家人事部、建设部联合发布《造价工程师执业资格制度暂行规定》，实施造价工程师执业资格制度，以加强人员执业准入管理、确保工作质量、维护公共利益。此后，国家出台系列法规条例加强人员管理、规范执业行为。造价工程师执业资格制度如图 1-6 所示。

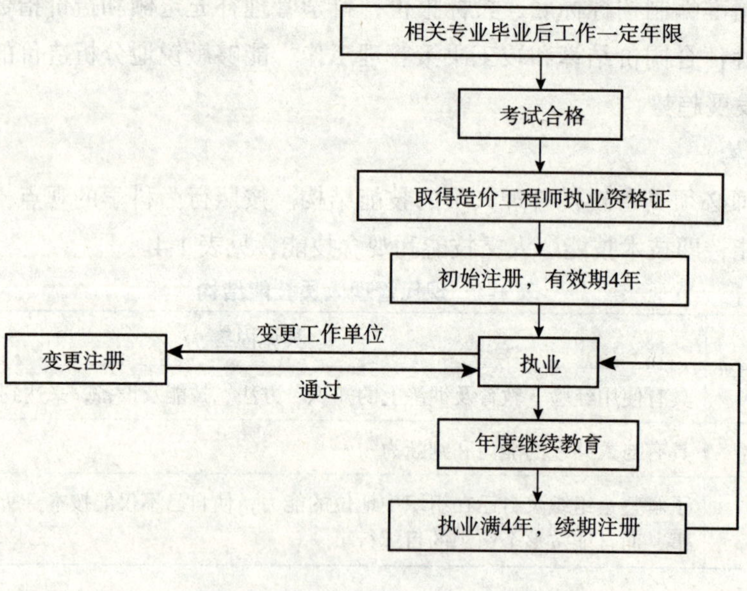

图 1-6　造价工程师执业资格制度

（三）造价工程师的执业资格考试与注册

一级造价工程师执业资格考试实行全国统一大纲、统一命题、统一组织的办法。原则上每年举行一次。自 2018 年起设立二级造价工程师。二级造价工程师执业资格考试实行全国统一大纲，各省、自治区、直辖市自主命题并组织实施。

1. 报考资格

凡中华人民共和国公民，工程造价或相关专业大专及其以上毕业，从事工程造价业务工作一定年限后，均可申请参加造价工程师执业资格考试。

2. 考试内容

造价工程师执业资格考试分为四个科目，具体内容见表 1-5。

表 1-5　造价工程师执业资格考试科目

考试科目	考试内容
建设工程造价管理	主要包括工程经济理论、工程项目管理、经济法律法规、工程造价的控制等
建设工程计价	主要包括造价的基本概念、全过程造价的确定等
建设工程技术与计量	分为土建方向、安装方向、交通方向、水利方向，主要掌握四个方向的基本技术知识与计量方法
建设工程造价案例分析	分为土建方向、安装方向、交通运输方向、水利方向，主要考查考生实际操作能力，包括计算或审查专业单位工程量，编制或审查专业工程投资估算、概算、预算、标底价、价款结算、决算，投标报价评价分析，设计或施工方案技术经济分析，编制补充定额的技能等

对于长期从事工程造价业务工作的专业技术人员，符合一定的学历和专业年限条件的，可免试“建设工程造价管理”“建设工程技术与计量”两个科目，只参加“建设工程计价”和“建设工程造价案例分析”两个科目的考试。

造价工程师四科目单独考试、计分。考全科者需在连续四年内通过，免部分科目者需在两年内通过应试科目。通过执业资格考试的专业人员获人事部门颁发的执业资格证书，作为注册凭证。

3. 注册管理

取得执业资格并注册后，技术人员才能以注册造价工程师名义从事工程造价活动。国务院建设主管部门负责全国造价工程师注册管理，省级建设行政主管部门负责本区域注册管理，中国建设工程造价管理协会受托开展具体工作并自律管理。注册管理包括初始注册、续期注册和变更注册三种。

（1）初始注册。经全国造价工程师执业资格统一考试合格的人员，应当在取得造价工程师执业资格考试合格证书后的一年内，向当地的省级注册机构或者部门注册机构提出注册申请。对符合注册条件的，颁发造价工程师注册证书和注册造价工程师执业专用章。造价工程师初始注册的有效期限为四年，自核准注册之日起计算。

（2）续期注册。造价工程师注册期满拟继续执业，应在期满前到原注册机构办理续期注册。申请续期注册需单位考核合格，有工作业绩证明、工作总结，且提供建设主管部门认可的继续教育合格证明。续期注册有效期四年，自核准注册日起计算。

（3）变更注册。造价工程师变更工作单位，应当在变更工作后到省级注册机构或者部门注册机构办理变更注册。

小贴士

造价工程师的注册工作有三个前提。

1. 获得造价工程师执业资格，即通过了全国造价工程师执业资格统一考试；

2. 受聘于工程造价的相关单位；

3. 在注册有效期内完成规定的继续教育。

（四）造价工程师的继续教育

造价工程师在每一注册期内应当达到注册机关规定的继续教育要求。经继续教育达到合格标准的，颁发继续教育合格证明。造价工程师继续教育由中国建设工程造价管理协会负责组织。

工程造价专业快速发展、不断成熟，理论创新频出。自中国加入世贸组织后，发达国家造价咨询机构不断进入我国建筑市场，其先进技术和管理赶超我国该行业。所以，我国工程造价从业人员应保质保量完成继续教育，以提升专业水平。

项目小结

本项目首先阐述了工程造价的基本概念，明确了其作为项目经济核心的重要性；其次深入探讨了工程计价的多种模式与方法，为精准预算打下基础；再次系统学习了工程造价管理的全过程，强调了管理在成本控制中的关键作用；最后分析了我国工程造价管理体系，介绍了制度环境对造价管理的影响。通过本项目的学习，读者能够全面掌握工程造价管理的核心知识与技能。

项 目 工 单

工程造价管理基础实训记录见表1-6。

表1-6 工程造价管理基础实训记录

班级		姓名		日期	
实训名称	工程造价管理基础实训				
实训目标	1. 掌握工程造价的基本概念与原理； 2. 熟悉工程计价的流程与方法； 3. 理解工程造价管理的核心内容与体系				

表 1-6（续）

实训过程记录	
实训注意事项	
实训总结	

工程造价管理基础实训评价见表 1-7。

表 1-7　工程造价管理基础实训评价

项目名称	评价内容	分值	评分
职业素养考核项目（30%）	正确规范操作能力	10	
	责任心团队协作能力	10	
	问题解决与创新能力	10	
专业能力考核项目（70%）	造价计算能力	10	
	计价软件应用能力	10	
	数据分析能力	20	
	管理流程理解能力	10	
	体系构建思路	20	
合计评分			
教师评语		教师签字	

课后练习

一、填空题

1. 从投资者的角度来看，工程造价是指建设一项工程所需的全部固定资产投资费用，包括__________和__________。

2. 工程计价是按照法律法规和标准等规定的程序、方法和依据，对工程造价及其构成内容进行的__________或__________行为。

3. 工程造价管理既包括宏观层面的__________，也涉及微观层面的__________。

4. 我国工程造价全过程控制，是在优化建设、__________基础上，于建设各阶段用方法措施将造价控制在合理范围与__________内。

5. 清单计价方法通过引入市场机制，将工程计价过程明确划分为__________和__________两个阶段。

二、简答题

1. 简述工程计价的特征。

2. 简述工程量清单计价的基本程序。

项目二
工程造价构成

项目导读

工程造价构成明确了工程费用的各项组成，为合理确定工程造价提供了科学依据。通过详细分析和计算各项费用，可以确保工程造价的全面性、准确性和合理性，为工程造价管理提供有力支持，保障工程项目的经济可行性和投资效益。本项目将带领读者全面了解工程造价构成，包括工程造价构成概述、设备及工器具购置费的构成和计算、建筑安装工程费用的构成和计算、工程建设其他费用的构成和计算、预备费和建设期贷款利息、流动资金和建设项目工程总承包费用项目构成及计算。

学习目标

知识目标

1. 全面理解工程造价的构成要素，掌握各费用项目的内涵与计算方法。
2. 明确设备购置费、建筑安装工程费用、其他费用等在不同项目阶段中的具体表现和应用。

能力目标

1. 能够熟练计算设备及工器具购置费用，准确估算建筑安装工程费用。
2. 具备分析工程建设其他费用构成、合理预测预备费和建设期贷款利息的能力。

素质目标

1. 培养学生细致入微的工作态度，确保费用计算的准确性和全面性。
2. 提升学生的成本控制意识，为未来从事工程造价管理工作打下坚实的基础。

思政目标

培养学生诚实守信、严谨求实的职业素养，增强社会责任感，使其为国家的建设事业贡献自己的力量；同时帮助学生树立正确的金钱观和价值观。

任务一 工程造价构成概述

任务描述

某商业综合体项目进入造价分析阶段，需全面概述工程造价构成，包括直接成本（如人工、材料、机械费用）、间接成本（如管理费、规费）、利润及税金等，为后续成本控制与决策提供依据，确保项目造价结构清晰、合理。

任务分析

任务需细致分解造价构成，准确计算各项费用，特别是直接成本中的市场动态因素；合理预估间接成本与利润，确保造价全面且准确；同时，考虑税收政策，准确计算税金，为项目成本控制与财务规划奠定坚实基础。

任务实施

一、我国建设项目总投资及工程造价的构成

建设项目总投资是建设期内预计或实际投入的全部费用总和。生产性项目总投资含建设投资、建设期利息和流动资金；非生产性项目含建设投资和建设期利息。建设投资与建设期利息之和即固定资产投资，与工程造价量上相等。工程造价基本构成包括设备购置、建筑安装、勘察设计、土地购置及建设单位筹建和管理等费用。

工程造价中的主要构成部分是建设投资，建设投资是为完成工程项目建设，在建设期内投入且形成现金流出的全部费用。根据国家发展和改革委员会与住房和城乡建设部发布的《建设项目经济评价方法与参数（第三版）》（发改投资〔2006〕1325 号）的规定，建设投资包括工程费用、工程建设其他费用和预备费三部分。工程费用是指建设期内直接用于工程建造、设备购置及其安装的建设投资，可以分为建筑安装工程费和设备及工器具购置费。工程建设其他费用是指建设期发生为项目建设或运营必须发生的但不包括在工程费用中的费用。预备费是指在建设期内因各种不可预见因素的变化而预留的可能增加的费用，包括基本预备费和价差预备费。我们现行建设项目总投资的具体构成内容如图 2-1 所示。

流动资金是指为进行正常生产运营，用于购买原材料、燃料、支付工资及其他运营费用等所需的周转资金。流动资金在不同项目阶段的计算存在差异。在可行性研究阶段，进行财务分析时会统计全部流动资金；而到了初步设计及后续阶段，计算“项目报批

总投资”或“项目概算总投资”时，仅考虑铺底流动资金。铺底流动资金主要针对生产经营性建设项目，是为保障项目投产后能正常开展生产运营，从项目资本金中筹措的自有流动资金。

- 建设项目总投资
  - 固定资产投资——工程造价
    - 建设投资
      - 工程费用
        - 设备及工器具购置费
        - 建筑安装工程费
      - 工程建设其他费用
        - 建设单位管理费
        - 用地与工程准备费
        - 市政公用配套设施费
        - 技术服务费
        - 建设期计列的生产经营费
        - 工程保险费
        - 税费
      - 预备费
        - 基本预备费
        - 价差预备费
    - 建设期利息
  - 流动资产投资——流动资金

图 2-1　我国现行建设项目总投资的具体构成内容

二、国外工程造价现状与构成

（一）现状

国际上，工程项目造价基于项目结构分解与进度计划分析。通过项目结构分解全面详细描述项目，结合进度安排确定活动所需资源，汇总最低级别项目单元估算成本得出总造价。建设工程造价管理主要有三种模式：英国工程测量体系、美国造价工程管理体系、日本工程积算制度。

目前的国际工程造价管理体系大多数符合市场经济的要求。分析目前国际上先进工程造价管理的现状，可归纳为以下几个方面。

1. 国际工程造价管理实行有章可循的计价依据

英国工程量计算规则是工程建设各方计量、计价基本准则，且重视已完工数据积累与数据库建设。美国通常由大型工程咨询公司制定指标、定额和费用标准，地方咨询机构结合当地情况确定单位工程基价和消耗量，作为项目造价估算标准。

2. 国际工程造价管理实行政府间接调控

在发达国家，建筑市场是充分市场化的，政府主要采取间接手段对工程造价进行管理。工程项目进行方案设计、施工设计，实行目标控制，必须按照政府的造价指标和面积标准进行。

3. 国际工程造价管理实行造价师动态估价

在国际工程造价管理中，业主通常委托工程测量师进行工程估价。测量师确定工程单价时，需对比以往同类工程、参考不同阶段项目资料，结合当下市场行情，分析其他建筑物造价资料。整个估价过程以市场为依据，实行动态估价。在英国，业主一般会委托工程测量师来完成工程估价工作。

4. 国际工程造价管理有多渠道的工程造价信息

建筑产品估价与结算的关键依据是造价信息。政府会定期发布工程造价的相关资料信息。同时，社会咨询公司也会实时发布各种成本指数和价格指标等，为工程项目的估价服务。在美国，建筑造价指数一般由一些咨询机构和新闻媒介来编制并定期发布。

5. 国际工程造价管理实行实施过程中的造价控制

造价工程师可及时分析处理造价计划执行问题并纠错，强调施工中造价管理体现动态性，重视随环境、工作及价格变化调整控制标准与方法。国际重视工程变更管理，有详细变更制度。美国工程造价动态控制体现在造价信息反馈系统，以事实为依据保证了管理的科学性。

6. 国际工程造价管理实行通用的合同文本

在国际工程造价管理中，合同对合作双方都有强烈的约束力，对实现双方的利益和义务都起着重要作用。因此，在国际工程造价管理中，一项通用的行为准则就是严格按照合同规定进行，并且有些国家还实行通用合同文本，如英国就有一套完整的标准建筑合同体系。

（二）构成

扫一扫

工程造价的构成

尽管不同国家的建设工程造价构成存在差异，但世界银行和国际咨询工程师联合会对建设工程造价构成的规定颇具代表性。这两个国际组织对工程项目的总建设成本（等同于我国所说的工程造价）作出了统一规定，工程项目总建设成本涵盖直接建设成本、间接建设成本、应急费以及建设成本上升费等方面。

1. 直接建设成本

项目直接建设成本包括以下内容。

（1）土地征购费。用地单位应按规定缴纳选址规费，包括土地补偿费、安置补助费、青苗补偿费和地上附着物补偿费。

（2）场外设施费。场外设施费是指道路、码头、桥梁、机场、输电线路等的设施费用。

（3）场地费用。场地费用是指用于场地准备、厂区道路、铁路、围栏、场内设施等的建设费用。

（4）工艺设备费。工艺设备费是指主要设备、辅助设备及零配件的购置费用，包括海运包装费用、交货港离岸价，但不包括税金。

（5）设备安装费。设备安装费包括设备供应商的监理费用，本国劳务及工资费用，辅助材料、施工设备、消耗品和工具等费用，以及安装承包商的管理费和利润等。

（6）管道系统费。管道系统费是指与系统的材料及劳务相关的全部费用。

（7）电气设备费。其内容与工艺设备费类似。

（8）电气安装费。电气安装费包括设备供应商的监理费用，本国劳务及工资费用，辅助材料、电缆、管道和工具费用，以及安装承包商的管理费和利润等。

（9）仪器仪表费。仪器仪表费包括所有自动仪表、控制板、配线和辅助材料的费用，以及供应商的监理费用、外国或本国劳务及工资费用、承包商的管理费和利润等。

（10）机械的绝缘和油漆费。机械的绝缘和油漆费是指与机械及管道的绝缘和油漆相关的全部费用。

（11）工艺建筑费。工艺建筑费是指原材料、劳务费，以及与基础、建筑结构、屋顶、内外装修、公共设施等有关的全部费用。

（12）服务性建筑费用。其内容与工艺建筑费相似。

（13）工厂普通公共设施费用。工厂普通公共设施费用是指材料和劳务费，以及与供水、燃料供应、通风、蒸汽发生及分配、下水道、污染物处理等公共设施有关的费用。

（14）车辆费用。车辆费用是指工艺操作所必需的机动设备零件费用，包括海运包装费用以及交货港离岸价，但不包括税金。

（15）其他当地费用。其他当地费用是指那些不能归类于以上任何一个项目，不能计入项目间接成本，但在建设期间又是必不可少的当地费用。如临时设备、临时公共设施及场地的维持费，营地设施及其管理、建筑保险和债券、杂项开支等费用。

2. 间接建设成本

项目间接建设成本包括以下内容。

（1）项目管理费用。项目管理费用包括：总部人员的薪金和福利费，以及用于初步和详细工程设计、采购、时间和成本控制、行政和其他一般管理的费用；施工管理现场人员的薪金、福利费和用于施工现场监督、质量保证、现场采购、时间及成本控制、行政及其他施工管理机构的费用；零星杂项费用（如返工、旅行、生活津贴、业务支出等）；各种酬金。

（2）开工试车费用。开工试车费用是指工厂投料试车所必需的劳务和材料费用。

（3）业主的行政性费用。业主的行政性费用是指业主的项目管理人员费用及支出。

（4）生产前费用。生产前费用是指前期研究、勘测、建矿、采矿等费用。

（5）运费和保险费用。运费和保险费用是指海运、国内运输、许可证及佣金、海洋保险、综合保险等费用。

（6）税金。税金是指地方关税、地方税及对特殊项目征收的税金。

3. 应急费

项目应急费包括以下内容。

（1）未明确项目的准备金用于估算时无法明确的潜在项目，因资料缺乏不能完全预见和注明，但项目必须完成、费用必定发生。在各组成部分单独按一定百分比确定，作为估算项目单列。它并非用于支付工作范围外增项、应对天灾等特殊情况或补偿估算误差，而是支付几乎肯定发生的费用，是估算不可或缺的部分。

（2）不可预见准备金（在未明确项目准备金之外）用于在估算达到一定完整性并符合技术标准的基础上，物质、社会和经济的变化导致估算增加的情况。此种情况可能发生，也可能不发生。因此，不可预见准备金只是一种储备，可能不动用。

4. 建设成本上升费

估算中使用的工资率、材料和设备价格基础的截止期即“估算日期”，需对其或已知成本进行基础调整，以补偿工程结束时的未知价格增长。工程各个主要组成部分（国内劳务和相关成本、本国材料、外国材料、本国设备、外国设备、项目管理机构）的细目划分决定以后，便可确定每一个主要组成部分的增长率，该增长率是判断因素，依据国内外成本指数、公司记录等确定并与国际供应商核对，再结合确定的增长率和工程进度表中的点值，算出各主要组成部分成本上升值。

任务二 设备及工器具购置费的构成和计算

任务描述

某化工厂建设项目需采购大量专业设备及工器具，现需详细列出设备及工器具购置费的构成，包括设备原价、运杂费、装卸费、安装费及调试费等，并准确计算总费用，为项目预算编制提供可靠依据，确保资金合理分配。

任务分析

任务需全面梳理设备及工器具清单，准确查询市场价格，合理预估运输、装卸及安装调试费用；考虑设备选型对成本的影响，优化采购方案，确保购置费用经济合理，满足项目需求。

任务实施

设备及工器具购置费包含设备购置费以及工器具与生产家具购置费，它属于固定资产投资里的积极组成部分。在生产性工程建设当中，设备及工器具购置费在工程造价里所占比重的增加，体现了生产技术的进步以及资本有机构成的提升。

一、设备购置费的组成和计算

设备购置费是指为购置或自制设计文件规定的达到固定资产标准的各种机械和电气设备、工器具及生产家具等所需的全部费用，由设备原价和设备运杂费组成。

机械设备一般包括各种工艺设备、动力设备、起重运输设备、试验设备及其他机械设备等，如图 2-2 所示。

电气设备包括各种变电、配电和整流电气设备，电气传动设备和控制设备，弱电系统设备和各种单独的电器仪表等，如图 2-3 所示。

图 2-2　建筑起重机

图 2-3　配电系统

设备分为需要安装和不需要安装两类。需要安装的设备是指其整个或个别部分装配起来，安装在基础上或支架上才能使用的设备，如机床、锅炉等。不需要安装的设备是指不需要固定于一定的基础上或支架上就可以使用的设备，如汽车、电瓶车、电焊车等。设备购置费，可按下式计算为

$$设备购置费 = 设备原价 + 设备运杂费 \tag{2-1}$$

式中，设备原价指国产设备或进口设备的原价，设备原价通常包括备品备件费用在内，是随设备同时订货的首套备品备件所发生的费用。设备运杂费指除设备原价以外的关于设备采购、运输、途中包装及仓库保管等方面支出费用的总和。

（一）国产设备原价的组成和计算

国产设备原价指的是设备制造厂的交货价或者订货合同价。其确定方式通常有两种，一是依据生产厂家或供应商的询价、报价以及合同价来确定；二是运用特定的方法进行计算得出。国产设备原价可以细分为国产标准设备原价和国产非标准设备原价。

1. 国产标准设备原价

国产标准设备是指按照主管部门颁布的标准图和技术要求，由我国设备生产厂批量生产的、符合国家质量检测标准的设备。

国产标准设备原价有两种：带有备件的原价和不带有备件的原价。在计算时，一般采用带有备件的原价。

国产标准设备一般有完善的设备交易市场，因此可通过查询相关交易市场价格或向设备生产厂家询价得到国产标准设备原价。

2. 国产非标准设备原价

国产非标准设备无国家定型标准，设备厂无法批量生产，需按订货和具体设计图制造。因其单件生产、无定型标准，故无法获取市场交易价，只能按成本构成或技术参数估算价格。国产非标准设备原价计算方法多样，如成本计算估价法等。无论用哪种方法都应使计价接近实际出厂价且计算简便，成本计算估价法较常用。按成本计算估价法计算，国产非标准设备原价的组成介绍如下。

（1）材料费。一般按下式计算为

$$材料费 = 材料净重 \times（1+ 加工损耗系数）\times 每吨材料综合价 \quad（2-2）$$

（2）加工费。加工费包括生产工人工资和工资附加费、燃料动力费、设备折旧费、车间经费等。一般按下式计算为

$$加工费 = 设备总重（t）\times 设备每吨加工费 \quad（2-3）$$

（3）辅助材料费。辅助材料费简称辅材费，包括焊条（图 2-4）、焊丝、氧气、氩气、氮气、油漆、电石等费用。一般按下式计算为

$$辅助材料费 = 设备总重（t）\times 辅助材料费指标 \quad（2-4）$$

（4）专用工具费。按上述三项之和乘以一定百分比计算。

（5）废品损失费。按上述四项之和乘以一定百分比计算。

（6）外购配套件费。按设备设计图所列的外购配套件的名称、型号、规格、数量、质量，根据相应的价格加运杂费计算。

（7）包装费。按上述六项之和乘以一定百分比计算。

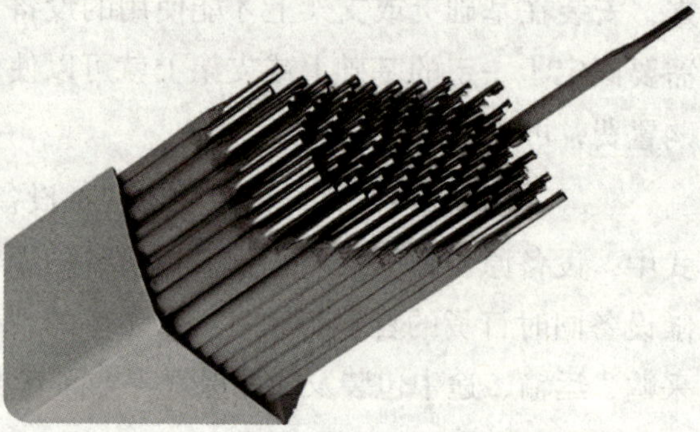

图 2-4　焊条

（8）利润。按上述前五项加第七项之和乘以一定利润率计算。

（9）税金。主要指增值税。一般按下式计算为

$$增值税 = 当期销项税额 - 当期进项税额 \quad（2-5）$$

$$当期销项税额 = 当期销售额 \times 适用增值税率 \quad（2-6）$$

（10）非标准设备设计费。按国家规定的设计费收费标准计算。

综上所述，单台非标准设备原价可用下式表达

单台非标准设备原价 =｛［（材料费 + 加工费 + 辅助材料费）×（1+ 专用工具费率）×（1+ 废品损失费率）+ 外购配套件费］×（1+ 包装费率）- 外购配套件费｝×（1+ 利润率）+ 当期销项税额 + 非标准设备设计费 + 外购配套件费 （2-7）

（二）进口设备原价的组成及计算

进口设备原价即进口设备抵岸价，是设备抵达买方边境港口或边境车站，并交完各类手续费与税费后的价格。抵岸价一般由进口设备到岸价（cost insurance and freight，CIF）和进口从属费组成。进口设备到岸价指设备抵达买方边境港口或边境车站的价格。国际贸易里，因交易双方采用的交货类别不同，故交易价格的构成内容也存在差异。

1. 进口设备的交易价格

在国际贸易中，较为广泛使用的交易价格术语有 FOB、CFR 和 CIF。

（1）装运港船上交货（free on board，FOB），亦称为离岸价格。FOB 是指当货物在指定的装运港越过船舷，卖方即完成交货义务。风险转移以在指定的装运港货物越过船舷时为分界点。费用划分与风险转移的分界点相一致。

（2）成本加运费（cost and freight，CFR），亦称为运费在内价。CFR 是指卖方在装运港将货物越过船舷时即完成交货义务。卖方需承担将货物运至指定目的港的运费及相关费用，但货物交货后发生的灭失或损坏风险，以及因各种事件产生的额外费用，自交货完成时起由卖方转移至买方。与 FOB 相比，CFR 的费用划分与风险转移的分界点是不一致的。

（3）CIF 意为成本加保险费、运费，习惯称到岸价格。在 CIF 中，卖方除了负有与 CFR 相同的义务外，还应办理货物在运输途中最低险别的海运保险，并应支付保险费。如买方需要更高的保险险别，则需要与卖方明确地达成协议，或者自行作出额外的保险安排。除保险这项义务之外，买方的义务与 CFR 相同。

2. 进口设备到岸价的组成及计算

进口设备到岸价可按下式计算为

进口设备到岸价 = 离岸价格 + 国际运费 + 运输保险费 = 运费在内价 + 运输保险费　（2–8）

（1）货价。

货价通常指的是装运港船上交货价。设备货价包含原币货价和人民币货价两部分。其中，原币货价统一折算为美元来表示，而人民币货价则是原币货价乘以当时外汇市场美元兑换人民币汇率中间价得出。进口设备的货价通过向有关生产厂商询价、获取的报价以及订货合同价来进行计算。

（2）国际运费。

国际运费即从装运港（站）到达我国目的港（站）的运费。我国进口设备大部分采用海洋运输，小部分采用铁路运输，个别采用航空运输。进口设备国际运费计算，可按下式计算为

国际运费（海、陆、空）= 原币货价（FOB）× 运费率　（2–9）

国际运费（海、陆、空）= 单位运价 × 运量　（2–10）

式中，运费率或单位运价参照有关部门或进出口公司的规定执行。

（3）运输保险费。

对外贸易货物运输保险是保险人（即保险公司）与被保险人（可以是出口人，也可以是进口人）签订保险契约的一种商业行为。被保险人按议定金额交付保险费后，保险人会依据保险契约的具体规定，对货物在运输期间发生的、处于承保责任范围内的损失给予相应的经济补偿。这是一种财产保险。运输保险费可按下式计算为

$$运输保险费=\frac{原币货价（FOB）+国外运费}{1+保险费率}\times 保险费率 \quad (2\text{-}11)$$

式中，保险费率按保险公司规定的进口货物保险费率计算。

3. 进口从属费的构成及计算

进口从属费可按下式计算为

$$进口从属费=银行财务费+外贸手续费+关税+消费税+进口环节增值税+车辆购置税 \quad (2\text{-}12)$$

（1）银行财务费。

银行财务费一般是指在国际贸易结算中，中国银行为进出口商提供金融结算服务所收取的费用，可按下式简化计算为

$$银行财务费=离岸价格（FOB）\times 人民币外汇汇率\times 银行财务费率 \quad (2\text{-}13)$$

（2）外贸手续费。

外贸手续费是指按规定的外贸手续费率计取的费用，外贸手续费率一般取 1.5%，可按下式计算为

$$外贸手续费=到岸价格（CIF）\times 人民币外汇汇率\times 外贸手续费率 \quad (2\text{-}14)$$

（3）关税。

关税是由海关对进出国境或关境的货物和物品征收的一种税，可按下式计算为

$$关税=到岸价格（CIF）\times 人民币外汇汇率\times 进口关税税率 \quad (2\text{-}15)$$

到岸价格作为关税计征基数时称关税完税价格。进口关税税率分优惠、普通两种，优惠税率用于与我国签关税互惠条款贸易条约或协定国家的进口设备，普通税率用于未签此类条约或协定国家的进口设备，税率按我国海关总署发布标准计算。

（4）消费税。

消费税仅对部分进口设备（如轿车、摩托车等）征收，可按下式计算为

$$应纳消费税税额=\frac{到岸价格（CIF）+人民币外汇汇率+关税}{1-消费税税率}\times 消费税税率 \quad (2\text{-}16)$$

其中，消费税税率根据规定的税率计算。

（5）进口环节增值税。

进口环节增值税是针对从事进口贸易的单位和个人，在其进口商品完成报关进口手续

后所征收的一种税种。按照我国增值税条例规定，对于进口的应税产品，会直接依据组成计税价格和增值税税率来计算应纳税额。可按下式计算为

进口环节增值税额 =（关税完税价格 + 关税 + 消费税）× 增值税税率　（2–17）

增值税税率根据规定的税率计算。

（6）车辆购置税。

进口车辆需缴进口车辆购置税，可按下式计算为

进口车辆购置税 =（关税完税价格 + 关税 + 消费税）× 车辆购置税率　（2–18）

（三）设备运杂费的组成及计算

1. 设备运杂费的组成

设备运杂费是指国内采购设备自来源地、国外采购设备自到岸港运至工地仓库或指定堆放地点发生的采购、运输、运输保险、保管、装卸等费用。通常由下列各项组成。

（1）运费和装卸费。

国产设备从制造厂交货地至工地仓库（或施工组织设计指定的需安装设备堆放点）的运费和装卸费；进口设备从我国边境港口或边境车站至上述地点的运费和装卸费。

（2）包装费。

包装费是指在设备原价中没有包含的，为运输而进行的包装支出的各种费用。

（3）设备供销部门的手续费。

设备供销部门的手续费按有关部门规定的统一费率计算。

（4）采购与仓库保管费。

采购与仓库保管费是指采购、验收、保管和收发设备所产生的费用，涵盖人员工资及附加费、办公费、差旅费等，还包括设备供应部门相关固定资产使用费等，按主管部门规定的采购与保管费费率计算。

2. 设备运杂费的计算

设备运杂费可按下式计算：

设备运杂费 = 设备原价 × 设备运杂费率　（2–19）

式中，设备运杂费率按各部门及省、市有关规定计取。

二、工器具及生产家具购置费的组成和计算

工器具及生产家具购置费是指在新建或扩建项目里，依据初步设计的规定，为确保项目初期能够正常开展生产活动所必须购置的，未达到固定资产标准的设备、仪器、工卡模具、器具、生产家具以及备品备件等物品所需的费用。一般以设备购置费为计算基数，按照部门或行业规定的工器具及生产家具费率，按下式计算为

工器具及生产家具购置费 = 设备购置费 × 定额费率　（2–20）

任务三 建筑安装工程费用的构成和计算

任务描述

某高层住宅楼项目进入施工准备阶段，需详细分析建筑安装工程费的构成，包括人工费、材料费、施工机械使用费、企业管理费、利润、规费及税金等，并依据施工图纸及工程量清单准确计算各项费用，为项目成本控制与资金筹划提供数据支持。

任务分析

任务需深入理解建筑安装工程费用构成，准确计算直接成本与间接成本；考虑市场波动及施工难度对成本的影响，合理预留风险准备金；同时，严格遵循税法规定，准确计算税金，确保成本计算全面、准确，为项目顺利实施提供保障。

任务实施

建筑安装工程费用，也被称作建筑安装工程造价，是建设单位支付给从事建筑安装工程施工单位的费用。这笔费用涵盖了完成工程项目建造，以及进行生产性设备和配套工程安装所需的全部生产费用。其构成包含两部分，即建筑工程费用和安装工程费用。

一、建筑安装工程费用项目构成和计算

根据《建筑安装工程费用项目组成》（建标〔2013〕44号）规定，建筑安装工程费用的组成可按费用构成要素与工程造价形成划分为两大类。二者所含的内容相同，前者便于企业进行成本控制，后者能够满足建筑安装工程在工程交易和工程实施阶段工程造价的组价要求。

（一）按费用构成要素划分

建筑安装工程费用按照费用构成要素划分，由人工费、材料（含工程设备）费、施工机具使用费、企业管理费、利润、规费和增值税组成。其中，人工费、材料费、施工机具使用费、企业管理费和利润包含在分部分项工程费、措施项目费和其他项目费中，如图2-5所示。

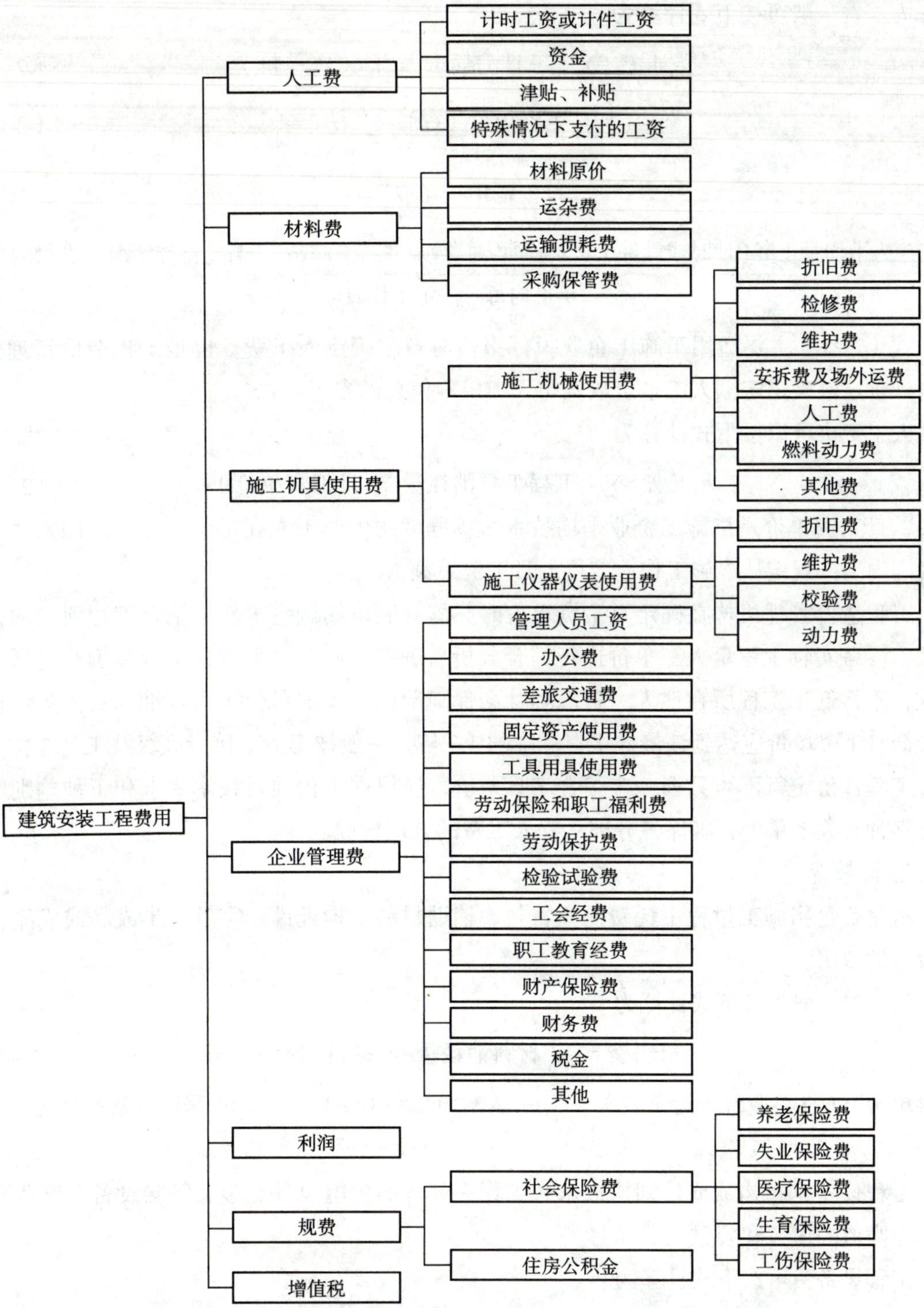

图 2-5　建筑安装工程费用组成（按费用构成要素划分）

1. 人工费

人工费是指按工资总额构成规定，支付给从事建筑安装工程施工的生产工人和附属生产单位工人的各项费用。

人工费一般可按下式计算为

$$人工费=\sum（工日消耗量\times 日工资单价） \quad (2-21)$$

$$日工资单价（G）=\sum_1^4 G \quad (2-22)$$

式中，

$$日工资单价（G）=\frac{生产工人平均月工资（计时或计件工资）+平均月奖励（奖金、津贴、补贴、特殊情况下支付的工资）}{年平均每月法定工作日}$$

式（2-21）主要适用于施工企业投标报价时自主确定人工费，也是工程造价管理机构编制计价定额确定定额人工单价或发布人工成本信息的参考依据。

人工费也可以按下式计算为

$$人工费=\sum（工程工日消耗量\times 日工资单价） \quad (2-23)$$

式中，日工资单价是指施工企业平均技术熟练程度的生产工人在每个工作日（国家法定工作时间内）按规定从事施工作业应得的日工资总额。

工程造价管理机构在确定日工资单价时，需开展市场调查工作，结合工程项目的技术要求，参考实物工程量人工单价进行综合分析后确定。同时，最低日工资单价要遵循一定标准，不得低于工程所在地人力资源和社会保障部门发布的最低工资标准，具体为：普工的最低日工资单价应达到该最低工资标准的1.3倍，一般技工为2倍，高级技工为3倍。

工程计价定额不可只列一个综合工日单价，应根据工程项目技术要求和工种差别适当划分多种日人工单价，确保各分部工程人工费的合理构成。

2. 材料费

材料费是指施工过程中耗费的原材料、辅助材料、构配件、零件、半成品或成品、工程设备的费用。

材料费一般可按下式计算为

$$材料费=\sum（材料消耗量\times 材料单价） \quad (2-24)$$

$$材料单价=（材料原价+运杂费）\times[1+运输损耗率（\%）]\times[1+采购保管费率（\%）] \quad (2-25)$$

工程设备是指构成或计划构成永久工程一部分的机电设备、金属结构设备、仪器装置及其他类似的设备和装置。

工程设备费可按下式计算为

$$工程设备费=\sum（工程设备量\times 工程设备单价） \quad (2-26)$$

工程设备单价可按下式计算为

$$工程设备单价=（设备原价+运杂费）\times[1+采购保管费率（\%）] \quad (2-27)$$

3. 施工机具使用费

施工机具使用费是指施工作业所发生的施工机械、仪器仪表使用费或其租赁费。

（1）施工机械使用费。施工机械使用费指的是，在建筑安装工程项目施工过程中，使用施工机械进行作业所产生的费用，这其中不仅包括机械本身的使用费用，还涵盖了机械的安拆费以及场外运费等。施工机械使用费用施工机械台班消耗量与施工机械台班单价相乘来表示，而施工机械台班单价是由以下七项费用共同组成的。

① 折旧费。折旧费是指施工机械在规定的使用年限内，陆续收回其原值的费用。

② 检修费。检修费是指施工机械在规定的耐用总台班内，按规定的检修间隔进行必要的检修（图 2-6），以恢复其正常功能所需的费用。检修费是机械使用期间全部检修费之和在台班费用中的分摊额，取决于一次检修费、检修次数和耐用总台班的数量。

图 2-6　施工机械检修

③ 维护费。维护费是指施工机械在规定耐用总台班内，按规定维护间隔进行各级维护与临时故障排除的费用。维护费包括保障机械正常运转的替换件及随机工具附具摊销与维护费、运转及日常保养的润滑擦拭材料费、停滞期间维护费等。

④ 安拆费及场外运费。安拆费是指施工机械（大型机械除外）现场安装与拆卸的人工、材料、机械、试运转费及辅助设施折旧、搭设、拆除费。场外运费是指施工机械整体或分体从停放地到施工现场或不同施工地点的运输、装卸、辅助材料及架线等费用。

⑤ 人工费。人工费是指机上司机（司炉）和其他操作人员的人工费。

⑥ 燃料动力费。燃料动力费是指施工机械在运转作业中所消耗的各种燃料及水、电等费用。

⑦ 其他费。其他费是指施工机械按照国家规定应缴纳的车船使用税、保险费及检测费等费用。

（2）施工仪器仪表使用费。施工仪器仪表使用费是指工程施工的仪器仪表使用或租赁费用，以台班消耗量乘以台班单价表示，台班单价含折旧费、维护费、检验费和动力费。

施工机械使用费可按下式计算为

$$施工机械使用费=\sum（施工机械台班消耗量\times施工机械台班单价）\quad(2-28)$$

$$施工机械台班单价=台班折旧费+台班检修费+台班维护费+台班安拆费及场外运费+台班人工费+台班燃料动力费+台班其他费\quad(2-29)$$

小贴士

工程造价管理机构在确定计价定额中的施工机械使用费时，应根据《建设工程施工机械台班费用编制规则》结合市场调查编制施工机械台班单价确定。施工企业可以参考工程造价管理机构发布的台班单价，自主确定施工机械使用费的报价。

如果是租赁的施工机械，则施工机械使用费按下式计算为

$$施工机械使用费=\sum（施工机械台班消耗量\times施工机械台班租赁单价）\tag{2-30}$$

施工仪器仪表使用费可按下式计算：

$$施工仪器仪表使用费=\sum（施工仪器仪表台班消耗量\times施工仪器仪表台班单价）\tag{2-31}$$

4. 企业管理费

企业管理费是指建筑安装企业组织施工生产和经营管理所需的费用。企业管理费包括如下内容。

（1）管理人员工资。管理人员工资是指按规定支付给管理人员的计时工资、奖金、津贴补贴、加班加点工资及特殊情况下支付的工资等。

（2）办公费。办公费是指企业管理办公用的文具、纸张、账表、印刷、邮电、书报、办公软件、现场监控、会议、水电、烧水和集体取暖降温（包括现场临时宿舍取暖降温）等费用。

（3）差旅交通费。差旅交通费包括职工因公出差、调动工作的差旅费与住勤补助、市内交通与误餐补助、探亲路费、劳动力招募费、退休退职一次性路费、工伤就医路费、工地转移费，以及管理部门交通工具油料燃料费。

（4）固定资产使用费。固定资产使用费是指管理和试验部门及附属生产单位使用的属于固定资产的房屋、设备、仪器等的折旧、大修、维修或租赁费。

（5）工具用具使用费。工具用具使用费是指企业施工生产和管理使用的不属于固定资产的工具、器具、家具、交通工具和检验、试验、测绘、消防用具等的购置、维修和摊销费。

（6）劳动保险和职工福利费。劳动保险和职工福利费是指由企业支付的职工退职金、按规定支付给离休干部的经费，集体福利费、夏季防暑降温、冬季取暖补贴、上下班交通补贴等。

（7）劳动保护费。劳动保护费是指企业按规定发放的劳动保护用品的支出。如工作服、手套、防暑降温饮料以及在有碍身体健康的环境中施工的保健费用等。

（8）检验试验费。检验试验费是指施工企业按标准对建筑、材料、构件和建筑安装物做一般鉴定、检查的费用，含自设实验室试验耗材费。不包括新结构新材料试验费、构件破坏性试验及特殊要求检验试验费、建设单位委托检测机构检测费。后三者由建设单位在工程建设其他费用列支。若施工企业提供合格证明材料检测不合格，检测费由其支付。

（9）工会经费。工会经费是指企业按《中华人民共和国工会法》规定的全部职工工资总额比例计提的工会经费。

（10）职工教育经费。职工教育经费是企业按职工工资总额规定比例计提，用于职工专业技术和职业技能培训、专业技术人员继续教育、职业技能鉴定、资格认定及各类文化教育的费用。

（11）财产保险费。财产保险费是指施工管理用财产、车辆等的保险费用。

（12）财务费。财务费是指企业为施工生产筹集资金或提供预付款担保、履约担保、职工工资支付担保等所发生的各种费用。

（13）税金。税金是指企业按规定缴纳的房产税、车船使用税、土地使用税、印花税等。

小贴士

营改增方案实施后，城市维护建设税、教育费附加、地方教育附加的计算基础均为应纳增值税额，但由于在工程造价的前期预测时，无法明确可抵扣的进项税额的具体数值，造成此三项附加税无法计算。因此，根据财政部关于印发《增值税会计处理规定》的通知（财会〔2016〕22 号），城市维护建设税、教育费附加、地方教育附加等均作为税金及附加，在管理费中核算。

（14）其他。包括技术转让费、技术开发费、投标费、业务招待费、绿化费、广告费、公证费、法律顾问费、审计费、咨询费、保险费等。

企业管理费的计算方法，按取费基数的不同分为以下三种。

① 以分部分项工程费作为计算基础。它是将企业管理费按其占分部分项工程费的百分比计算。通常可按下式计算：

$$企业管理费 = 分部分项工程费合计 \times 企业管理费费率（\%） \tag{2-32}$$

② 以人工费和机械费合计作为计算基础。它是将企业管理费按其人工费和机械费合计的百分比计算。通常可按下式计算：

$$企业管理费 =（人工费 + 机械费）\times 企业管理费费率（\%） \tag{2-33}$$

③ 以人工费作为计算基础。它是将企业管理费按其人工费的百分比计算。通常可按下式计算：

$$企业管理费 = 人工费合计 \times 企业管理费费率（\%） \tag{2-34}$$

工程造价管理机构确定计价定额中企业管理费时，以定额人工费（或定额人工费加定额机械费）作为计算基数，费率依历年造价积累资料并辅以调查数据确定，列入分部分项工程和措施项目。

5. 利润

利润是指施工企业完成所承包工程获得的盈利。建筑安装工程利润的计算，可分以下两种情况。

（1）以人工费和机械费之和作为计算基础。

以人工费和机械费之和作为计算基础的利润，可按下式计算：

$$利润=（人工费+机械费）\times 利润率 \tag{2-35}$$

（2）以人工费作为计算基础。

以人工费作为计算基础的利润，可按下式计算：

$$利润=人工费合计\times 利润率 \tag{2-36}$$

小贴士

利润计算每种方法的适用范围，各地区都有明确的规定，计算时必须按各地区的规定执行。

6. 规费

规费是指按国家法律法规规定，由省级政府和省级有关权力部门规定必须缴纳或计取的费用。规费主要包括以下两项。

（1）社会保险费。社会保险费由以下五项组成，见表 2-1。

表 2-1　社会保险费的组成

社会保险费	具体内容
养老保险费	企业按照规定标准为职工缴纳的基本养老保险费
失业保险费	企业按照规定标准为职工缴纳的失业保险费
医疗保险费	企业按照规定标准为职工缴纳的基本医疗保险费
生育保险费	企业按照规定标准为职工缴纳的生育保险费
工伤保险费	企业按照规定标准为职工缴纳的工伤保险费

（2）住房公积金。它是指企业按照规定标准为职工缴纳的住房公积金。

小贴士

《中华人民共和国环境保护税法》自 2018 年 1 月 1 日起正式施行，其第二十七条规定："自本法施行之日起，依照本法规定征收环境保护税，不再征收排污费。"这意味着此前由环保部门征收的工程排污费，改由税务部门征收环境保护税。

规费的计算方法是社会保险费和住房公积金应以定额人工费为计算基础，根据工程所在地省、自治区、直辖市或行业建设主管部门规定费率按下式计算为

$$社会保险费和住房公积金=\sum(工程定额人工费\times 社会保险费率和住房公积金费率) \tag{2-37}$$

式中，社会保险费率和住房公积金费率，可以每万元发承包价的生产工人人工费和管理人员工资与工程所在地规定的缴纳标准综合分析取定。

7. 增值税

2016 年 5 月 1 日前，计入建筑工程造价中的税金包括营业税、城市维护建设税、教育费附加以及地方教育附加。

2016 年 5 月 1 日起，我国建筑业全面推广“营改增”试点工作，将原计入建筑安装工程造价内的营业税取消，改征增值税，并将城市维护建设税、教育费附加以及地方教育附加并入企业管理费。

（二）按工程造价形成划分

建筑安装工程费用按照工程造价形成划分，由分部分项工程费、措施项目费、其他项目费、规费、增值税组成，建筑安装工程费用组成（按工程造价形成划分），如图 2-7 所示。

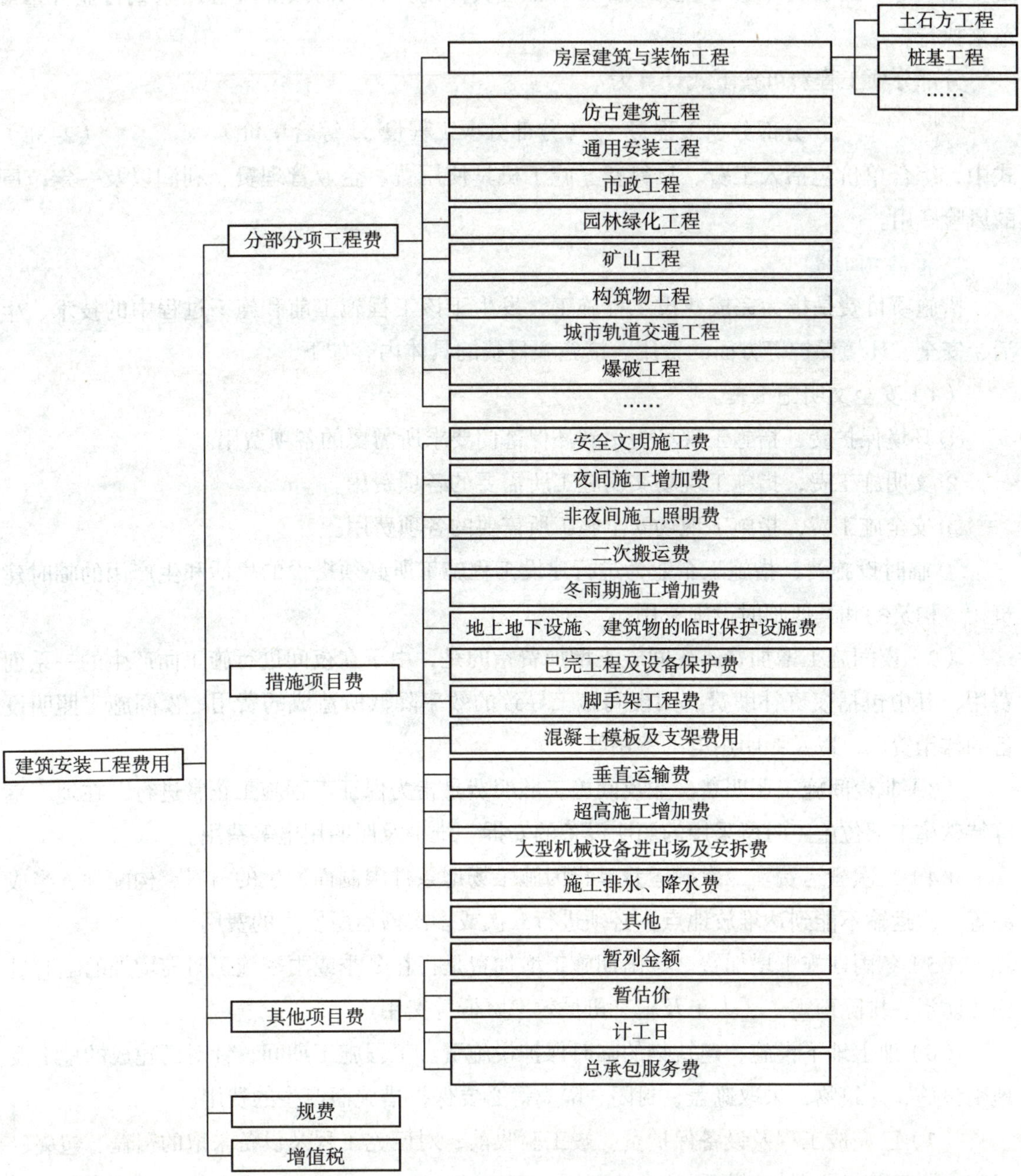

图 2-7　建筑安装工程费用组成（按工程造价形成划分）

1. 分部分项工程费

分部分项工程费是指各专业工程的分部分项工程应予列支的各项费用。

（1）专业工程是按现行国家计量规范划分的，涵盖房屋建筑与装饰、仿古建筑、通用安装、市政、园林绿化、矿山、构筑物、城市轨道交通、爆破等各类工程。

（2）分部分项工程是依据现行国家计量规范，对各专业工程进行划分所形成的项目。以房屋建筑与装饰工程为例，其包含土石方工程、桩基工程、砌筑工程、混凝土及钢筋混凝土工程等。而各类专业工程的分部分项工程具体划分，均需按照现行国家或行业计量规范来执行。

分部分项工程费可按下式计算为

$$\text{分部分项工程费}=\sum(\text{分部分项工程量}\times\text{综合单价}) \tag{2-38}$$

式中，综合单价包括人工费、材料费、施工机具使用费、企业管理费、利润以及一定范围的风险费用。

2. 措施项目费

措施项目费是指为完成建设工程施工，发生于该工程施工前和施工过程中的技术、生活、安全、环境保护等方面的费用。措施项目费的具体内容如下。

（1）安全文明施工费。

① 环境保护费，指施工现场为达到环保部门要求所需要的各项费用。

② 文明施工费，指施工现场文明施工所需要的各项费用。

③ 安全施工费，指施工现场安全施工所需要的各项费用。

④ 临时设施费，指施工企业为进行建设工程施工所必须搭设的生活和生产用的临时建筑物、构筑物和其他临时设施费用。

（2）夜间施工增加费。夜间施工增加费指的是，由于在夜间进行施工而产生的一系列费用，其中包括夜班补助费、因夜间施工导致的效率降低所造成的费用、夜间施工照明设备的摊销费用，以及照明用电的费用等。

（3）非夜间施工照明费。非夜间施工照明费是指为保证工程施工正常进行，在地下室等特殊施工部位施工时所采用的照明设备的安拆、维护及照明用电等费用。

（4）二次搬运费。二次搬运费是指因施工场地条件限制而发生的材料、构配件、半成品等一次运输不能到达堆放地点，必须进行二次或多次搬运所发生的费用。

（5）冬雨期施工增加费。冬雨期施工增加费是指在冬季或雨季施工时需增加的临时设施（防滑、排除雨雪）、人工及施工机械效率降低等费用。

（6）地上地下设施、建筑物的临时保护设施费。工程施工期间，针对已建成的地上及地下设施、建筑物，采取遮盖、封闭、隔离等必要保护措施而产生的费用。

（7）已完成工程及设备保护费。竣工验收前，对已完工程及设备采取的覆盖、包裹、封闭、隔离等必要保护措施所产生的费用。

（8）脚手架工程费。脚手架工程费是指施工需要的各种脚手架搭、拆、运输费用，以及脚手架购置费的摊销或租赁费用。脚手架工程如图 2-8 所示。

（9）混凝土模板及支架费用。混凝土模板及支架费用是指混凝土施工过程中需要的各种钢模板、木模板、支架等的支拆、运输费用及模板、支架的摊销或租赁费用。

（10）垂直运输费。垂直运输费是指现场所用材料、机具从地面运至相应高度以及职工人员上下工作面等所发生的运输费用。

（11）超高施工增加费。当单层建筑物檐口高度超过 20 m、多层建筑物超过 6 层时，可计算超高施工增加费。

图 2-8　脚手架工程

（12）大型机械设备进出场及安拆费。大型机械设备进出场及安拆费指机械从停放场地或一个施工地点运至施工现场或另一施工地点的运输及转移费用，以及在施工现场安装、拆卸的人工、材料、机械、试运转费和安装辅助设施费用。

（13）施工排水、降水费。施工排水、降水费指施工期间将有碍作业和影响质量的水排至场外，以及在高地下水位地区开挖深基坑为防浸水、地基承载力下降、流砂、管涌、边坡失稳等现象，采取有效降水、排水措施产生的费用。

（14）其他。根据项目的专业特点和所在地区不同，可能会出现其他的措施费用。如工程定位复测费和特殊地区施工增加费等。

国家计量规范规定应予计量的措施项目，可按下式计算为

$$措施项目费=\sum（措施项目工程量\times 综合单价） \quad (2\text{-}39)$$

国家计量规范规定不宜计量的措施项目，可按下式计算为

$$安全文明施工费=计算基数\times 安全文明施工费费率（\%） \quad (2\text{-}40)$$

式中，安全文明施工费计算基数应为定额基价（定额分部分项工程费 + 定额中可以计量的措施项目费）、定额人工费（定额人工费 + 定额机械费）。

上述安全文明施工费计算中，其费率由工程造价管理机构根据各专业工程的特点综合确定。

$$夜间施工增加费=计算基数\times 夜间施工增加费费率（\%） \quad (2\text{-}41)$$

$$二次搬运费=计算基数\times 二次搬运费费率（\%） \quad (2\text{-}42)$$

$$冬雨期施工增加费=计算基数\times 冬雨期施工增加费费率（\%） \quad (2\text{-}43)$$

$$已完工程及设备保护费=计算基数\times 已完工程及设备保护费费率（\%） \quad (2\text{-}44)$$

式（2-41）至式（2-44）措施项目的计费基数有以下两种：定额人工费，定额人工费 + 定额机

械费。其费率由工程造价管理机构根据各专业工程特点和调查资料综合分析后确定。

3. 其他项目费

（1）暂列金额。

暂列金额是建设单位在工程量清单中暂定并包含在工程合同价款里的款项，用于施工合同签订时未确定或不可预见的材料、工程设备、服务采购，以及施工中工程变更、合同价款调整、索赔、现场签证等费用。由建设单位依工程特点按计价规定估算，施工中建设单位掌握使用，扣除合同价款调整后余额归建设单位。

（2）暂估价。

在工程招标环节，暂估价是招标人在工程量清单里列出的特定款项。它主要用于支付那些在项目实施过程中肯定会发生，但在当下又无法明确具体价格的事项，涵盖了材料、工程设备的单价以及专业工程的金额。

对于暂估价所涉及的材料和工程设备，其暂估单价的确定有两种方式。一种是参考工程造价信息进行估算；另一种是参照市场价格进行估算。估算得出的暂估单价会被纳入综合单价。而专业工程暂估价，则需要依据不同的专业类别，按照相关的计价规定进行估算。

小贴士

暂估价并非一成不变。在实际施工过程中，会按照事先签订的合同约定对其进行相应的调整，以确保费用的准确性和合理性。

（3）计日工。

计日工是指在施工过程中，施工企业完成建设单位提出的施工图以外的零星项目或工作所需的费用。计日工由建设单位和施工企业按施工过程中的签证计价。

（4）总承包服务费。

总承包服务费是总承包人配合建设单位专业工程发包，保管其自购材料、设备，进行现场管理、竣工资料汇总等服务的费用。由建设单位在招标控制价中按总包服务范围和计价规定编制，施工企业投标自主报价，施工中按签约合同价执行。

4. 规费和增值税

建设单位和施工企业均应按照省、自治区、直辖市或行业建设主管部门发布标准计算规费和增值税，其不得作为竞争性费用。

二、建筑安装工程计价程序

建筑安装工程费用的计价应该按照当地的计价规定进行，招标控制价、投标报价和竣工结算的计价程序见表 2-2 至表 2-4。

表 2-2　招标控制价计价程序

工程名称：　　　　　　　　标段：

序号	内容	计算方法	金额／元
1	分部分项工程费	按计价规定计算	
1.1			
1.2			
1.3			
1.4			
1.5			
⋮			
2	措施项目费	按计价规定计算	
2.1	其中：安全文明施工费	按规定标准计算	
3	其他项目费		
3.1	其中：暂列金额	按计价规定估算	
3.2	其中：专业工程暂估价	按计价规定估算	
3.3	其中：计日工	按计价规定估算	
3.4	其中：总承包服务费	按计价规定估算	
4	规费	按规定标准计算	
5	税金（扣除不列入计税范围的工程设备金额）	（1+2+3+4）× 规定税率	
招标控制价报价合计 =1+2+3+4+5			

表 2-3　投标报价计价程序

工程名称：　　　　　　　　标段：

序号	内容	计算方法	金额／元
1	分部分项工程费	自主报价	
1.1			
1.2			
1.3			
1.4			
1.5			
⋮			
2	措施项目费	自主报价	
2.1	其中：安全文明施工费	按规定标准计算	

表 2-3（续）

序号	内容	计算方法	金额／元
3	其他项目费		
3.1	其中：暂列金额	按招标文件提供金额计列	
3.2	其中：专业工程暂估价	按招标文件提供金额计列	
3.3	其中：计日工	自主报价	
3.4	其中：总承包服务费	自主报价	
4	规费	按规定标准计算	
5	税金（扣除不列入计税范围的工程设备金额）	（1+2+3+4）× 规定税率	
投标报价合计 =1+2+3+4+5			

表 2-4　竣工结算计价程序

工程名称：　　　　　　　　　标段：

序号	内容	计算方法	金额／元
1	分部分项工程费	按合同约定计算	
1.1			
1.2			
1.3			
1.4			
1.5			
⋮			
2	措施项目费	按合同约定计算	
2.1	其中：安全文明施工费	按规定标准计算	
3	其他项目费		
3.1	其中：专业工程结算价	按合同约定计算	
3.2	其中：计日工	按计日工签证计算	
3.3	其中：总承包服务费	按合同约定计算	
3.4	索赔与现场签证	按发承包双方确认数额计算	
4	规费	按规定标准计算	
5	税金(扣除不列入计税范围的工程设备金额)	（1+2+3+4）× 规定税率	
竣工结算总价合计 =1+2+3+4+5			

三、增值税

建筑安装工程费用中的增值税按税前造价乘以增值税税率确定。

（一）采用一般计税方法时的增值税计算

当采用一般计税方法时，建筑业增值税税率为 9%，其计算公式为

$$增值税 = 税前造价 \times 9\% \quad (2-45)$$

税前造价是由人工费、材料费、施工机具使用费、企业管理费、利润以及规费这几项费用相加得出的总和。需要特别说明的是，在计算这些费用项目时，所采用的价格均为不包含增值税可抵扣进项税额的价格。

（二）采用简易计税方法时的增值税计算

1. 简易计税方法的适用范围

根据《营业税改征增值税试点实施办法》《营业税改征增值税试点有关事项的规定》以及《关于建筑服务等营改增试点政策的通知》的规定，简易计税方法主要适用于以下几种情况。

（1）小规模纳税人发生应税行为适用简易计税方法。一般指提供建筑服务年应征增值税销售额未超 500 万元、会计核算不健全且不能按规定报送税务资料的增值税纳税人。年应税销售额超 500 万元但不常发生应税行为的单位，也可选择按小规模纳税人计税。

（2）一般纳税人以清包工方式提供建筑服务，可选择简易计税方法。清包工方式指施工方不采购工程所需材料或仅采购辅助材料，收取人工费、管理费等费用的建筑服务。

（3）一般纳税人为甲供工程提供建筑服务，可选择简易计税。甲供工程指发包方自行采购全部或部分设备、材料、动力的建筑工程。建筑工程总承包单位为房屋建筑地基与基础、主体结构提供服务，建设单位自购全部或部分钢材、混凝土、砌体材料、预制构件的，适用简易计税。

（4）一般纳税人为建筑工程老项目提供建筑服务，可选择简易计税。老项目包括：建筑工程施工许可证注明合同开工日期在 2016 年 4 月 30 日前的项目；未取得该证，但建筑工程承包合同注明开工日期在 2016 年 4 月 30 日前的项目。

2. 简易计税的计算方法

当采用简易计税方法时，建筑业增值税税率为 3%，其计算公式为

$$增值税 = 税前造价 \times 3\% \quad (2-46)$$

税前造价为人工费、材料费、施工机具使用费、企业管理费、利润和规费之和，各费用项目均按包含增值税进项税额的含税价格计算。

（三）要素含税价格与不含税价格的关系

在建筑工程中所使用的材料、设备，在预算价格中是含税的，“营改增”后，为了计算增值税，要将材料、设备等的价格中的增值税扣除，就需要计算材料、设备的综合扣税率。综合扣税率的计算公式推导过程如下。

1. 出厂单价

计算材料（扣除采购保管费）出厂单价的公式为

$$\text{出厂单价（扣除采购保管费）}=\frac{\text{含税单价}}{1+\text{采购保管费率}} \tag{2-47}$$

2. 除税原价

计算除税原价的公式为

$$\text{除税原价}=\frac{\text{出厂单价}}{1+\text{增值税率}}=\frac{\text{含税单价}}{(1+\text{采购保管费率})+(1+\text{增值税率})} \tag{2-48}$$

3. 采购保管费

计算采购保管费的公式为

采购保管费＝含税单价－出厂单价（扣除采购保管费）

$$=\text{含税单价}\left(1-\frac{\text{含税单价}}{1+\text{采购保管费率}}\right)$$

$$=\text{含税单价}\left(1-\frac{\text{采购保管费率}}{1+\text{采购保管费率}}\right) \tag{2-49}$$

4. 除税单价

计算除税单价的公式为

除税单价＝除税原价＋采购保管费

$$=\text{含税单价}\left[\frac{1}{(1+\text{采购保管费率})(1+\text{增值税率})}+\frac{\text{采购保管费率}}{1+\text{采购保管费率}}\right]$$

$$=\text{含税单价}\left[\frac{1+\text{采购保管费率}\times(1+\text{增值税率})}{(1+\text{采购保管费率})(1+\text{增值税率})}\right] \tag{2-50}$$

5. 增值税

计算增值税的公式为

$$\text{增值税}=\text{含税单价}-\text{除税单价} \tag{2-51}$$

6. 综合扣税率

计算综合扣税率的公式为

$$\text{综合扣税率}=\frac{\text{增值税}}{\text{除税单价}}=\frac{\text{含税单价}-\text{除税单价}}{\text{除税单价}}=\frac{\text{含税单价}}{\text{除税单价}}-1$$

$$=\frac{(1+\text{采购保管费率})(1+\text{增值税率})}{1+\text{采购保管费率}\times(1+\text{增值税率})}-1=\frac{\text{增值税率}}{1+\text{采购保管费率}\times(1+\text{增值税率})} \tag{2-52}$$

在采购保管费率为2%时，不同增值税率下的综合扣税率见表2-5。

表 2-5　不同增值税率下的综合扣税率

序号	1	2	3	4	5	6
增值税税率	17%	16%	11%	10%	6%	3%
综合扣税率	16.61%	15.64%	10.76%	9.78%	5.55%	2.94%

7. 除税价

除税价与含税价之间的关系可以进一步简化为

$$除税价=\frac{含税率}{1+综合扣税率} \tag{2-53}$$

小贴士

采用综合扣税率计算时，保留小数点后两位，第三位四舍五入。计算结果稍有偏差，工程造价的计算结果不受影响。

任务四　工程建设其他费用的构成和计算

任务描述

某大型桥梁建设项目需全面梳理工程建设其他费用，包括土地征用及迁移补偿费、建设单位管理费、勘察设计费、工程监理费、研究试验费及联合试运转费等。要求详细列出费用构成并准确计算，以确保项目投资预算的完整性和准确性，为项目决策提供依据。

任务分析

任务需细致分析各项费用来源与性质，准确估算费用额度；考虑政策变化及市场波动对费用的影响，合理预留调整空间；同时，加强费用控制与审核，确保费用支出合理合规，提高资金使用效率，降低项目投资风险。

任务实施

工程建设其他费用是在建设期产生的，是与获取土地使用权、整个工程项目建设以及未来生产经营相关的费用，但不包含工程费用、预备费、增值税、资金筹措费和流动资金。

政府相关部门对建设项目进行管理监督所产生的、由该部门财政支出的费用，不应计入相应建设项目的工程造价。

一、建设单位管理费

（一）建设单位管理费的内容

建设单位管理费指项目建设单位从筹建至办理竣工财务决算期间发生的管理性支出，涵盖人员薪酬及相关费用、办公费、场地租用费、差旅交通费、劳保及工具用具购置费、固定资产使用费、招生产工人费、技术资料费（含软件）、业务招待费、竣工验收费等其他管理开支。

（二）建设单位管理费的计算

建设单位管理费按照工程费用之和（包括设备及工器具购置费和建筑安装工程费）乘以建设单位管理费费率计算。

二、用地与工程准备费

用地与工程准备费是指取得土地与工程建设施工准备所发生的费用。其包括土地使用费和补偿费、场地准备费、临时设施费等。

（一）土地使用费和补偿费

建设用地（图 2-9）的取得，实质是依法获取国有土地的使用权。根据《中华人民共和国土地管理法》《中华人民共和国土地管理法实施条例》《中华人民共和国城市房地产管理法》规定，获取国有土地使用权的基本方式有两种：一是出让方式，二是划拨方式。建设用地取得的基本方式还包括租赁方式和转让方式。

图 2-9　建设用地

建设用地获取方式不同，所需承担的费用也有所不同。若采用行政划拨方式取得建设用地，需承担征地补偿费用，或是对原用地单位或个人支付拆迁补偿费用；若通过市场机制获取建设用地，除了要承担上述征地或拆迁补偿费用外，还需向土地所有者支付有偿使用费，也就是土地出让金。

1. 征地补偿费

（1）土地补偿费。土地补偿费是对农村集体经济组织因土地被征用而造成的经济损失的一种补偿。征用耕地的补偿费，为该耕地被征用前三年平均年产值的 6 ～ 10 倍。

（2）青苗补偿费和地上附着物补偿费。青苗补偿费是征地时对受损农作物的赔偿。农村实行承包责任制后，农民自包土地的青苗补偿费补偿给本人，集体种植的补偿费可纳入当年集体收益。地上附着物包括房屋、水井等地面建筑、构筑物等，其补偿费根据协商征地方案前价值与折价情况，按“拆什么补什么，拆多少补多少，不低于原水平”的原则确定。

（3）安置补助费。安置补助费付给被征地和安置劳动力单位，用于劳动力安置培训及失业人员生活补助。征收耕地安置补助费按需安置农业人口数算，每人补助标准为被征耕地前三年年均产值的 4 ～ 6 倍。

（4）新菜地开发建设基金。新菜地开发建设基金是指征用城市郊区商品菜地时支付的费用。这项费用交给地方财政，作为开发建设新菜地的投资。

（5）耕地开垦费和森林植被恢复费。征用耕地的包括耕地开垦费，涉及森林草原的包括森林植被恢复费等。

（6）生态补偿与压覆矿产资源补偿费。水土保持等生态补偿费是指建设项目对水土保持等生态造成影响所发生的除工程费之外的补救或者补偿费用；压覆矿产资源补偿费是指项目工程对被其压覆的矿产资源利用造成影响所发生的补偿费用。

（7）其他补偿费。其他补偿费是指建设项目涉及的对房屋、市政、铁路、公路、管道、通信、电力、河道、水利、厂区、林区、保护区、矿区等不附属于建设用地但与建设项目相关的建筑物、构筑物或设施的拆除、迁建补偿、搬迁运输补偿等费用。

（8）土地管理费。土地管理费主要作为征地工作中所发生的办公、会议、培训、宣传、差旅、借用人员工资等必要的费用。土地管理费的收取标准，一般是在土地补偿费、青苗补偿费和地上附着物补偿费、安置补助费四项费用之和的基础上提取 2% ～ 4%。

2. 拆迁补偿费

在城市规划区内国有土地上实施房屋拆迁（图 2-10），拆迁人应当对被拆迁人给予补偿、安置。

（1）拆迁补偿金有货币补偿和房屋产权调换两种补偿方式。货币补偿金额依被拆迁房屋区位、用途、建筑面积等，按房地产市场评估价确定；实行房屋产权调换的，拆迁人与被拆迁人按被拆房屋补偿金额和调换房屋价格结清差价。

图 2-10　房屋拆迁

（2）迁移补偿费，包括征用土地上的房屋及附属构筑物、城市公共设施等拆除、迁建补偿费，搬迁运输费，企业单位因搬迁造成的减产、停工损失补贴费，拆迁管理费等。

3. 土地出让金

土地出让金是用地单位向国家支付的土地所有权收益，土地出让金标准一般参考城市基准地价并结合其他因素制定。基准地价由当地市土地管理局等多部门综合平衡后报市级政府审定，以城市土地综合定级为基础，用某一地价或地价幅度表示某类用地在某土地级别范围的地价，作为土地使用权出让价格基础。

有偿出让和转让土地时，政府不定统一地价，但应坚持：不影响当前投资环境，与当地社会经济承受能力适配，考虑土地开发费用、供求、用途等因素。受让者需缴契税，转让增值要缴土地增值税，土地使用者每年需缴土地使用费。出让或转让土地使用权，先由评估机构定价，再签合同。

（二）场地准备费及临时设施费

1. 场地准备费及临时设施费的内容

（1）建设项目场地准备费是指为使工程项目的建设场地达到开工条件，由建设单位组织进行的场地平整等准备工作而发生的费用。

（2）建设单位临时设施费是指建设单位为满足施工建设需要而提供的未列入工程费用的临时水、电、路、信、气、热等工程和临时仓库等建（构）筑物的建设、维修、拆除、摊销费用或租赁费用，以及货场、码头租赁等费用。

2. 场地准备费及临时设施费的计算

（1）场地准备及临时设施应尽量与永久性工程统一考虑。建设场地的大型土石方工程应进入工程费用中的总途运输费用中。

（2）新建项目的场地准备费和临时设施费应根据实际工程量估算，或按工程费用的比例计算。改扩建项目一般只计算拆除清理费。场地准备费及临时设施费计算公式为

场地准备费及临时设施费 = 工程费用 × 费率 + 拆除清理费　　（2-54）

（3）发生拆除清理费时可按新建同类工程造价或主材费、设备费的比例计算。凡可回收材料的拆除工程采用以料抵工方式冲抵拆除清理费。

（4）此项费用不包括已列入建筑安装工程费用中的施工企业临时设施费。

三、市政公用配套设施费

市政公用配套设施费是指使用市政公用设施的工程项目，依据项目所在地政府相关规定，进行建设或缴纳的市政公用设施建设配套费用。这里所涉及的市政公用配套设施，涵盖界区外配套的水、电、路、信等设施，同时也包括绿化、人防等配套设施。

四、技术服务费

技术服务费是指在项目建设全部过程中委托第三方提供项目策划、技术咨询、勘察设计、项目管理和跟踪验收评估等技术服务发生的费用。按照国家发展和改革委员会关于《进一步放开建设项目专业服务价格的通知》（发改价格〔2015〕299 号）的规定，技术服务费应实行市场调节价。

（一）可行性研究费

可行性研究费是指在工程项目投资决策阶段，对有关建设方案、技术方案或生产经营方案进行的技术经济论证，以及编制、评审可行性研究报告等所需的费用。

（二）专项评价费

专项评价费是指建设单位依照国家规定，委托相关单位开展专项评价及有关验收工作所产生的费用。它包含了环境影响评价费、安全预评价费、职业病危害预评价费、地震安全性评价费、地质灾害危险性评价费、水土保持评价费、压覆矿产资源评价费、节能评估费、危险与可操作性分析及安全完整性评价费，以及其他专项评价费等多项费用。

（三）勘察设计费

1. 勘察费

勘察费是指勘察人根据发包人的委托，收集已有资料、现场踏勘、制定勘察纲要，进行勘察作业，以及编制工程勘察文件和岩土工程设计文件等收取的费用。

2. 设计费

设计费是指设计人根据发包人的委托，提供编制建设项目初步设计文件、施工图设计文件、非标准设备设计文件、竣工图文件等服务所收取的费用。

（四）监理费

监理费是指受建设单位委托，工程监理单位为工程建设提供监理服务所收取的费用。

（五）研究试验费

研究试验费是指为建设项目提供或验证设计相关参数、数据等进行必要研究试验，以及按设计规定在建设中须进行试验、验证的费用，含自行或委托研究试验的人工、材料、设备仪器使用等费用，按设计单位提出的研究试验内容和要求计算。

小贴士

在计算研究试验费时要注意不应包括以下项目。

1. 应由科技三项费用（即新产品试制费、中间试验费和重要科学研究补助费）开支的项目。

2. 应在建筑安装费用中列支的施工企业对建筑材料、构件和建筑物进行一般鉴定、检查所发生的费用及技术革新的研究试验费。

3. 应由勘察设计费或工程费用中开支的项目。

（六）特殊设备安全监督检验费

特殊设备安全监督检验费是指对在施工现场安装的列入国家特种设备范围内的设备（设施）检验检测和监督检查所发生的应列入项目开支的费用。

（七）监造费

监造费是指对项目所需设备材料制造过程与质量驻厂监督的费用。设备材料监造是指监造单位受项目法人或建设单位委托，依供货合同要求，秉持客观公正、诚信科学的原则，对设备材料制造生产的工艺、质量等监督，并向委托人提供的服务。

（八）招标费

招标费是指建设单位委托招标代理机构进行招标服务所发生的费用。

（九）设计评审费

设计评审费是指建设单位委托有资质的机构对设计文件进行评审的费用。设计文件包括初步设计文件和施工图设计文件等。

（十）技术经济标准使用费

技术经济标准使用费是指建设项目投资确定与计价、费用控制过程中使用相关技术经济标准所发生的费用。

（十一）工程造价咨询费

工程造价咨询费是指建设单位委托造价咨询机构进行各阶段相关造价业务工作所发生的费用。

五、建设期计列的生产经营费

建设期计列的生产经营费是指为达到生产经营条件在建设期发生或将要发生的费用，包括专利及专有技术使用费、联合试运转费、生产准备费等。

（一）专利及专有技术使用费

专利及专有技术使用费是指在建设期内为取得专利、专有技术、商标权、商誉、特许经营权等发生的费用。某专利图标如图 2-11 所示。

专利及专有技术使用费的主要内容包括：工艺包费、设计及技术资料费、有效专利、专有技术使用费、技术保密费和技术服务费等；商标权、商誉和特许经营权费；软件费等。

图 2-11　某专利图标

（二）联合试运转费

联合试运转费是指新建或增能工程项目交付生产前，按设计标准和要求对生产线或装置进行负荷联合试运转的费用净支出（支出大于收入的差额）。试运转支出含原材料、燃料动力等消耗及人员工资、专家指导费、烘炉费等；收入包括产品销售及其他收入。该费用不包括设备安装调试及试车费，以及施工或设备缺陷处理费。

（三）生产准备费

1. 生产准备费的内容

生产准备费是指在建设期内，建设单位为保证项目正常生产所做的提前准备工作所发生的费用，包括人员培训、提前进厂费，以及投产使用必需的生产办公、生活家具用具及工器具等购置费。

2. 生产准备费的计算

（1）新建项目按设计定员为基数计算，改扩建项目按新增设计定员为基数计算，其计算公式为

$$生产准备费 = 设计定员 \times 生产准备费指标（元/人） \quad (2\text{–}55)$$

（2）既可采用综合的生产准备费指标进行计算，也可按费用内容的分类指标进行计算。

六、工程保险费

工程保险费是指为转移工程项目建设意外风险，在建设期对建筑、安装工程、机械设备和人身安全投保所产生的费用，涵盖建筑安装工程一切险等险种，建设项目可依工程特点选投。其按不同工程类别，以建筑、安装工程费乘以相应保险费率计算。民用建筑工程保险费占建筑工程费 2‰～ 4‰（如住宅等）；其他建筑工程（如厂房等）及安装工程（如工业机械等）保险费分别占建筑工程费的 3‰～ 6‰。

七、税费

按财政部《基本建设项目建设成本管理规定》（财建〔2016〕504 号）对工程其他费的有关规定，税费统一归纳计列，是指耕地占用税、城镇土地使用税、印花税、车船使用税和行政性收费等，不包括增值税。

任务五　预备费和建设期贷款利息

任务描述

某城市地铁建设项目需精确计算预备费和建设期贷款利息，预备费需考虑基本预备费和价差预备费，建设期贷款利息需根据贷款额度、利率及还款方式综合测算。确保预备费和建设期贷款利息计算准确，为项目资金筹措与使用计划提供可靠依据，保障项目顺利实施。

任务分析

任务需深入理解预备费构成及计算方法，准确把握市场动态和政策变化对预备费的影响；同时，需详细分析贷款条件，合理选择贷款方案，准确计算贷款利息，确保项目资金流稳定，降低财务风险，为项目成功建设提供有力支持。

任务实施

一、预备费

预备费又称不可预见费，我国现行规定的预备费包括基本预备费和价差预备费。

（一）基本预备费

1. 基本预备费的内容

基本预备费是指针对项目实施过程中可能发生难以预料的支出而事先预留的费用，主要指设计变更及施工过程中可能增加工程量的费用。基本预备费一般由以下四部分构成。

（1）工程变更及洽商。在批准的初步设计范围、技术设计、施工图设计及施工过程中所增加的工程费用；设计变更、工程变更、材料代用、局部地基处理等增加的费用。

（2）一般自然灾害处理。一般自然灾害造成的损失和预防自然灾害所采取的措施费用。实行工程保险的工程项目，一般自然灾害处理的费用应适当降低。

（3）不可预见的地下障碍物处理的费用。

（4）超规超限设备运输增加的费用。

2. 基本预备费的计算

基本预备费是按工程费用和工程建设其他费用二者之和为计取基础，乘以基本预备费费率进行计算。

小贴士

基本预备费费率的取值应执行国家及有关部门的规定。

（二）价差预备费

1. 价差预备费的内容

价差预备费又称价格变动不可预见费，是为了应对建设期内利率、汇率、价格等因素变动而预先预留的、可能增加的费用。其涵盖的内容主要有：因人工、设备、材料、施工机具的价格差异所产生的费用；建筑安装工程费用以及工程建设其他费用进行调整所带来的费用；因利率、汇率调整而额外增加的费用。

2. 价差预备费的测算方法

价差预备费一般根据国家规定的投资综合价格指数，以估算年份价格水平的投资额为基数，采用复利方法计算。其计算公式为

$$\mathrm{PF}=\sum_{t=1}^{n} I_t\left[(1+f)^m(1+f)^{0.5}(1+f)^{t-1}-1\right] \tag{2-56}$$

式中 PF——价差预备费；

n——建设期年份数；

I_t——建设期中第 t 年的静态投资计划额，包括工程费用、工程建设其他费用及基本预备费；

f——年涨价率；

m——建设前期年限（从编制估算到开工建设，单位：年）。

小贴士

对于年涨价率，政府部门有规定的按规定执行，没有规定的由可行性研究人员预测。

二、建设期贷款利息

当总贷款是分年均衡发放时，建设期贷款利息的计算可按当年借款在年中支用考虑，即当年贷款按半年计息，上年贷款按全年计息。计算公式为

$$q_i=\left(P_{j-1}+\frac{1}{2}A_j\right)i \qquad (2\text{–}57)$$

式中 q_j——建设期第 j 年应计利息；

$P_{j\text{-}1}$——建设期第（j–1）年末累计贷款本金与利息之和；

A_j——建设期第 j 年贷款金额；

i——年利率。

国外贷款利息的计算中，还应包括国外贷款银行根据贷款协议向贷款方以年利率的方式收取的手续费、管理费、承诺费，以及国内代理机构经国家主管部门批准的以年利率的方式向贷款单位收取的转贷费、担保费、管理费等。

工程项目投资分静态和动态两部分。静态投资以编制计划或概预算时物价、利率等为参数，按规定计算，包括建筑工程费、设备购置费、安装工程费、工程建设其他费用和基本预备费；动态投资是建设期内因贷款利息、汇率及物价变动等导致的投资增加额。

任务六 流动资金

任务描述

某制造业企业扩建生产线项目，需准确估算项目运营后的流动资金需求，包括原材料采购、在制品生产、成品存储、应收账款及应付账款等各项流动资金占用。要求全面分析企业历史数据，结合市场预测，合理确定流动资金规模，为项目融资及运营资金安排提供依据。

任务分析

任务需细致梳理企业资金流动情况，准确识别流动资金需求点；考虑市场波动、生产周期及信用政策对流动资金的影响，合理预留资金缓冲；同时，优化资金结构，提高资金使用效率，确保项目运营资金充足，降低财务风险。

任务实施

铺底流动资金是项目投产后，保证其能正常生产经营所需要的最基本的周转资金数额。铺底流动资金是项目总投资中流动资金的一部分，在项目决策阶段，这部分资金就要落实。铺底流动资金的计算公式为

$$铺底流动资金 = 流动资金 \times 30\% \quad (2\text{–}58)$$

这里的流动资金指建设项目投产后维持正常生产经营所需的周转资金，用于购买原材料等。它伴随固定资产投资产生，是永久性流动投资，数值为项目投产运营后全部流动资产减流动负债的余额。流动资产包括应收及预付账款、现金和存货，流动负债包括应付和预收款。此处的流动资金即财务中的营运资金。

流动资金的估算一般采用如下两种方法。

一、扩大指标估算法

扩大指标估算法是按照流动资金占某种基数的比率来估算的。一般常用的基数有销售收入、经营成本、总成本费用和固定资产投资等，究竟采用何种基数依行业习惯而定。

（一）产值（或销售收入）资金率估算法

产值（或销售收入）资金率估算法是一种估算流动资金额的常用方法，其计算公式为

$$流动资金额 = 年产值（年销售收入额）\times 产值（销售收入）资金率 \quad (2\text{–}59)$$

（二）经营成本（或总成本）资金率估算法

经营成本资金率是一项反映物质、劳动消耗和技术水平、生产管理水平的综合指标。一些工业项目，尤其是采掘工业项目，常用经营成本（或总成本）资金率估算流动资金，其具体计算公式为

$$流动资金额 = 年经营成本 \times 经营成本资金率 \quad (2\text{–}60)$$

$$流动资金额 = 年总成本 \times 总成本资金率 \quad (2\text{–}61)$$

（三）固定资产投资资金率估算法

固定资产投资资金率是流动资金占固定资产投资的百分比。如化工项目流动资金占固定资产投资的 15% ～ 20%；一般工业项目，流动资金占固定资产投资的 5% ～ 12%。基于

此，固定资产投资资金率可用于估算流动资金，其计算公式为

$$流动资金额 = 固定资产投资 \times 固定资产投资资金率 \tag{2-62}$$

（四）单位产量资金率估算法

单位产量资金率，即单位产量占用流动资金的数额。借助该指标可以对流动资金额进行估算，其计算公式为

$$流动资金额 = 年生产能力 \times 单位产量资金率 \tag{2-63}$$

二、分项详细估算法

分项详细估算法又称分项定额估算法。它是国际上通行的流动资金估算方法，其计算公式为

$$流动资金 = 流动资产 - 流动负债 \tag{2-64}$$

$$流动资产 = 现金 + 应收及预付账款 + 存货 \tag{2-65}$$

$$流动负债 = 应付账款 + 预收账款 \tag{2-66}$$

$$流动资金本年增加额 = 本年流动资金 - 上年流动资金 \tag{2-67}$$

流动资产和流动负债各项构成估算公式如下。

（一）现金的估算

现金的估算公式为

$$现金 = \frac{年工资及福利费 + 年其他费用}{资金周转次数} \tag{2-68}$$

年其他费用 = 制造费用 + 管理费用 + 销售费用 − 前三项费用中所包含的工资及福利费、折旧费、维简费、推销费、修理费等　（2-69）

（二）应收（预付）账款的估算

应收（预付）账款的估算公式为

$$应收账款 = \frac{年经营成本}{资金周转次数} \tag{2-70}$$

（三）存货的估算

存货包括各种外购材料、燃料、包装物、低值易耗品、在产品、外购商品、协作件、自制半成品和产成品等。在估算中的存货一般仅考虑外购原材料、燃料、在产品、产成品，也可考虑备品备件。存货项目估算的相关公式为

$$外购原材料燃料 = \frac{年外购原材料燃料费用}{资金周转次数} \tag{2-71}$$

$$在产品=\frac{年外购原材料燃料及动力费+年工资及福利费+年修理费+年其他制造费}{资金周转次数} \quad (2-72)$$

$$产成品=\frac{年经营成本}{资金周转次数} \quad (2-73)$$

任务七 建设项目工程总承包费用项目构成及计算

任务描述

某大型商业综合体建设项目，需全面梳理工程总承包费用项目组成，包括建筑安装工程费、设备购置费、总承包其他费（如设计费、勘察费、土地租用及补偿费、税费等）及暂列费用（如基本预备费、价差预备费）。要求准确计算各项费用，为项目预算及成本控制提供可靠依据。

任务分析

任务需深入理解工程总承包费用的构成及计算方法，结合项目实际情况，全面梳理各项费用，确保计算准确；同时，需考虑市场波动及政策变化对费用的影响，合理预留调整空间，为项目顺利实施及成本控制提供有力支持。

任务实施

一、建设项目工程总承包费用项目组成

建设项目工程总承包指企业按与建设单位合同，对项目设计、采购、施工等全过程承包，对质量、安全、工期和造价全面负责。建设单位可在可行性研究、方案设计或初步设计批准后采用此方式发包。工程总承包常用“设计—采购—施工”模式，也可依项目特点采用“设计—施工”等其他模式。其费用项目包括建安工程费、设备购置费等。建设单位应按发包内容、范围和风险分担原则确定具体费用项目及范围。

（一）建筑安装工程费

建筑安装工程费是指为完成建设项目发生的建筑工程和安装工程所需的费用，不包括应列入设备购置费的被安装设备本身的价值，该费用由建设单位按照合同约定支付给总承包单位。

（二）设备购置费

设备购置费是指为完成建设项目，需要采购设备和为生产准备的不够固定资产标准的

工器具的价款，不包括应列入安装工程费的工程设备（建筑设备）本身的价值。该费用由建设单位按照合同约定支付给总承包单位（不包括工程抵扣的增值税进项税额）。

（三）总承包其他费

总承包其他费是指建设单位应当分摊计入工程总承包相关项目的各项费用和税金支出，并按照合同约定支付给总承包单位的费用。总承包其他费主要包括的费用见表 2-6。

表 2-6　总承包其他费主要包括的费用

总承包其他费	具体内容
勘察费、设计费、研究试验费	勘察费指为建设项目进行地质勘察、测量等所发生的费用。 设计费指为建设项目进行初步设计、技术设计、施工图设计等所发生的费用。 研究试验费指发包人按照合同约定支付给承包人用于为建设项目提供研究或验证设计数据、资料进行必要的研究试验以及按照设计规定在建设过程中必须进行试验、验证所需的费用
土地租用及补偿费	土地租用及补偿费指建设单位按照合同约定支付给总承包单位在建设期间因需要而用于租用土地使用权而发生的费用，以及用于土地复垦、植被恢复等的费用
税费	税费指建设单位按照合同约定支付给总承包单位的应由其缴纳的各种税费（如印花税、应纳增值税及其在此基础上计算的附加税等）
总承包项目建设管理费	总承包项目建设管理费指建设单位按照合同约定支付给总承包单位用于项目建设期间发生的管理性质的费用，包括工作人员工资及相关费用、办公费、办公场地租用费、差旅交通费、劳动保护费、工具用具使用费、固定资产使用费、招募生产工人费、技术图书资料费（含软件）、业务招待费、施工现场津贴、竣工验收费和其他管理性质的费用
临时设施费	临时设施费指建设单位按照合同约定支付给总承包单位用于未列入建筑安装工程费的临时水、电、路、信、气等工程和临时仓库、生活设施等建（构）筑物的建造、维修、拆除的摊销或租赁费用，以及铁路码头租赁等费用
招标投标费	招标投标费指建设单位按照合同约定支付给总承包单位用于材料、设备采购，以及工程设计、施工分包等招标和总承包投标的费用
咨询和审计费	咨询和审计费指建设单位按照合同约定支付给总承包单位用于社会中介机构的工程咨询、工程审计等的费用
检验检测费	检验检测费指建设单位按照合同约定支付给总承包单位用于未列入建筑安装工程费的工程检测、设备检验、负荷联合试车费、联合试运转费及其他检验检测的费用
系统集成费	系统集成费指建设单位按照合同约定支付给总承包单位用于系统集成等信息工程的费用［如网络租赁、建筑信息模型（building information modeling，BIM）、系统运行维护等］
其他专项费用	其他专项费用指建设单位按照合同约定支付给总承包单位使用的费用（如财务费、专利及专有技术使用费、工程保险费、法律费用等）

（四）财务费

财务费是指在建设期内提供履约担保、预付款担保、工程款支付担保以及可能需要的筹集资金等所发生的费用。

（五）专利及专有技术使用费

专利及专有技术使用费是指在建设期内取得专利、专有技术、商标以及特许经营使用权所发生的费用。

（六）工程保险费

工程保险费是指在建设期间，为建筑工程、安装工程、机械设备以及人员安全进行投保所产生的费用。该费用包含建筑安装工程一切险、工程质量保险、人身意外伤害险等险种的费用，但不包含已纳入建筑安装工程费范畴内的施工企业财产保险费和车辆保险费。

（七）法律费

法律费是指在建设期内聘请法律顾问、可能用于仲裁或诉讼以及律师代理等的费用。

（八）暂列费用

暂列费用是指建设单位为工程总承包项目预留的建设期不可预见费，包括基本预备费和价差预备费。

（1）基本预备费指建设期超发包范围增项、处理自然灾害与地下障碍物、超规超限设备运输等，按合同付给总承包单位的费用。

（2）价差预备费指建设期超合同约定风险，因利率、汇率、价格等因素变化可能增加，按合同付给总承包单位的费用。

小贴士

未在本项目组成列出、根据项目建设实际需要补充的项目，可分别列入其他专项费或暂列费用项目中。

二、建设项目工程总承包费用计算

建设单位可依项目特点，在可行性研究、方案设计或初步设计完成后，按既定规模、标准等要求发包工程总承包项目。发包、承包、价款结算需符合合同法等法规。建设单位依发包内容定费用及范围，按照本办法的规定编制最高投标限价，做好投资控制，依法必须招标的项目，应采用招标的方式，择优选择总承包单位。总承包单位自主报价竞标，但不得低于成本。选定的总承包单位与建设单位签合同，价款结算按约定办理。

（一）建筑安装工程费

建设单位应根据建设项目工程发包在可行性研究或方案设计、初步设计后的不同要求和工作范围，分别按照现行的投资估算、设计概算或其他计价方法编制计列。

（二）设备购置费

建设单位应按照批准的设备选型，根据市场价格计列。批准采用进口设备的，设备购置费还应包括相关进口、翻译等费用。设备购置费的计算公式为

$$设备购置费 = 设备价格 + 设备运杂费 + 备品备件费 \quad (2\text{–}74)$$

（三）总承包其他费

建设单位应根据建设项目工程发包在可行性研究或方案设计或初步设计后的不同要求和工作范围计列。

（1）勘察费。根据不同阶段的发包内容，参照同类或类似项目的勘察费计列。

（2）设计费。根据不同阶段的发包内容，参照同类或类似项目的设计费计列。

（3）研究试验费。根据不同阶段的发包内容，参照同类或类似项目的研究试验费计列。

（4）土地租用及补偿费。

土地租用费应参照工程所在地有关部门的规定计列；土地复垦费应按照《土地复垦条例》《土地复垦条例实施办法》和工程所在地政府相关规定计列；植被恢复费应参照工程所在地有关部门的规定计列。

（5）税费。

① 印花税：按国家规定的印花税标准计列。

② 增值税及附加税：参照同类或类似项目的增值税及附加税计列。

（6）总承包项目建设管理费。建设单位应按财政部《关于印发＜基本建设项目建设成本管理规定＞的通知》（财建〔2016〕504 号）文件附件 2 规定的项目建设管理费计算，按照不同阶段的发包内容计列，见表 2-7。

表 2-7 项目建设管理费总额控制数费率表

工程总概算／万元	费率 /%	算例／万元	
		工程总概算	项目建设管理费
1 000 以下	2	1 000	1 000 × 2% =20
1 001 ～ 5 000	1.5	5 000	20+（5 000–1 000）× 1.5%=80
5 001 ～ 10 000	1.2	10 000	80+（10 000–5 000）× 1.2%=140
10 001 ～ 50 000	1	50 000	140+（50 000–10 000）× 1%=540
50 001 ～ 100 000	0.8	100 000	540+（100 000–50 000）× 0.8%=940
100 000 以上	0.4	200 000	940+（200 000–100 000）× 0.4%=1 340

（7）临时设施费。应根据建设项目特点，参照同类或类似工程的临时设施计列，不包括已列入建筑安装工程费中的施工企业临时设施费。

（8）招标投标费。参照同类或类似工程的此类费用计列。

（9）咨询和审计费。参照同类或类似工程的此类费用计列。

（10）检验检测费。参照同类或类似工程的此类费用计列。

（11）系统集成费。参照同类或类似工程的此类费用计列。

（12）其他专项费用。

① 财务费用。参照同类或类似工程的此类费用计列。

② 专利及专有技术使用费。按专利使用许可或专有技术使用合同规定计列，专有技术的界定以省、部级鉴定批准为依据。

③ 工程保险费。应按选择的投保品种，依据保险费率计算。

④ 法律费。参照同类或类似工程的此类费用计列。

（四）暂列费用

依据工程总承包不同发包阶段，分别参照现行估算或概算方法编制计列费用。对于利率、汇率及价格等因素变化，可按风险合理分担原则确定范围并在合同中约定，在约定范围内的费用不予调整。

项目小结

本项目首先概述了工程造价的构成，明确了研究框架；其次详细解析了设备及工器具购置费、建筑安装工程费的计算，为成本控制提供依据；再次探讨了工程建设其他费、预备费及建设期贷款利息，确保预算全面；从次分析了流动资金需求，保障项目顺利运行；最后总结了建设项目工程总承包费用的项目组成及计算，为项目整体造价把控提供了有力支持。通过本项目的学习，读者能够全面掌握工程造价的各项费用组成和计算方法，理解各项费用之间的内在联系。

项 目 工 单

工程造价构成实训记录见表 2-8。

表 2-8 工程造价构成实训记录

班级		姓名		日期	
实训名称	工程造价构成实训				
实训目标	1. 全面掌握工程造价的构成要素； 2. 熟练计算各类费用项目； 3. 理解并应用费用构成原理于实际项目				

表 2-8（续）

实训过程记录	
实训注意事项	
实训总结	

工程造价构成实训评价见表 2-9。

表 2-9　工程造价构成实训评价

项目名称	评价内容	分值	评分
职业素养考核项目（30%）	正确规范操作能力	10	
	责任心团队协作能力	10	
	问题解决与创新能力	10	
专业能力考核项目（70%）	费用识别能力	10	
	计算准确性	10	
	构成分析能力	20	
	利息计算能力	10	
	总承包费核算能力	20	
合计评分			
教师评语		教师签字	

课 后 练 习

一、填空题

1. 设备购置费是指为购置或自制设计文件规定的达到固定资产标准的各种机械和电气设备、工器具及生产家具等所需的全部费用，由＿＿＿＿＿＿和＿＿＿＿＿＿组成。

2. 建筑安装工程费，也被称作建筑安装工程造价，是建设单位支付给从事建筑安装工程施工单位的费用。其构成包含两部分，即＿＿＿＿＿＿费用和＿＿＿＿＿＿费用。

3. 建筑安装工程费中的增值税按＿＿＿＿＿＿乘以＿＿＿＿＿＿确定。

4. 建设单位管理费按照__________之和（包括设备及工器具购置费和建筑安装工程费）乘以__________费率计算。

5. 建筑安装工程费是指为完成建设项目发生的建筑工程和安装工程所需的费用，不包括应列入设备购置费的__________的价值，该费用由建设单位按照合同约定支付给__________。

二、简答题

1. 简述目前国际上先进工程造价管理的现状。

2. 简述基本预备费的一般构成。

项目三

建设项目决策阶段造价管理

项目导读

建设项目决策阶段造价管理是工程造价管理的关键起点，它决定了项目的投资规模与成本控制基础，通过可行性研究和投资估算，为后续阶段提供了造价管理的方向与依据，对工程项目的经济效益和成功实施至关重要。本项目将带领读者全面了解建设项目决策阶段造价管理，包括项目决策阶段造价管理概述、建设项目可行性研究和建设项目投资估算的编制。

学习目标

知识目标

1. 掌握建设项目决策阶段造价管理的基本概念、流程及重要性。

2. 理解建设项目可行性研究的内容、方法及其在投资决策中的作用。

能力目标

1. 能够独立进行建设项目的投资估算编制，确保估算的准确性和合理性。

2. 熟练运用可行性研究工具和方法，对建设项目进行全面、深入的分析和评估。

素质目标

1. 培养严谨的造价管理思维，注重细节，确保决策阶段造价管理的科学性和有效性。

2. 提升团队协作和沟通能力，能够在建设项目决策团队中发挥积极作用，共同推动项目进展。

思政目标

培养学生诚实守信、严谨求实的职业素养，增强社会责任感，使其为国家的建设事业贡献自己的力量，同时帮助学生树立正确的成本意识和效益观念。

任务一 项目决策阶段造价管理概述

任务描述

某房地产开发项目在决策阶段需对项目造价进行全面管理，包括市场调研、投资估算、方案比选、风险评估及经济评价等。要求综合分析项目成本、收益及风险，为项目决策提供科学依据，确保项目投资的合理性及可行性。

任务分析

任务需准确把握市场动态，深入了解项目成本构成，科学进行投资估算；通过多方案比选，优化项目设计，降低造价风险；同时，需全面评估项目经济效益，为项目决策提供有力支持，确保项目投资回报最大化。

任务实施

一、项目决策与工程造价的关系

（一）项目决策的过程和逻辑

项目决策是指在项目前期，通过收集资料和调查研究，在充分占有信息的基础上，针对项目的决策和实施进行组织、管理、经济和技术等方面的科学分析和论证。其是从不同的角度，为达到业主的基本要求和目标，对项目的整体策略进行规划，从而对项目全过程预先进行推演和分析的一系列活动。项目决策过程如图 3-1 所示。

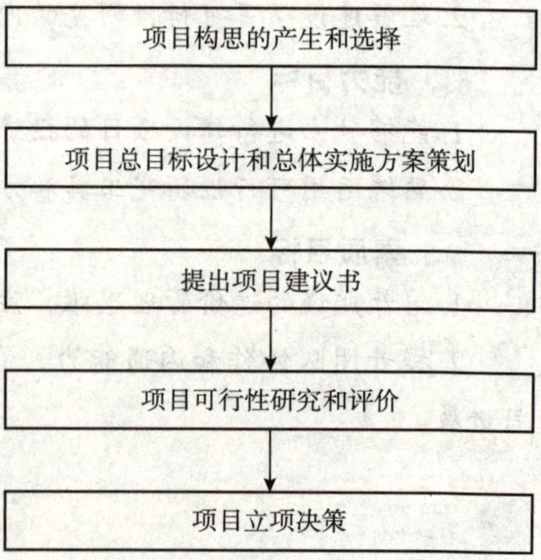

图 3-1　项目决策过程

1. 项目构思的产生和选择

（1）通过市场调查研究，发现新的投资机会、有利的投资地点和投资领域，对建设项目所提供的最终产品或服务进行市场需求分析。

（2）上层系统运行存在问题或困难，产生对项目的需求。

（3）为了实现上层系统的发展战略。

（4）一些重大社会活动常常需要建设大量的工程，如奥运会、世博会、亚运会、G20 杭州峰会等。图 3-2 为上海世博馆。

（5）突发性事件，如 SARS（严重急性呼吸综合征）、新型冠状病毒感染。

2. 项目总目标设计和总体实施方案策划

（1）项目总目标是指项目建设和运行的结果状态，涵盖功能、技术、时间、经济、社会、生态等目标。这些目标因素由问题解决程度、上层战略分解、环境制约条件等确定。

（2）项目总体实施方案是指对系统与实施方法的初步设想，包含产品、设计、实施及运行的总体方案，如总布局、结构选型、建设方案、阶段划分、融资方案等。就像解决长江两岸交通问题有建隧道、新/扩建大桥等多种方案，需从中抉择。图 3-3 为武汉长江大桥。

图 3-2　上海世博馆

图 3-3　武汉长江大桥

3. 提出项目建议书

项目建议书的内容包括构思情况和问题、环境条件、总体目标以及总体实施方案等的说明和细化。其应提出需要进一步研究的各个细节和指标，作为后续可行性研究、技术设计和计划的依据。

4. 项目可行性研究和评价

项目可行性研究和评价是对建设项目总目标和总体实施方案进行的全面的技术经济论证。

5. 项目立项决策

根据项目可行性研究和评价的结果，由上层组织对项目立项作出决策。在我国，项目可行性研究报告（连同环境影响评价报告、项目选址建议书）经过批准，工程就正式立项。

6. 其他相关工作

必须不断地进行环境调查，客观地反映和分析问题，并对环境发展趋势进行合理地预测；必须设置几个阶段决策点，对各项工作结果进行分析、评价和选择。

在开展项目前期策划时，需要全面考量项目整体情况，从而在建设活动的时间、空间和结构这三者的关系中，找出最佳的结合点。所以，项目前期决策属于多属性、多目标的决策问题，其决策过程是一个复杂的认识与实践过程。通常而言，这一过程往往需要借助外部专业智慧来提供咨询建议，并且要投入一定的时间开展科学分析与论证工作。

前期策划阶段咨询需综合项目各因素以科学决策，此阶段应为综合性咨询。项目前期决策综合性咨询指业主在该阶段委托工程咨询单位，对项目决策和实施进行组织、管理、经济和技术等方面分析论证，为业主提供决策依据与建议，统筹考虑影响项目可行性因素，增强决策论证协调性。

（二）项目决策阶段解决的主要问题

1. 为什么建设项目

在众多投资机会中进行项目组合，作出战略选择，能够获得最佳的效果，使资源得到最有效的利用，或能够对上层战略贡献最大。

2. 提供什么样的产品和服务

项目要提供什么样的产品和服务以满足市场需求，达到什么样的项目目的，明确什么样的产品定位，产品或服务面向哪些主要群体。

3. 建设什么样的工程（规模、品质）

对工程总体实施方案作出选择，即选择什么样的工程总体方案实现工程目的，以提供所需要的产品或服务。

4. 项目决策目标和决策原则

确定项目决策目标（即项目总目标）和决策原则。

5. 工程选址

工程选址必须符合城市（地区）总体规划的要求，符合城市的经济和社会发展、土地利用、空间布局以及各项建设的综合部署要求。

6. 采用什么样的实施方式

工程的资本结构和来源的决策，即工程选择哪种资本结构和融资方式、项目管理模式（如业主的管理模式、承发包模式）等。

（三）项目决策与工程造价的交互影响

1. 项目决策的正确性是工程造价合理性的前提

项目决策正确可科学规划建设、优选投资方案、合理配置资源，在此基础上合理估算和有效控制造价。决策失误，如项目、地点选择或方案不合理，会导致资金浪费甚至损失。所以，确保造价合理需先保证决策正确、避免失误。

2. 项目决策的内容是决定工程造价的基础

决策阶段是项目建设起始阶段，其工程计价对项目全过程造价起宏观控制作用。该阶段技术经济决策，如建设标准确定、地点选择、工艺评选、设备选用等，对工程造价影响重大。资料显示，投资决策阶段对造价影响程度在各建设阶段中最高，所以它是决定工程造价的基础阶段。

3. 项目决策的深度影响投资估算的精确度

投资决策是渐深过程，不同阶段决策深度和投资估算精度不同，如规划和建议书阶段估算误差率约为 ±30%，可研阶段在 ±10% 以内。项目建设各阶段形成不同造价形式，存在前者控后者、后者补前者的关系。所以，加强决策深度，用科学估算方法和可靠数据合理算投资估算，才能控制好各阶段造价，避免“三超”，实现投资控制目标。

4. 工程造价的数额影响项目决策的结果

项目决策与项目造价、拟投入资金相互影响。决策阶段的投资估算是选择投资方案的重要依据，也是判断项目可行性和供主管部门审批的参考依据。所以，项目投资估算数额在一定程度上也会影响项目决策。

二、项目决策阶段影响造价的主要因素

（一）项目合理建设规模的确定

每个建设项目都需合理选择建设规模。确定项目建设规模要考虑规模效益、市场、技术及环境等因素。建设规模过小，资源配置低效、成本高、效益低；建设规模过大，产品供大于求，会造成积压或降价，同样效益低。

（二）建设标准水平的确定

建设标准水平要结合经济发展水平，区分地区、规模、等级和功能合理确定。它是编制、评估、审批项目可研和初设的重要依据，也是衡量造价合理性与监督项目建设的客观尺度。建设标准能否控造价、指导建设，关键在于水平制定是否合理。我国多数工业交通项目宜采用中等适用标准，少数引进技术设备、有特殊要求及高新技术的项目，标准可适当提高。

（三）建设地区及建设地点的选择

项目建设地点的选择涵盖了建设地区的挑选和具体厂址的确定。其中，建设地区的选择意义重大，它直接关联着项目建设过程中的工程造价，对项目建成后的生产成本也有着不可忽视的作用，并且还会对国民经济产生直接影响。可以说，建设地区选择是否合理，在很大程度上能够左右拟建项目的走向和最终命运。它不仅会影响工程造价的高低、建设工期的长短以及建设质量的优劣，甚至会成为决定建设项目投资能否成功的关键因素。

因此，要根据国民经济发展的要求和市场需要以及各地社会经济、资源条件等认真选择合适的建设地区。具体要考虑是否符合国民经济发展战略规划；要靠近基本投入物，如原料、燃料的提供地和产品消费地；要考虑工业项目适当积聚的原则。

（四）生产工艺和平面布置方案的确定

生产工艺方案指生产性项目生产产品的工艺流程和制作方法，其评价与确定有先进适用、经济合理两项标准。首先要保证工艺先进性，这能提升产品质量、降低生产成本。经济合理要求工艺以最小消耗获最大经济效果，需综合考量经济效益与国家、地区、部门的经济承受能力。

平面布置方案设计则是依据拟建项目的生产性质、规模、生产工艺等要求，结合建厂地区与地点的具体条件，按生产工艺等技术要求，对建筑物、构筑物及交通运输进行经济合理布置的规划设计工作，如图 3-4 所示。生产工艺和平面布置方案是否先进、合理，不仅关系到项目建设阶段的投资数额多少，而且对使用阶段的年使用费多少也有很大的影响。

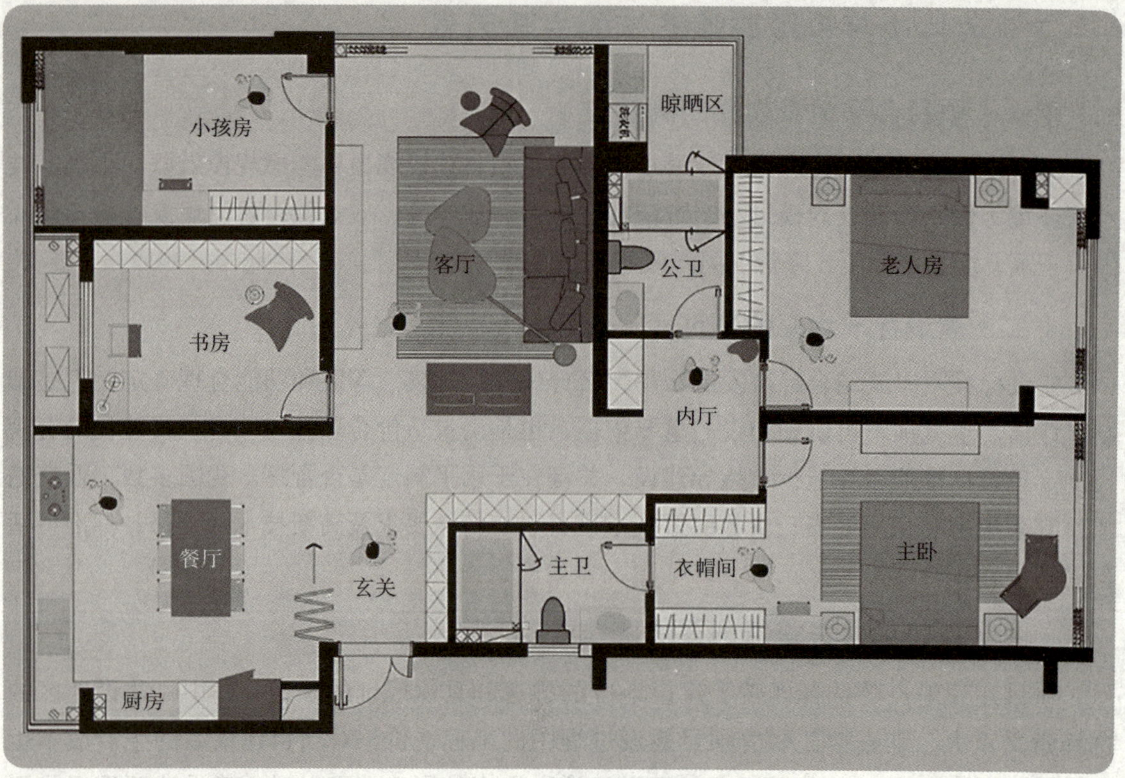

图 3-4　平面布置方案

（五）设备的选用

设备费用在生产性建设项目总投资中占比大，需注重设备选用以控制成本。设备选用应处理好以下问题：优先选用国产设备，能引进关键设备配套就不成套引进；注意进口设备间、国内外设备间的衔接；关注进口设备与原有国产设备、厂房的配套；重视进口设备与原材料、备件及维修能力的配套；特别留意引进技术资料（“软件”）问题。

建设项目决策阶段的造价控制是对投资经济活动的事前控制，对项目造价的构成及控制有着极其重要的作用，是对项目投资控制最主要和最直接有效的阶段。据国内外有关资料统计，在项目建设各阶段中，投资决策阶段影响造价的程度最高，可达 80% ～ 90%，而且还直接影响决策阶段之后各个建设阶段工程造价确定与控制的科学性、合理性。

三、项目决策阶段造价管理的内容

建设项目前期策划阶段是工程造价管理首要且最重要的环节，需从整体上把握建设项目的投资，合理处理建设项目造价的主要影响因素，编制投资估算，开展财务分析、国民经济评价，结合决策阶段不确定性因素进行风险管理。

（一）从整体上把握建设项目的投资

1. 确定建设项目的资金来源

目前，我国建设项目的资金一般从国内资金和国外资金两大渠道来筹集。国内资金来源一般包括国内贷款、国内证券市场筹集、国内外汇资金和其他投资等。国外资金来源一般包括国外直接投资、国外贷款、融资性贸易、国外证券市场筹集等。不同的资金来源，其筹集资金的成本不同，应根据建设项目的实际情况和所处的环境选择恰当的资金来源。

2. 选择资金筹集方法

从全社会来看，资金筹集方法主要有利用财政预算投资、利用自筹资金投资、利用银行贷款投资、利用外资投资、利用债券和股票投资等。各种筹资方法的筹资成本不尽相同，对建设项目工程造价均有影响，应选择几种适当的筹资方法进行组合，使得建设项目的资金筹集不仅可行而且经济。

（二）合理处理影响建设项目造价的主要因素

建设项目前期策划阶段，建设规模、建设标准水平、建设地区及地点、生产工艺和平面布置方案、设备选用等因素直接影响工程造价与全生命周期成本。此阶段应综合考量各因素，兼顾整体与综合，科学确定建设规模、地区和地点，选定建设标准，合理选择生产工艺和设备，控制造价在合理范围内。

（三）编制建设项目前期策划阶段的投资估算

投资估算是项目前期策划阶段主要造价文件，是可行性研究报告和项目建议组成部分，对项目决策与投资至关重要。编制工程项目投资估算，需依据项目具体内容、国家规定和估算指标等，以编制时价格进行，并按规定合理预测编制后至竣工期间价格、利率、汇率等动态因素对投资的影响，保障编制质量。

提高投资估算的准确性应从以下几点做起：认真收集并整理各种建设项目竣工决算的实际造价资料；不生搬硬套工程造价数据，要结合时间、物价及现场条件和装备水平等因素做充分的调查研究；提高造价专业人员和设计人员的技术水平；提高计算机的应用水平；合理估算工程预备费；对引进设备和技术的项目要考虑每年的价格浮动和外汇的折算变化等。

（四）进行建设项目前期策划阶段的经济评价

建设项目经济评价是以建设工程和技术方案为对象的经济研究，是可行性研究核心、项目决策主要依据，主要分析项目经济效果与投资效益。项目经济分析是在项目决策研究和评价中，用现代经济分析方法，对拟建项目计算期内投入产出等经济因素调查、预测、研究、计算和论证，作出全面经济评价，提供投资决策经济依据，确定最佳方案。

（五）加强建设项目前期策划阶段的风险管理

风险通常是指产生不良后果的可能性。在工程项目的整个建设过程中，前期策划阶段是进行造价控制的重点阶段，也是风险最大的阶段，因而风险管理的重点也在建设项目前期策划阶段。所以在该阶段要及时通过风险辨识和风险分析，提出项目前期策划阶段的风险防范措施，提高建设项目的抗风险能力。

四、项目决策阶段决策方案选择

（一）项目决策阶段决策方法概述

1. 国外建设项目决策方法

国外通行用全生命周期成本分析方法进行工程项目决策，其原理是以项目全生命周期内总周期成本最小为评判标准从备选方案中决策。该思想方法能指导人们从项目全生命周期出发，综合考虑建造成本与运营维护成本，实现更科学合理的投资决策。

2. 国内建设项目决策方法

国内主要采用财务评价的方法与原理。财务评价是在国家现行会计制度、税收法规和价格体系下，预测项目的财务效益与费用，编制财务报表和计算评价指标，进行财务能力分析，据此判别项目的财务可行性的方法。

进行财务评价时涉及的基础数据很多，按其作用可分为计算用数据和参数以及判别参数。计算用数据和参数又分为初级数据和派生数据。初级数据是通过调查研究、分析、预测或由相关人员提供的，如产品产量、人员工资、折旧及各种费用、各种汇率、利率等。判别参数是用于判别项目效益是否满足要求的基准参数，如基准收益率、基准投资回收期、基准投资利润率等，这类基准参数决定着项目效益的判断，是项目取舍的依据。

（二）项目决策阶段决策方案选择方式

1. 项目前期策划决策的基本原则

（1）系统性原则。

工程建设项目规模大、周期长且具复杂性，涉及多方面内容，诸多客观因素会影响其效果。在此背景下，要实现决策有效实施，需从整体出发，用系统观点科学分析项目，确保决策落实到位。

（2）科学性原则。

整个决策体系在构建以及具体应用过程中，需要与我国现行的一些科学发展观保持一致。在决策方案制定和落实时，不仅要对决策者以及企业自身的利益进行综合考量，而且还要考虑整个社会、国家的利益，实现协同发展的根本目的。

（3）独立性原则。

工程建设项目决策方案落实涉及多方面，任一因素都可能影响决策效果。决策实施中需分析各类指标，尤其要关注指标间的相关性与复杂性。所以，决策实施时要充分考量每个单独指标的独立性，以保证决策最终效果。

2. 项目前期策划决策指标——建设工程项目经济评价

由于建设项目具有建设周期长、资金投入大、影响因素多等特点，其工程实施过程极易受到周围事物的影响，具有高度的不确定性、不可预见性，投资风险大，因此为了保证决策的安全可靠性必须进行建设工程项目经济评价分析。

建设工程项目经济评价方法可用于项目从前期策划到后期执行各阶段，应依据国民经济、社会及行业、地区发展规划要求，在项目初步方案基础上，用科学分析方法论证拟建项目财务可行性与经济合理性，为项目科学决策提供经济依据。

（1）建设工程项目经济评价的内容。

建设工程项目经济评价涵盖财务分析和经济分析。财务分析基于国家现行财税制度和价格体系，从项目角度计算财务效益与费用，分析盈利能力和清偿能力，评估财务可行性，包括盈利能力、清偿能力及外汇效果评价。经济分析在合理配置社会资源时，从国家经济整体利益出发，计算项目对国民经济的贡献，分析经济效益、效果和社会影响，评估宏观经济合理性。

（2）建设工程项目经济评价方法的选择。

一般项目的财务分析对决策、实施和运营影响重大，因其产出品市场价格基本能反映真实价值，若财务分析结果满足决策需求，可不进行经济分析；关系国家安全、国土开发、市场不能有效配置资源等有明显外部效果的项目（多为政府审批或核准项目），需从国家经济整体利益出发，用影子价格计算效益和费用，经经济评价指标分析判断项目对社会经济是否有益；特别重大工程项目，除开展财务分析与经济费用效益分析，还需专门研究分析项目对区域或宏观经济的影响。

（3）建设工程项目经济评价应遵循的基本原则分为五点，具体内容见表 3-1。

表 3-1　建设工程项目经济评价应遵循的基本原则

序号	原则	内容
1	“有无对比”原则	有无对比是工程经济分析的基本原则之一，通过比较有无项目两种情况下项目的投入物和产出物可获量的差异，识别项目的增量费用和效益。在“有项目”与“无项目”两种情况下，效益和费用的计算范围、计算期应保持一致，应具有可比性

表 3-1（续）

序号	原则	内容
2	效益与费用计算口径对应一致的原则	将效益与费用限定在同一个范围内才有可能进行比较，这样计算的净效益才是项目投入的真实回报
3	收益与风险权衡的原则	投资人关心的是效益指标，但是对于可能给项目带来风险的因素考虑得不全面，对风险可能造成的损失估计不足，其结果往往有可能使项目失败。收益与风险权衡的原则提醒投资者，在进行投资决策时不仅要看效益也要关注风险，权衡得失利弊后再进行决策
4	定量分析与定性分析相结合，以定量分析为主的原则	经济评价的本质就是要对拟建项目在整个计算期内的经济效益进行分析和比较。一般来说，建设项目经济评价要求尽量采用定量指标，但对一些不能量化的经济因素，不能直接进行数量分析，为此需要进行定性分析，并与定量分析结合起来进行评价
5	动态分析与静态分析相结合，以动态分析为主的原则	动态分析是指考虑资金的时间价值对现金流量进行分析。静态分析是指不考虑资金的时间价值对现金流量进行分析。建设项目经济评价的核心是动态分析，静态指标与一般的财务和经济指标内涵基本相同，比较直观，但只能作为辅助指标

任务二 建设项目可行性研究

任务描述

某城市轨道交通建设项目，需进行全面的可行性研究，包括市场需求分析、技术路线选择、投资估算、资金筹措、经济效益评价、环境影响评估及风险评估等。要求综合考量项目实施的可行性、必要性及经济性，为项目决策提供科学依据。

任务分析

任务需深入调研市场及技术背景，准确预测项目需求及效益；科学估算投资，合理规划资金；全面评估项目对环境及社会的潜在影响，识别并应对风险；最终，形成客观、全面的可行性研究报告，为项目立项及后续工作奠定坚实基础。

任务实施

在经济建设领域，对建设项目进行合理选择，堪称对国家经济资源实施优化配置最为直接且关键的手段。而可行性研究作为一种重要方法，主要应用于建设项目的投资前期阶段。它会针对拟建项目展开全方位、系统性的技术经济分析与论证工作，其最终目的在于助力实现建设项目的合理选择。

一、可行性研究的概念与作用

（一）可行性研究的概念

在投资决策之前开展的建设项目可行性研究，是一种综合性的系统分析方法。它会深入考察项目的主要内容和各项配套条件，像市场需求状况、资源供应情况、适宜的建设规模、合理的工艺路线、恰当的设备选型、可能产生的环境影响以及项目的盈利能力等。从经济、技术、工程等多个维度，进行全面且细致的调查研究与分析比较。同时，科学地预测和评估项目建成后可能带来的经济、社会、环境效益，以此为项目决策提供依据。

基于此，还要全方位分析拟建项目的技术先进性与适用性、经济合理性与有效性，以及建设的必要性与可行性。通过系统论证、多方案比较和综合评价，最终得出关于该项目是否值得投资以及如何进行投资等结论性意见，为项目投资决策提供坚实可靠的科学支撑。

一项好的可行性研究，应该向投资者推荐技术经济最优的方案，使投资者明确项目具有多大财务获利能力，投资风险多大，是否值得投资建设；可使主管部门领导明确从国家角度看该项目是否值得支持和批准；使银行和其他资金供给者明确该项目能否按期或者提前偿还他们提供的资金。

（二）可行性研究的作用

在建设项目的整个生命周期中，前期具有决定性意义，起着极其重要的作用。而作为建设项目投资前期工作的核心和重点的可行性研究工作，一经批准，在整个项目周期中，就会发挥着极其重要的作用。具体体现在以下几方面。

1. 作为建设项目投资决策的依据

可行性研究作为一种投资决策方法，从市场、技术、工程建设、经济及社会等多方面对建设项目进行全面综合的分析和论证，依其结论进行投资决策可大大提高投资决策的科学性。

2. 作为编制设计文件的依据

可行性研究报告一经审批通过，就意味着该项目正式批准立项，可以进行初步设计。在可行性研究工作中，对项目选址、建设规模、主要生产流程、设备选型等方面都进行了比较详细的论证和研究，设计文件的编制应以可行性研究报告为依据。

3. 作为向银行贷款的依据

可行性研究工作会详细预测项目的财务效益、经济效益及贷款偿还能力。世界银行等国际金融组织将可行性研究报告作为申请工程项目贷款的先决条件；我国金融机构审批建设项目贷款时，也依据该报告对项目全面细致分析评估，确认偿还能力和风险水平后再决定是否贷款。

4. 作为建设项目与各协作单位签订合同和有关协议的依据

在可行性研究工作中，对建设规模、主要生产流程及设备选型等都进行了充分的论证。建设单位在与有关协作单位签订原材料、燃料、动力、工程建筑、设备采购等方面的协议时，应以批准的可行性研究报告为基础，保证预定建设目标的实现。

5. 作为环保部门、地方政府和规划部门审批项目的依据

建设项目开工前，须地方政府批拨土地，规划部门审查项目建设是否符合城市规划，环保部门审查项目对环境的影响。这些审查都以可行性研究报告中总图布置、环境及生态保护方案等方面的论证为依据。因此，可行性研究报告为建设项目申请建设执照提供了依据。

6. 作为施工组织、工程进度安排及竣工验收的依据

可行性研究报告对以上工作都有明确的要求，所以可行性研究又是检验施工进度及工程质量的依据。

7. 作为项目后评估的依据

建设项目后评估是在项目建成运营一段时间后，评价项目实际运营效果是否达到预期目标。建设项目的预期目标是在可行性研究报告中确定的，因此，后评估应以可行性研究报告为依据，评价项目目标实现程度。

二、可行性研究的内容及报告的编制

（一）可行性研究的内容

项目可行性研究在对建设项目开展深入技术经济论证基础上进行多方案比较与优选，提出结论性意见和重大措施建议，为决策提供科学依据，其内容需满足项目投资决策基础和重要依据的要求，基本内容和研究深度应符合国家规定，一般工业建设项目可行性研究包含多方面内容。

扫一扫

可行性研究的内容及报告

1. 总论

总论部分包括项目背景、项目概况和问题与建议三部分。

（1）项目背景：包括项目名称、承办单位情况、可行性研究报告编制依据、项目提出的理由与过程等。

（2）项目概况：包括项目拟建地点、拟建规模与目标、主要建设条件、项目投入总资金及效益情况和主要技术经济指标等。

（3）问题与建议：主要指存在的可能对拟建项目造成影响的问题及相关解决建议。

2. 市场预测

市场预测针对项目产出品和主要投入品的市场容量、价格、竞争力和风险分析预测，为确定项目规模与产品方案提供依据，包括产品供需预测、目标市场分析、价格现状与预测、竞争力分析及市场风险等内容。

3. 资源条件评价

只有资源开发项目的可行性研究报告才包含此项。资源条件评价包括资源可利用量、资源品质情况、资源赋存条件和资源开发价值。

4. 建设规模与产品方案

在市场预测和资源评价的基础上，论证拟建项目的建设规模和产品方案，为项目技术方案、设备方案、工程方案、原材料燃料供应方案及投资估算提供依据。

（1）建设规模包括建设规模方案比选及其结果——推荐方案及理由。

（2）产品方案包括产品方案构成、产品方案比选及其结果——推荐方案及理由。

5. 厂址选择

可行性研究阶段的厂址选择是在初步可行性研究（或项目建议书）规划的基础上，进行具体坐落位置选择，包括厂址所在位置现状、建设条件及厂址条件比选三方面内容。

6. 技术方案、设备方案和工程方案

技术方案、设备方案和工程方案构成项目的主体，体现了项目的技术和工艺水平，是项目经济合理性的重要基础。

（1）技术方案包括生产方法、工艺流程、工艺技术来源及推荐方案的主要工艺。

（2）主要设备方案包括主要设备选型、来源和推荐的设备清单。

（3）工程方案主要包括建筑物、构筑物的建筑特征、结构及面积方案，特殊基础工程方案，建筑安装工程量及“三材”用量估算和主要建筑物、构筑物工程一览表。

7. 主要原材料、燃料供应

原材料、燃料直接影响项目运营成本，为确保项目建成后正常运营，需对原材料、辅助材料和燃料的品种、规格、成分、数量、价格、来源及供应方式进行研究论证。

8. 总图布置、场内外运输与公用辅助工程

总图布置、场内外运输与公用辅助工程是在选定的厂址范围内，研究生产系统、公用工程、辅助工程及运输设施的平面和竖向布置，以及工程方案。

（1）总图布置包括平面布置、竖向布置、总平面布置及主要技术经济指标，技术改造项目包含原有建筑物、构筑物的利用情况。

（2）场内外运输包括场内外运输量和运输方式，场内运输设备及设施。

（3）公用辅助工程包括给水排水、供电、通信、供热、通风、维修、仓储（图 3-5）等工程设施。

图 3-5　仓储

9. 能源和资源节约措施

在研究技术方案、设备方案和工程方案时，能源和资源消耗大的项目应提出能源和

资源节约措施，并进行能源和资源消耗指标分析。

10. 环境影响评价

建设项目通常会对所在地自然、社会和生态环境产生不同程度影响。确定厂址和技术方案时需开展环境影响评价，研究环境条件，识别分析项目影响环境的因素，提出环保措施，比选优化环保方案。其主要包括厂址环境条件、项目对环境的影响、环保措施方案及投资、环境影响评价。

11. 劳动安全卫生与消防

在技术方案和工程方案确定的基础上，分析论证在建设和生产过程中存在的对劳动者和财产可能产生的不安全因素，并提出相应的防范措施，就是劳动安全卫生与消防研究。

12. 组织机构与人力资源配置

项目组织机构和人力资源配置是项目建设和生产运营顺利进行的重要条件，合理、科学地配置有利于提高劳动生产率。

（1）组织机构主要包括项目法人组建方案、管理机构组织方案和体系图及机构适应性分析。

（2）人力资源配置包括生产作业班次、劳动定员数量及技能素质要求，职工工资福利、劳动生产力水平分析、员工来源及招聘计划、员工培训计划等。

13. 项目实施进度

项目工程建设方案确定后，需确定项目实施进度，包括建设工期、项目实施进度计划（横道图），科学组织施工和安排资金计划，保证项目按期完工。

14. 投资估算

投资估算是在项目建设规模、技术等方案及进度计划基本确定后，估算项目总投入资金，涵盖投资估算依据、建设投资估算（含建筑工程费等多项）、流动资金估算及投资估算表等内容。

15. 融资方案

融资方案是在投资估算的基础上，研究拟建项目的资金渠道、融资形式、融资机构、融资成本和融资风险，包括资本金（新设项目法人资本金或既有项目法人资本金）筹措、债务资金筹措和融资方案分析等方面的内容。

16. 项目的经济评价

项目的经济评价包括财务评价和国民经济评价，并通过有关指标的计算，进行项目营利能力、偿还能力等分析，得出经济评价结论。

17. 社会评价

社会评价是分析拟建项目对当地社会的影响和当地社会条件对项目的适应性和可接受程度，评价项目的社会可行性。评价的内容包括项目的社会影响分析，项目与所在地区的互适性分析和社会风险分析，并得出评价结论。

18. 风险分析

项目风险分析贯穿项目建设与生产运营全程。先识别风险，揭示其来源，找出建设和运营中的主要风险因素（如市场、资源等风险）；再进行风险评价，判别风险程度；最后提出规避风险对策，降低损失。

19. 研究结论与建议

在前面各项研究论证的基础上，从技术、经济、社会、财务等各个方面综合论述项目的可行性，推荐一个或几个方案供决策参考，指出项目存在的问题以及结论性意见和改进建议。

可以看出，建设项目可行性研究报告内容可概括为三大部分。一是市场研究，含产品市场调查与预测，为前提基础，解决项目“必要性”；二是技术研究，即技术方案与建设条件研究，为技术基础，解决“可行性”；三是效益研究，即经济效益分析评价，为核心，解决“合理性”。三者构成项目可行性研究三大支柱。

（二）可行性研究报告的编制

1. 编制程序

根据我国现行的工程项目建设程序和国家颁布的《关于建设项目进行可行性研究的试行管理办法》，可行性研究报告的编制程序如下。

（1）建设单位提出项目建议书和初步可行性研究报告。各投资单位依据国家长远规划、方针政策，结合资源、布局等条件，经广泛调研、收集资料、踏勘地点及初步分析投资效果，也提出需开展可行性研究的项目建议书和初步可行性研究报告。

（2）项目业主、承办单位委托有资格单位开展可行性研究。项目建议书获国家计划和贷款部门审定批准立项后，业主或承办单位以签订合同方式委托有资格的工程咨询公司（或设计单位）编制拟建项目可行性研究报告。

（3）咨询或设计单位进行可行性研究工作，编制完整的可行性研究报告。咨询或设计单位与委托单位签订合同后，即可开展可行性研究工作。

2. 编制依据

编制依据主要包括以下几类。

（1）项目建议书初步可行性研究报告及其批复文件。

（2）国家和地方的经济和社会发展规划，行业部门发展规划。

（3）国家有关法律法规、政策。

（4）对于大中型骨干项目，必须具有国家批准的资源报告、国土开发整治规划、区域规划、江河流域规划、工业基地规划等有关文件。

（5）有关机构发布的工程建设方面的标准、规范、定额。

（6）合资、合作项目各方签订的协议书或意向书。

（7）委托单位的委托合同。

（8）经国家统一颁布的有关项目评价的基本参数和指标。

（9）有关的基础数据。

3. 编制要求

编制可行性研究报告时须遵循以下几个基本要求。

（1）承担可行性研究报告编制工作的单位需满足特定条件。一方面，编制单位要持有经国家相关部门审批登记的资质等级证明。另一方面，参与研究的人员应具备所从事专业的中级及以上专业职称，并且拥有相关知识、技能以及工作经验。

（2）为确保可行性研究报告兼具真实性与科学性，保障其编制质量，需采取一系列有效举措。首先，要扎实做好编制前的准备工作，广泛收集并掌握大量准确、具有可用性的信息资料。其次，在报告编制过程中，要运用科学方法进行分析、比选和论证。此外，报告编制单位及其人员需秉持独立、客观、公正、科学、可靠的原则，实事求是地开展工作，并对所提供的可行性研究报告质量承担全部责任。

（3）可行性研究的格式要规范化和标准化，“报告”选用主要设备的规格、参数应能满足预订货的要求；重大技术、经济方案应有两个以上方案的比选；主要的工程技术数据应能满足项目初步设计的要求。“报告”应附有评估、决策（审批）所必需的合同、协议、政府批件等。

（4）可行性研究报告必须签证。可行性研究报告编制完成后，应由编制单位的行政、技术、经济方面的负责人签字，并对研究报告质量负责。

三、可行性研究报告的审批

（一）政府对于投资项目的管理

根据《国务院关于投资体制改革的决定》，政府对于投资项目的管理分为审批、核准和备案三种方式。

（1）对于政府投资项目，继续实行审批制，其中采用直接投资和资本金注入方式的，审批程序上与传统的投资项目审批制度基本一致，继续审批项目建议书、可行性研究报告等。采用投资补助、转贷和贷款贴息方式的，不再审批项目建议书和可行性研究报告，只审批资金申请报告。

（2）对于企业不使用政府性资金建设的项目，一律不实行审批制，区别不同情况实行核准制和备案制。其中，政府对重大项目和限制类项目从维护社会公共利益角度进行核准，其他项目无论规模大小，均改为备案制。《政府核准的投资项目目录》对于实行核准制的范围进行了明确界定。

（3）对于以投资补助、转贷和贷款贴息方式使用政府投资资金的企业投资项目，应在项目核准或备案后向政府有关部门提交资金申请报告；政府有关部门只对是否给予资金支持进行批复，不再对是否允许项目投资建设提出意见。以资本金注入方式使用政府投资资金的，实际上是政府、企业共同出资建设，项目单位应向政府有关部门报送项目建议书和可行性研究报告等。

由此可知，对于企业不使用政府性资金投资建设的项目，政府采用核准制或备案制进行管理。若企业投资建设的项目实行核准制，只需向政府提交项目申请报告，不必报批项目建议书、可行性研究报告和开工报告；若实行备案制，不需要提交项目申请报告，完成备案即可。所以，所有不使用政府性投资资金的项目，其可行性研究报告无须经过任何部门审批。

对于外商投资项目和境外投资项目，除中央管理企业限额以下投资项目实行备案管理以外，其他均需政府核准。

（二）政府直接投资和资本金注入的项目审批

对于政府投资项目，只有直接投资和资本注入方式的项目，政府需要对可行性研究报告进行审批，其他项目无须审批可行性研究报告。

1. 由国家发展改革委审核国务院审批的项目

由国家发展改革委审核国务院审批的项目包括使用中央预算内投资、中央专项建设基金、中央统还国外贷款 5 亿元及以上的项目，以及使用中央预算内投资、中央专项建设基金、统借自还国外贷款的总投资 50 亿元及以上项目。

2. 国家发展改革委审批地方政府投资的项目

国家发展改革委审批地方政府投资的项目主要包括以下四类。

（1）各级地方政府若运用直接投资（包含通过各类投资机构进行投资），或者采用资本金注入的方式，安排地方各类财政性资金，来建设处于《政府核准的投资项目目录》范围内、且应由国务院或国务院投资主管部门管理的固定资产投资项目，需要经由省级投资主管部门（一般是指省级发展改革委以及具备投资管理职能的经贸委），将项目报至国家发展改革委相关部门进行审批，或者核报国务院审批。

（2）需上报审批的地方政府投资项目，只需报批项目建议书。国家发展改革委主要从发展建设规划、产业政策以及经济安全等方面进行审查。

（3）地方政府投资项目申请中央政府投资补助、贴息和转贷的，按照国家发展改革委发布的有关规定报批资金申请报告，也可在向国家发改委报批项目建议书时，一并提出申请。

（4）《国家发展改革委关于审批地方政府投资项目的有关规定（暂行）》范围以外的地方政府投资项目，按照地方政府的有关规定审批。

可见，国家发展改革委对地方政府投资项目只审批项目建议书，未对审批可行性研究报告做硬性规定。

3. 使用国外援助性资金的项目审批

以下为涉及借用世界银行、亚洲开发银行、国际农业发展基金会等国际金融组织贷款，以及外国政府贷款，还有与贷款混合使用的赠款、联合融资等国际金融组织和外国政府贷款投资项目的相关规定。

（1）由中央统借统还的项目，按照中央政府直接投资项目进行管理，其可行性研究报告由国家发展改革委审批或审核后报国务院审批。

（2）由省级政府负责偿还或提供还款担保的项目，按照省级政府直接投资项目进行管理，其项目审批权限，按国务院及国务院发展改革部门的有关规定执行。除应当报国务院及国务院发展改革部门审批的项目外，其他项目的可行性研究报告均由省级发展改革部门审批，审批权限不得下放。

（3）由项目用款单位自行偿还且不需政府担保的项目，参照《政府核准的投资项目目录》规定办理。凡是《政府核准的投资项目目录》所列的项目，其项目申请报告分别由省级发展改革部门、国务院发展改革部门核准，或由国务院发展改革部门审核后报国务院核准；《政府核准的投资项目目录》之外的项目，需报项目所在地省级发展改革部门备案，可行性研究报告无须审批。

任务三 建设项目投资估算的编制

任务描述

某大型水利建设项目，需编制详细的投资估算，涵盖建筑工程费、设备购置费、安装工程费、其他费用（含征地补偿、设计咨询、项目管理等）及预备费。要求依据项目规模、标准、技术方案及市场情况，合理预测各项费用，确保投资估算的准确性和可靠性。

任务分析

任务需深入理解项目特点，精准把握各项费用构成；结合历史数据、市场价格及行业规范，科学预测费用水平；充分考虑项目实施过程中的不确定性因素，合理预留预备费；确保投资估算全面、准确，为项目决策及成本控制提供有力支持。

任务实施

一、投资估算编制的原理

在计算项目总投资时，需先依据项目总体构思和描述报告里的建筑方案构思、机电设备构思、建筑面积分配计划和分部分项工程描述，列出土建工程的分项工程表，再结合工程建筑面积，套用相似工程的分项工程量平方米估算指标算出各分项工程量，进而套用适配的综合单价得出各分项工程的投资；同时根据报告中设备购置及安装工程的构思描述，列出设备购置清单，参照并套用设备安装工程计算指标计算设备安装费用；此外，按照国家和地方有关法规，结合项目建设期中其他费用投资构思和前期工作设想，编制其他费用投资，最后将土建工程投资、设备购置及安装费用、其他费用投资汇总得到项目总投资。投资估算编制的原理如图 3-6 所示。

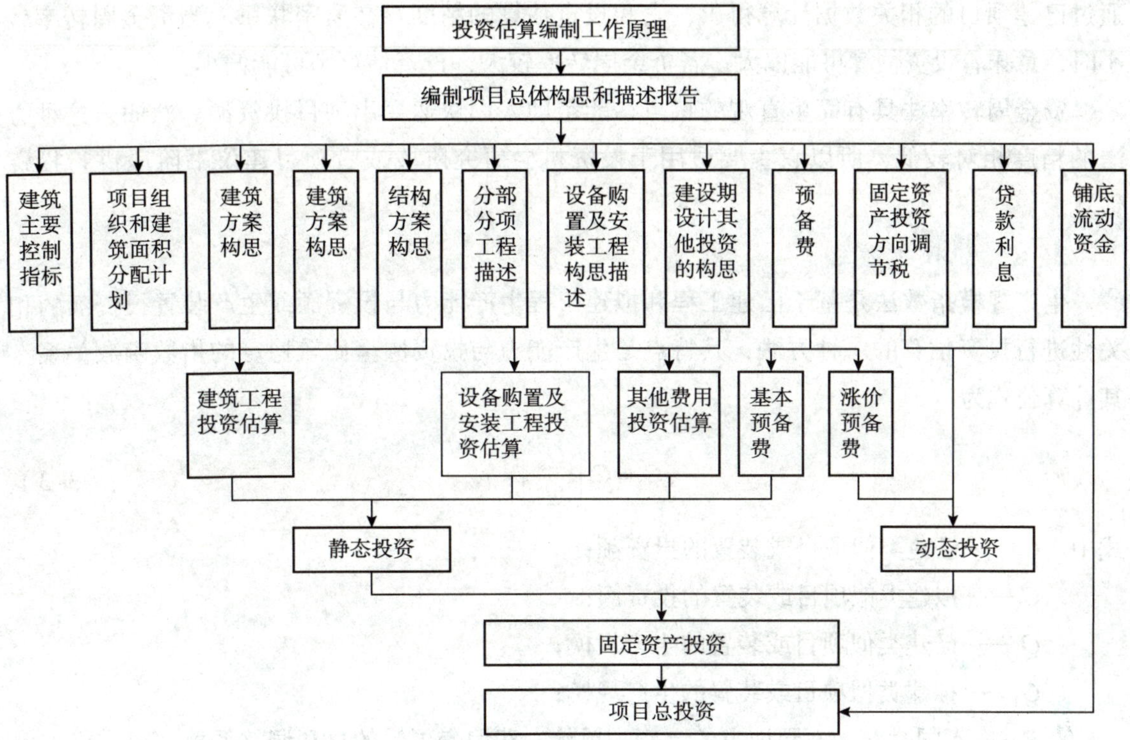

图 3-6　投资估算编制的原理

二、投资估算的编制方法

建设项目投资估算需分别对静态投资与动态投资进行。鉴于编制投资估算存在多种方法，在为特定项目编制投资估算时，要结合项目性质、所掌握的技术资料和数据等实际情况，有针对性地选取合适的估算方法。其中，静态投资估算可采用资金周转率法、生产规模指数法、比例估算法、系数估算法、单位面积综合指标估算法、单元指标估算法等；动态投资估算则涉及涨价预备费估算、建设期利息估算，以及流动资金估算中的分项详细估算法和扩大指标估算法等。

（一）静态投资估算方法

1. 资金周转率法

资金周转率法是用已建项目的资金周转率来估算拟建项目所需投资额的一种方法。其计算公式为

$$资金周转率=\frac{年销售总额}{投资额}=\frac{产品产量\times产品单价}{投资额} \tag{3-1}$$

$$投资额=\frac{年销售总额}{资金周转率} \tag{3-2}$$

由上述公式可以看出，投资估算的精度与资金周转的稳定程度息息相关。资金周转率通过已建项目的相关数据计算得出，它和投资估算的精度存在紧密联系。当资金周转率较小时，意味着投资估算可能偏大；若资金周转率较大，投资估算则可能偏小。

资金周转率法具有简单直观的特点，能帮助人们快速算出项目投资额。然而，这种方法的精度相对较低，所以它主要适用于投资机会研究阶段或者项目建议书阶段进行投资估算。

2. 生产规模指数法

生产规模指数法是基于已建工程和拟建工程生产能力与投资额或生产装置投资额的相关性进行投资估算的一种方法，其特点是生产能力与投资额呈比较稳定的指数函数关系。其计算公式为

$$C_2=C_1\left(\frac{Q_2}{Q_1}\right)^n\times f \tag{3-3}$$

式中 C_1——已建类似项目或装置的投资额；

C_2——拟建类似项目或装置的投资额；

Q_1——已建类似项目或装置的生产规模；

Q_2——拟建类似项目或装置的生产规模；

F——不同时期、不同地点的定额、单价、费用变更等的总和调整系数；

n——生产规模指数，$0\leqslant n\leqslant 1$。

上式表明，造价与规模（或容量）呈非线性关系，并且单位造价随工程规模（或容量）的增大而减小。在正常情况下，$0\leqslant n\leqslant 1$。若已建类似项目的生产规模与拟建项目生产规模相差不大，Q_1 与 Q_2 的比值为 0.5 ～ 2，则指数 n 的取值近似为 1；若已建类似项目的生产规模与拟建项目生产规模相差不大于 50 倍，且拟建项目生产规模的扩大仅靠增大设备规模来达到时，则 n 的取值为 0.6 ～ 0.7；若是靠增加相同规格设备的数量达到时，则 n 的取值为 0.8 ～ 0.9。

小贴士

生产规模指数法的误差应控制在 ±20% 以内，尽管估价误差较大，但这种估价方法不需要详细的工程设计资料，只需依据工艺流程及规模就可以做投资估算，故使用较为方便。

3. 比例估算法

比例估算法是指用工程造价构成中某类已知费用及其他费用稳定的比例关系来求投资估算额的一种方法。比例估算法又可分为分项比例估算法、费用比例估算法和专业工程比例估算法三种。

（1）分项比例估算法

分项比例估算法在估算项目的固定资产投资时，会先把其划分为设备投资、建筑物与构筑物投资以及其他投资这三个部分。运用该方法，需先对设备的投资额进行估算，接着依据一定比例分别估算出建筑物与构筑物的投资以及其他投资，最后把这三部分投资金额相加，从而得到项目固定资产投资总额。

① 设备投资估算。其计算公式为

$$K_1=\sum_{i=1}^{n}Q_iP_i\left(1+L_i\right) \tag{3-4}$$

式中　K_1——设备的投资估算值；

Q_i——第 i 种设备所需数量；

P_i——第 i 种设备的出厂价格；

L_i——同类项目同类设备的运输、安装费系数。

② 建筑物与构筑物投资估算。其计算公式为

$$K_2=K_1L_b \tag{3-5}$$

式中　K_1——设备的投资估算值；

K_2——建筑物与构筑物的投资估算值；

L_b——同类项目中建筑物与构筑物投资占设备投资的比例，露天工程取 0.1 ～ 0.2，室内工程取 0.6 ～ 1.0。

③ 其他投资估算。其计算公式为

$$K_3=K_1L_\omega \tag{3-6}$$

式中　K_1——设备的投资估算值；

K_3——其他投资估算值；

L_ω——同类项目中其他投资占设备投资的比例。

项目固定资产投资总额的估算值 K 则为

$$K=(K_1+K_2+K_3)(1+S) \tag{3-7}$$

式中　K——项目固定资产投资总额的估算值；

S——考虑不可预见因素而设定的费用系数，一般为 10% ～ 15%。

（2）费用比例估算法

费用比例估算法的计算步骤如下。

① 根据拟建项目设备清单计算当时当地价格，计算设备费用的总和；

② 收集已建类似项目造价资料，并分析设备费用与建筑工程、安装工程和工程建设其他费用之间的比例关系；

③ 分析和确定由于时间因素引起的定额、物价、费用标准以及国家政策等变化导致的建筑工程、安装工程、工程建设其他费用的综合调整系数；

④ 计算拟建项目的建筑工程费、安装工程费、工程建设其他费用以及其他费用。其总和即为拟建项目投资额，计算公式为

$$C=E\left(1+f_1P_1+f_2P_2+f_3P_3+\cdots\right)+I \tag{3-8}$$

式中 C——拟建项目投资额；

E——拟建项目设备费；

P_1，P_2，P_3，…——已建项目中建筑工程费、安装工程费及其他工程费等占设备费的比例；

f_1，f_2，f_3，…——时间因素引起的定额、价格、费用标准等变化的总和调整系数；

I——拟建项目的其他费用。

（3）专业工程比例估算法

专业工程比例估算法的计算步骤如下。

① 计算拟建项目主要工艺设备的投资额（包括运杂费及安装费）。

② 根据同类型已建项目的有关造价统计资料，计算各专业工程（如土建、暖通、给水排水、管道、电气及电信、自控及其他工程费用等）与工艺设备投资的比例关系。

③ 根据上述资料分析确定各专业工程的总和调整系数。

④ 计算各专业工程（包括主要工艺设备）的费用之和。

⑤ 计算其他费用。

⑥ 累计汇总得投资估算值。其计算公式为

$$C=E'\left(1+f_1P'_1+f_2P'_2+f_3P'_3+\cdots\right)+I \tag{3-9}$$

式中 C——拟建项目投资额；

E'——拟建项目中最主要、投资比例较大并与生产规模直接相关的工艺设备的投资（包括运杂费及安装费）；

P'_1，P'_2，P'_3，…——已建项目中建筑工程费、安装工程费及其他工程费等占设备费的比例；

f_1，f_2，f_3，…——时间因素引起的定额、价格、费用标准等变化的总和调整系数；

I——拟建项目的其他费用。

4. 系数估算法

系数估算法又称因子估算法，这种方法简单易行，但是精度较低，一般用于项目建议书阶段。系数估算法的种类很多，下面介绍几种主要类型。

（1）朗格系数法

朗格系数法是以拟建项目的设备购置费为基数乘以适当系数求得推荐项目的建设费用，公式为

$$D=C\times(1+\sum K_i)\cdot K_c=CK_L \tag{3-10}$$

式中　D——总建设费用；

C——主要设备费；

K_i——管线、仪表、建筑物等项目费用的估算系数；

K_c——管理费、合同费、应急费等间接费用的总估算系数。

其中，总建设费用与设备购置费用之比称为朗格系数 K_L，公式为

$$K_L=(1+\sum K_i)\cdot K_c \tag{3-11}$$

朗格系数法操作简便、速度快，不过它未将设备规格和材质方面的差异纳入考量，因此估算精度有限。在国际工业项目里，该方法通常用于编制项目建议书阶段或者开展投资机会研究阶段的投资估算。

（2）设备与厂房系数法

对于生产性项目，若设计方案确定生产工艺，初步选定工艺设备并完成工艺布置，已知工艺设备质量及厂房高度、面积，可分别估算工艺设备投资和厂房土建投资。项目其他费用，与设备关联大的按设备投资系数算，与厂房土建关联大的以厂房土建投资系数算，二者相加即得项目总投资。其计算公式为

项目投资额＝设备及安装投资额＋厂房土建（包括设备基础）投资额＋项目其他费用　（3-12）

（3）主要车间系数法

生产性项目设计若主要考虑主要生产车间产品方案与生产规模，可先算主要生产车间投资，再用已建类似项目投资比例算辅助设施占其投资的系数，进而估算总投资。其计算公式为

项目投资额＝主要生产车间投资＋辅助设施等占主要生产车间投资的系数（3-13）

5. 单位面积综合指标估算法

单位面积综合指标估算法适用于单项工程的投资估算，投资包括土建、给水排水、采暖、通风、空调、电气、动力管道等所需的费用。其计算公式为

单项工程投资额＝建筑面积 × 单位面积造价 × 价格浮动指数 ± 结构和建筑标准部分的价差　（3-14）

6. 单元指标估算法

单元指标估算法在实际工作中使用较多，计算公式为

项目投资额＝单元指标 × 民用建筑功能 × 物价浮动指数　（3-15）

单元指标是指每个估算单位的投资额。例如，饭店单间客房的投资估算指标、医院每个床位的投资估算指标等。

（二）动态投资估算方法

工程投资动态部分主要涵盖两方面内容，一是因价格变动可能增加的投资额，二是建设期利息。若项目涉及涉外业务，还需考虑汇率波动产生的影响。动态部分的估算需以基准年静态投资的资金使用计划作为依据，而非以编制年份的静态投资为基础。

1. 涨价预备费的估算

涨价预备费是为建设工期较长项目预留的费用，因建设期内材料、设备、人工等价格可能上涨致投资增加。一般按国家规定的投资价格指数（无规定则由可研人员预测），依工程分年度估算投资额，用复利法计算。其计算公式为

$$PF=\sum_{t=1}^{n} I_t\left[(1+f)^t-1\right] \tag{3-16}$$

式中　PF——涨价预备费估算额；

I_t——建设期第 t 年初的静态投资计划额；

N——建设期年份数；

f——年平均价格预计上涨率。

2. 建设期利息的估算

建设期利息是指项目借款在建设期内发生并计入建设项目总投资的利息。一般按照复利法计算，为了简化计算，通常假定借款均在每年的年中支用，计算公式为

各年应计利息 =（年初借款本息累计 + 本年借款额）× 年利率　（3-17）

年初借款本息累计 = 上一年年初借款本息累计 + 上年借款 + 上年应计利息　（3-18）

本年借款额 = 本年度固定资产投资 – 本年自有资金　（3-19）

（三）流动资金的估算

流动资金指的是，在生产经营性项目正式投产后，为保障项目能够开展正常的生产运营活动，用于购置原材料、燃料，支付员工工资以及其他经营费用等方面所需的周转资金。

1. 流动资金估算方法

流动资金估算一般采用分项详细估算法，小型项目可采用扩大指标估算法。

（1）分项详细估算法

分项详细估算法是目前国际上常用的流动资金估算方法。其计算公式为

流动资金 = 流动资产 – 流动负债　（3-20）

流动资产 = 应收（或预付）账款 + 现金 + 存货　（3-21）

流动负债 = 应付（或预收）账款　（3-22）

流动资金本年增加额 = 本年流动资金 – 上年流动资金　（3-23）

（2）扩大指标估算法

扩大指标估算法是一种简化的流动资金估算方式。通常而言，可参考同类企业流动资金在销售收入、经营成本中所占的比例，或者单位产量所占用流动资金的数额来进行估算。该方法操作简便，但估算准确度欠佳，比较适用于项目建议书阶段的流动资金估算。扩大指标估算法计算流动资金的公式为

年流动资金额 = 年销售收入（或年经营成本）× 销售收入（或经营成本）资金率　（3-24）

年流动资金额 = 年产量 × 单位产量占用流动资金额　（3-25）

2. 估算流动资金应注意的问题

估算流动资金时应注意以下三个问题。

（1）采用分项详细估算法时，需依项目实际确定现金、应收账款、存货和应付账款最低周转天数，并考虑风险系数。最低周转天数减少会增加周转次数、减少流动资金需求，故要切合实际选用。对于存货中的外购原材料和燃料，应分品种和来源，考虑运输方式、距离及占流动资金比例等因素确定。

（2）在不同生产负荷下的流动资金，应按不同生产负荷所需的各项费用金额，根据上述计算公式分别进行估算，而不能直接按照 100% 生产负荷下的流动资金乘以生产负荷百分比求得。

（3）流动资金属长期性流动资产，可通过长期负债和资本金（一般按 30% 估算）筹措。一般要求投产前一年开始筹措，为简化计算，规定投产第一年按生产负荷安排需求量。借款部分全年计息，利息计入生产期财务费用，项目计算期末收回全部流动资金（不含利息）。

3. 汇率变化对涉外建设项目动态投资的影响

（1）外币对人民币升值。项目从国外市场购买设备材料所支付的外币金额不变，但换算成人民币的金额增加；从国外借款，本息所支付的外币金额不变，但换算成人民币的金额增加。

（2）外币对人民币贬值。项目从国外市场购买设备材料所支付的外币金额不变，但换算成人民币的金额减少；从国外借款，本息所支付的外币金额不变，但换算成人民币的金额减少。

估计汇率变化对建设项目投资的影响，是通过预测汇率在项目建设期内的变动程度，以估算年份的投资额为基数计算求得。

项目小结

本项目首先概述了建设项目决策阶段造价管理的重要性，明确了其作为项目初期关键环节的地位；其次通过深入进行项目可行性研究，为决策提供科学依据；最后详细编

制了建设项目投资估算，确保投资决策的准确性和合理性。通过本项目的学习，读者能够掌握决策阶段造价管理的核心技能，为项目后续阶段的成本控制奠定了坚实基础。

项目工单

决策阶段造价管理实训记录见表 3-2。

表 3-2　决策阶段造价管理实训记录

班级		姓名		日期	
实训名称	决策阶段造价管理实训				
实训目标	1. 理解决策阶段造价管理的重要性； 2. 掌握可行性研究的方法与步骤； 3. 熟练编制项目投资估算				
实训过程记录					
实训注意事项					
实训总结					

决策阶段造价管理实训评价见表 3-3。

表 3-3　决策阶段造价管理实训评价

项目名称	评价内容	分值	评分
职业素养考核项目（30%）	正确规范操作能力	10	
	责任心团队协作能力	10	
	问题解决与创新能力	10	
专业能力考核项目（70%）	估算编制能力	10	
	可行性分析能力	10	
	风险识别能力	20	
	数据处理能力	10	
	报告撰写能力	20	
合计评分			
教师评语		教师签字	

课后练习

一、填空题

1. 项目前期策划决策的基本原则：__________、科学性原则和__________。

2. 在可行性报告中，总论部分包括项目背景、__________和__________三部分。

3. 建设项目投资估算需分别对__________与__________进行。

4. 生产规模指数法是基于已建工程和拟建工程生产能力与投资额或生产装置投资额的相关性进行投资估算的一种方法，其特点是__________与__________呈比较稳定的指数函数关系。

5. 比例估算法又可分为__________、费用比例估算法和__________三种。

二、简答题

1. 简述项目决策阶段影响造价的主要因素。

2. 简述可行性研究的作用。

项目四

建设项目设计阶段造价管理

项目导读

建设项目设计阶段造价管理直接影响工程造价的确定与控制，通过优化设计方案、应用 BIM 技术及严格概预算编制与审查，能有效控制成本，提高投资效益。本项目将带领读者全面了解建设项目设计阶段造价管理，包括项目设计阶段造价管理概述、设计方案的评价与优化、BIM 技术在设计阶段的造价控制和设计阶段概预算的编制与审查。

学习目标

知识目标

1. 理解建设项目设计阶段造价管理的基本概念与重要性，掌握相关理论知识。

2. 熟悉设计方案评价、优化及 BIM 技术在造价控制中的应用，了解概预算编制与审查的流程。

能力目标

1. 能够独立进行设计方案的经济性分析与优化，提高造价管理能力。

2. 熟练运用 BIM 技术进行设计阶段的造价控制，提升工作效率与准确性。

素质目标

1. 培养良好的职业素养与团队协作精神，增强责任心与沟通能力。

2. 提升解决问题的能力，能够在复杂多变的设计环境中迅速应对挑战。

思政目标

帮助学生树立正确的价值观与职业道德观，增强对国家和社会的责任感，将个人发展融入国家建设大局，使其为实现中华民族伟大复兴的中国梦贡献力量。同时，培养其勤俭节约、精益求精的工匠精神，为建筑行业的可持续发展作出积极贡献。

任务一　项目设计阶段造价管理概述

任务描述

某高层商业建筑项目在设计阶段，需进行造价管理，包括设计方案优化、材料设备选型、工程量清单编制及预算控制等。要求在设计过程中充分考虑成本因素，确保设计方案的经济性、实用性和美观性相协调，为项目后续施工及成本控制奠定基础。

任务分析

任务需密切结合设计要求与成本目标，通过多方案比选优化设计方案；精准选型材料设备，控制采购成本；细致编制工程量清单，确保预算准确；同时，需加强设计过程中的成本监控，及时调整设计，确保项目造价控制在合理范围内。

任务实施

一、工程设计的含义及程序

（一）工程设计的概念

工程设计是指在工程开始施工之前，设计者根据已批准的设计任务书，为具体实现拟建项目的技术、经济要求，拟定建筑、安装及设备制造等所需的规划、图纸、数据等技术文件的工作。设计是建设项目从计划到现实的关键阶段。设计文件是建安施工依据，工程建设进度、质量及投资节约情况在很大程度上取决于设计质量。工程建成后的经济效果，除项目决策外，设计起决定性作用。

（二）工程设计的阶段

为保障工程建设与设计工作的配合衔接，工程设计分阶段进行。一般工业与民用建设项目采用“两阶段设计”，即初步设计和施工图设计；技术复杂且缺经验的项目采用“三阶段设计”，即初步设计、技术设计和施工图设计。小型技术简单工程经主管部门同意可简化“施工图设计”；大型复杂建设项目除分阶段设计外，还应进行总体规划或总体设计。

（三）工程设计的程序

设计工作是随着项目的进展逐步深入的，需要按照一定的程序分阶段进行，主要包括设计前准备工作、总体设计或方案设计、初步设计、技术设计、施工图设计、设计交底和配合施工六个步骤。

1. 设计前准备工作

设计单位依据主管部门或业主提供的规划、可研、勘察等资料及用地指标、设计任务书等，掌握相关外部条件与客观情况，涵盖地形等自然条件、城市规划要求、基础设施状况、业主功能要求、工程经济估算依据及资金材料等资源，以及其他可能影响工程的因素。

2. 总体设计或方案设计

设计者按规划部门和业主要求，结合工程与周边环境关系，对工程主要内容作大致布局设想，形成总体或方案设计。此阶段需与规划部门、业主充分交流，使设计符合双方要求，满足审批或报批需求，以进入初步设计阶段。

对于民用建筑工程来说，根据《建筑工程设计文件编制深度规定（2016）》的有关要求，方案设计由设计说明书、总平面图及相关建筑设计图纸、透视图、鸟瞰图、模型等组成，如图 4-1 所示，其中设计说明书包括各专业设计说明以及投资估算等内容。对于工业项目来说，总体设计除了上述内容外还应包括工艺设计方案，这是工业项目的核心内容。

图 4-1　建筑设计透视图

3. 初步设计

初步设计是设计关键阶段，也是设计构思基本形成阶段。它在总体或方案设计基础上，对建设项目内容具体设计，确定主要技术方案、总概算和技术经济指标。其内容包括设计说明书、专业图纸、主要设备材料表和概算书。初步设计文件要满足审批及编制施工图设计文件的需要。

4. 技术设计

对于技术复杂且无设计经验的建设工程，设计单位依批准的初步设计文件开展技术设计并编制文件。技术设计针对初步设计重大技术问题深入工作，借助数据分析等手段确定关键技术、设备及施工方案，编制修正概算书。不太复杂且设计成熟的工程可省略技术设计阶段，其部分工作并入初步设计，部分留到施工图设计阶段。

5. 施工图设计

这一阶段主要是通过施工图把设计者的意图和全部设计结果表达出来，作为工程施工的依据。它是设计工作和施工工作的桥梁，具体包括建设项目各分部工程的详图和零部件、结构件明细表，以及验收标准、方法等。施工图设计的深度应能满足设备、材料的选择与确定、非标准设备的设计与加工制作、施工图预算的编制及建筑工程施工和安装的要求。

6. 设计交底和配合施工

施工图发出后，设计单位应派人与建设、施工或其他有关单位共同会审施工图，进行技术交底，介绍设计意图和技术要求，修改不符合实际和有错误的施工图。此外还应参加试运转和竣工验收，解决试运转过程中的各种技术问题，并检验设计的正确和完善程度。

二、建设项目设计阶段影响造价的因素

国内外相关资料研究显示，在项目决策正确的情况下，虽然设计阶段的费用仅占工程总费用的不到 1%，但其对工程造价的影响程度却高达 75%。由于工程项目类别存在差异，设计阶段影响工程造价的因素也不尽相同。接下来，将分别针对工业建设项目和民用建设项目，介绍影响工程造价的因素。

（一）影响工业建设项目工程造价的主要因素

1. 总平面设计

总平面设计主要是指总图运输设计和总平面配置，主要内容包括厂址选择及占地面积；总图运输、主要建筑物和构筑物及公用设施的配置等。

（1）厂址选择及占地面积

工业建设项目的厂址依项目特点选不同地区和区位，因各地土地价格差异大，会直接影响项目总体投资。同时，厂址现场条件制约设计方案，影响工程造价。占地面积大小既影响征地费用，也影响管线布置与项目运营运输成本。所以，要结合项目长短期目标，在满足基本使用功能基础上选择适中占地面积。

（2）总图运输、主要建筑物和构筑物及公用设施的配置

总平面设计中，合理的功能分区能让建筑物功能充分发挥、生产工艺流程顺畅，还能合理选择运输方式，降低项目运营成本。合理的总平面设计对设计方案经济合理性影响重大，正确合理的总平面设计可减少建筑工程量、节约用地与投资、加快进度、降低造价与使用成本，为企业创造良好条件与环境，也能为城市或工业区打造完美建筑艺术整体。

2. 工艺设计

工艺设计阶段影响工程造价的主要因素包括建设规模、标准和产品方案；工艺流程和主要设备的选型；主要原材料、燃料供应情况；生产组织及生产过程中的劳动定员情况；“三废”治理及环保措施等。

3. 建筑设计

建筑设计阶段影响工程造价的主要因素包括以下几点。

（1）平面形状。一般来说，建筑物平面形状越简单，单位面积造价就越低。当一座建

筑物的形状不规则时，将导致室外工程、排水工程、砌砖工程及屋面工程等复杂化，增加工程费用，如图 4-2 所示。相同建筑面积下，建筑平面形状不同，建筑周长系数 $K_{周}$（建筑物周长与建筑面积比，即单位建筑面积所占外墙长度）则不同。通常情况下建筑周长系数越低，设计越经济。圆形、正方形、矩形、T 形、L 形建筑的 $K_{周}$依次增大。但是圆形建筑施工复杂，施工费用通常比矩形建筑高 20% ～ 30%，即便墙体工程量有所节约，也无法降低建筑工程造价。正方形建筑虽利于施工且能降低造价，但常难以满足建筑物美观和使用需求。所以，在进行建筑物平面形状设计时，应在满足使用功能的基础上，降低建筑周长系数，注重平面形状简洁、布局合理，以此降低工程造价。

图 4-2　不规则形状的建筑物

（2）流通空间。在满足建筑物使用要求的前提下，应将流通空间减少到最小，这是建筑物经济平面布置的主要目标之一。因为门厅、走廊、过道、楼梯以及电梯井等流通空间不仅消耗大量建造成本，同时还会增加后期运营费用。

（3）空间组合。空间组合包括建筑物的层高、层数、室内外高差、柱网布置等因素。

① 层高。建筑面积不变时，建筑层高增加会使各项费用上升，包括墙与隔墙及相关装饰费用、楼梯与电梯设备费用、供暖空间成本、卫生设备及上下水管道成本等。此外，施工垂直运输量增加或致屋面造价上升，层高大幅增加不仅使建筑物总高度提升时，还可能增加基础造价。

② 层数。建筑物层数对造价的影响因建筑类型、结构和形式而异。层数不同，荷载、基础要求、占地面积和单位面积造价都会受影响。若增加楼层不改变结构形式，单位建筑面积造价可能降低；但超过一定层数，结构形式改变，单位造价通常增加。此外，建筑物越高，电梯及楼梯造价、维修费用有上升趋势，而采暖费用可能下降。

③ 室内外高差。室内外高差过大，则建筑物的工程造价提高；高差过小又影响使用及卫生要求等。

④ 柱网布置。工业建筑中，柱网布置影响结构梁板配筋和基础大小，进而影响工程造价与厂房面积利用效率。它是确定柱子跨度和间距的依据，其选择与有无吊车、吊车类型及吨位、屋顶承重结构和厂房高度等因素有关。单跨厂房柱间距不变时，跨度越大单位面积造价越低，因除屋架外其他结构架单位面积平均造价随跨度增大而减小。多跨厂房跨度不变时，中跨数目越多越经济，因柱子和基础单位面积减少，造价也会减少。

4. 建筑结构

建筑结构选择需兼顾力学要求与经济性。五层以下建筑一般选砌体结构，大中型工业厂房常用钢筋混凝土结构，多层或大跨度建筑选钢结构更优，高层或超高层建筑用框架和剪力墙结构较经济。因各建筑体系结构利弊不同，选结构类型时应结合实际、因地制宜、就地取材，采用经济合理形式。

5. 材料选用

建筑材料的选择不仅直接影响到建设项目的工程质量、使用寿命和耐火抗震性能，而且对施工费用、工程造价有很大的影响，如图 4-3 所示。建筑材料一般占直接费的 70%，降低材料费用不仅可以降低直接费，而且也可以降低间接费。因此，在设计阶段合理选择建筑材料、控制材料单价或工程量是控制工程造价的有效途径。

图 4-3　建筑材料

6. 建筑设备选用

现代建筑越来越依赖于建筑设备，建筑设备及安装费用占工程总造价的比例越来越高。对于工业建设项目来说，应选择能满足生产工艺和生产能力要求的最适合的设备和机械。同时，设备的选用应充分考虑自然环境对能源节约的有利条件，如果能从建筑产品的整个寿命周期分析，能源节约将是一笔不可忽略的费用。

（二）影响民用建设项目工程造价的主要因素

民用建设项目设计是根据建筑物的使用功能要求，确定建筑标准、结构形式、建筑物空间与平面布置以及建筑群体的配置等。民用建筑设计包括公共建筑设计和居住建筑设计两大类。对于这两类建筑设计，影响工程造价的主要因素基本一致。

1. 总平面设计

民用建筑总平面设计是依据建筑群组成、功能要求，结合用地条件与技术标准，研究建筑、设施间平面与空间关系，处理建筑布置、交通、管线、绿化等问题的设计。主要包括建筑等设施平面布置、竖向布置、交通线路布置、室外管网布置和景观绿化布置。

影响工程造价的主要因素包括两点。

（1）建筑总平面形式。建筑总平面涉及建筑群体的平面位置、交通运输线路的长短、室外管网的位置及长度、景观绿化形式等，这些因素都对建设项目的造价有直接影响。

（2）容积率。容积率又称为建筑面积毛密度，是地上总建筑面积与净用地面积的比率。容积率是衡量建设用地使用强度的一项重要指标，容积率的值是无量纲的比值。容积率越高，土地费用在建筑中所占比例越低，建筑的单方造价越低；容积率越低，建筑的舒适度越高。建设项目需要综合考虑规划部门规定、业主需求、周边环境、市场因素等确定容积率的大小。

2. 建筑设计

（1）建筑物平面形状和周长系数。与工业项目建筑设计类似，民用项目建筑设计也应尽量选择平面形状简单、周长系数小的建筑形式。对于民用建筑来说，一般选择矩形建筑，既有利于施工，又能降低造价，并且方便使用，如图 4-4 所示。对于住宅建筑，又以长：宽 =2：1 为佳。一般住宅单元以 3 ～ 4 个住宅单元、房屋长度为 60 ～ 80 m 较为经济。

图 4-4　民用建筑

（2）民用建筑的层高。和工业项目一样，建筑物层高越高，单方造价越高。公共建筑层高选择与内部独立空间大小、设备类型和使用功能相关，内部独立空间大、设备及人员多则层高应高，一般不宜低于 3.6 m。住宅项目经测算，层高每降 10 cm，造价可降 1.2% ～ 1.5%，还能提高建筑密度、节约多项费用，但需考虑采光通风，层高过低不利，故一般不宜低于 2.8 m。

（3）民用建筑的层数。在民用建筑中，在一定幅度内，建筑层数的增加具有降低造价和使用费用以及节约用地的优点。当建筑层数超过一定的限度，就要经受较强的风力荷载，需要提高结构强度、改变结构形式，同时需要增加建筑设备，使工程造价大幅度上升。

（4）民用建筑内部空间的划分和面积大小。民用建筑内部独立空间面积越大，结构面积越小，工程造价越低。以民用住宅建筑为例，据统计三居室住宅的设计比两居室的设计降低 1.5% 左右的工程造价，四居室的设计又比三居室的设计降低 3.5% 左右的工程造价。

衡量内部空间设计经济性的指标是结构面积系数（住宅结构面积与建筑面积之比），系数越小设计方案越经济，因结构面积小有效面积增加。该系数与房屋结构、外形、长宽及房间平均面积有关，房间平均面积越大，内墙、隔墙在建筑面积中占比越小。

3. 建筑结构

与工业建设项目类似，由于建筑结构形式和基础形式不同，工程造价也不同。随着我国工业化水平的提高，住宅工业化体系的结构形式多种多样，考虑工程造价时应根据实际情况，因地制宜、就地取材，采用适合本地区的经济合理的结构形式。

小贴士

材料和设备选用与工业建设项目类似。

（三）影响工程造价的其他因素

除以上因素之外，在设计阶段影响工程造价的还包括其他因素。

1. 设计单位和设计人员的知识水平

设计单位和设计人员的知识水平会客观影响工程造价。若要切实有效地降低工程造价，设计单位与设计人员可从以下几方面着手：其一，应充分借助现代设计理念，运用科学的设计方法对设计成果进行优化；其二，要善于把技术与经济有机结合起来，借助价值工程理论对设计方案加以优化；其三，设计单位和人员需及时与造价咨询单位展开沟通，让造价咨询人员能在项目前期设计阶段就参与其中，从而实现技术与经济的完美融合。

2. 项目利益相关者的利益诉求

设计单位和设计人员在设计过程中要综合考虑业主、承包商、监理单位、咨询单位、运营单位等利益相关者的要求和利益，并通过利益诉求的均衡以达到和谐的目的，避免后期出现频繁的设计变更而导致工程造价的增加。

3. 风险因素

设计阶段承担着重大的风险，它对后面的工程招标和施工有重要影响。该阶段是确定建设工程总造价的一个重要阶段，决定着项目的总体造价水平。

三、建设项目设计阶段工程造价管理的重要意义

当建设项目投资决策一旦确定，设计阶段就成为建设项目投资控制的关键环节，并对建设工期、工程质量、投资效益等起决定性作用。

（一）造价构成更合理，提高资金利用效率

设计阶段工程造价的计价形式是编制设计概算，通过概算了解工程造价的构成、资金分配的合理性，并可以利用设计阶段各种控制工程造价的方法使建设项目的经济与成本更趋于合理化。

（二）提高投资控制效率

编制设计概算可以了解工程各组成部分的投资比例。对于投资比例较大的部分应作为投资控制的重点，这样可以提高投资控制效率。

（三）控制工作更主动

设计阶段控制工程造价可变被动为主动。先制定新建建筑物各部分或分项的投资计划报表，待详细设计完成后，对照造价计划指标审核，提前发现差异并主动采取控制措施消除，让设计更经济。

（四）便于技术与经济相结合

设计人员往往关注工程的使用功能，力求采用较先进的技术方法实现项目所需功能，对经济因素考虑较少。在设计阶段吸收控制造价的人员参与全过程设计，使设计一开始就建立在健全的经济基础之上，在作出重要决定时就能充分认识到其经济后果。

（五）效果最显著

工程造价控制贯穿于项目建设全过程。设计阶段的造价对投资造价的影响程度很大。控制建设投资的关键在设计阶段，在设计一开始就将控制投资的思想植根于设计人员的头脑中，以保证选择恰当的设计标准和合理的功能水平。

四、建设项目设计阶段造价管理的主要内容

（一）编制设计概算

在方案设计阶段，依据设计方案、概算指标等资料编制设计方案估算。此估算需经分析测算，全面真实反映各方案造价，其精确度要求与可行性研究报告中的投资估算相近。

初步设计阶段，根据初步设计图纸和概算定额等编制设计概算。但常因初步设计图纸深度不足、概算编制人员责任心欠缺、类似项目造价数据匮乏等，出现设计概算不准确、与施工图预算差距大的问题。为此，一方面要使初步设计图纸深度尽量满足编制设计概算的要求；另一方面，概算编制人员要提升专业水平，增强工作责任心，充分认识设计概算在建设项目中的重要性。

（二）编制施工图预算

在施工图设计阶段，根据施工图及预算定额等相关资料编制施工图预算。施工图预算是签订施工承包合同、确定合同价、进行工程结算的重要依据，其质量的高低直接影响施工阶段的造价控制的好坏。

扫一扫

编制施工图预算

（三）设计方案的优化和比选

为提高工程建设投资效果，从场地选择与总平面布置到结构构件设计，都应多方案比选，选取或优化出技术先进、经济合理的最佳设计方案。设计中可用价值工程思路方法比较方案、提改进意见，以控制造价、节约投资。也可通过设计招投标和方案竞选选出最优方案，或整合各方案优点形成最佳方案。

（四）限额设计和标准化设计

限额设计是设计阶段控制工程造价的重要手段，能有效克制和控制“三超”现象，促使设计单位加强技术与经济的统一管理，克服设计概预算失控对造价的负面影响。此外，推广成熟有效的标准设计，既能提高设计质量和效率、降低成本，又因大量使用标准构配件压缩现场工作量，利于控制工程造价。

（五）推行设计索赔及设计监理等制度

推行设计索赔及设计监理制度，能提高对设计工作的重视，有效开展设计阶段造价控制，促进设计单位完善管理，增强设计人员质量与造价意识。推行设计索赔制度、加大索赔力度是保障设计质量和控制造价的必要手段。设计图变更越早损失越小，工程设计人

员应建立轮训或继续教育制度，避免设计与施工脱节，减少变更；对必须变更的，尽量控制在设计阶段，采用先算账、后变更、层层审批的方法控制投资。

任务二　设计方案的评价与优化

任务描述

某智能化厂房建设项目，需对初步设计方案进行评价与优化，涉及建筑结构、设备配置、工艺流程及节能环保等方面。要求综合考虑功能性、安全性、经济性及可持续性，识别设计缺陷，提出优化建议，提升设计方案的整体效能。

任务分析

任务需全面审查设计方案，运用专业知识评估各项设计指标的合理性；通过对比分析、模拟仿真等手段，识别潜在问题；结合实际需求及成本预算，提出切实可行的优化方案；确保设计方案在满足功能需求的同时，实现经济、环保及社会的多重效益。

任务实施

一、设计方案评价

设计方案评价与优化常用技术经济分析法，将技术与经济结合，按建设工程经济效果分析不同设计方案的技术经济指标，选出最优方案。因设计方案不同，其功能、造价等标准有差异，该方法不仅考察工程技术方案，更关注工程费用。

（一）基本程序

设计方案评价与优化的基本程序如图 4-5 所示，遵循的步骤如下。

第一步，依据使用功能、技术标准和投资限额要求，结合工程所在地实际状况，研究并构建可能的设计方案。

第二步，从所有可能方案里初步挑选出各方面较令人满意的方案，作为比选方案。

第三步，根据设计方案的评价目的，明确评价的任务与范围。

第四步，确定能够体现方案特征且满足评价目的的指标体系。

第五步，基于设计方案计算各项指标以及对比参数。

第六步，按照方案评价目的，确定评价指标的重要性权数，运用设计方案评价方法分析计算，排出方案优劣顺序，提出推荐方案。

第七步，开展综合分析，进行方案选择或者提出技术优化建议。

第八步，对技术优化建议进行组合搭配，确定最终的优化方案。

第九步，实施优化方案并做好总结备案工作。

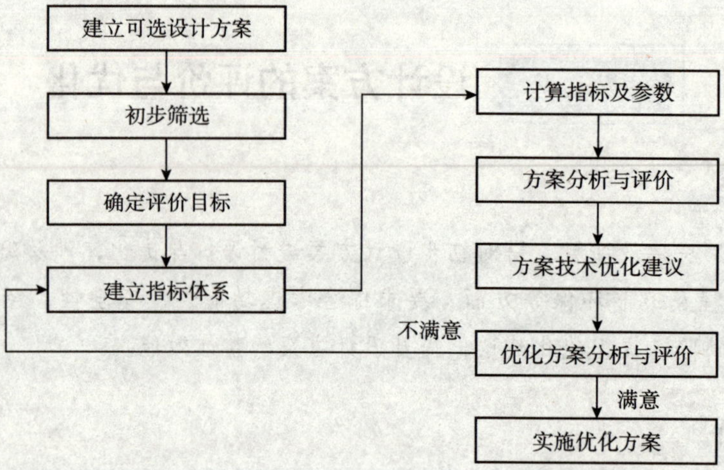

图 4-5　设计方案评价与优化的基本程序

在设计方案评价与优化过程中，建立合理的指标体系并采取有效的评价方法进行方案优化是最基本和最重要的工作内容。

（二）评价指标体系

设计方案的评价指标是方案评价与优化的衡量标准，对于技术经济分析的准确性和科学性具有重要作用。内容严谨、标准明确的指标体系是对设计方案进行评价与优化的基础。

评价指标需全面体现工程项目对社会需求的满足程度，以及获取使用价值时所需投入的社会必要劳动与社会必要消耗量。鉴于此，指标体系应涵盖以下内容。

1. 使用价值指标

使用价值指标即工程项目满足需要程度（功能）的指标。

2. 消耗量指标

消耗量指标即反映创造使用价值所消耗的资金、材料、劳动量等资源的指标。

3. 其他指标

对建立的指标体系可按指标的重要程度设置主要指标和辅助指标，并选择主要指标进行分析比较。

（三）评价方法

设计方案的评价方法主要有多指标法、单指标法以及多因素评分法。

1. 多指标法

多指标法就是采用多个指标，将各个对比方案的相应指标值逐一进行分析比较，按照各种指标数值的高低对其作出评价。

采用多指标法分析评价不同设计方案时，若某方案所有指标优于其他方案，或其他指标相同仅一个指标有差异且该指标最优，此方案为最佳方案，这两种优选决策较简单，但实际少见。多数情况下，不同方案各有所长，指标有优有劣，且各指标对方案经济效果影响不同。所以综合分析时，要注意检查对比方案在使用功能和工程质量上的差异及对各指标的影响，避免得出错误结论。

2. 单指标法

单指标法是以单一指标为基础对建设工程技术方案进行综合分析与评价的方法。单指标法有很多种类，各种方法的使用条件也不尽相同，较常用的有综合费用法、全生命周期费用法和价值工程法。

（1）综合费用法。

综合费用涵盖方案投产后年度使用费、建设投资及工期差异带来的收益或亏损。综合费用法将建设投资与使用费结合，考虑建设周期对投资效益的影响，以综合费用最小为优。它是静态价值指标评价法，未考虑资金时间价值，仅适用于建设周期短的工程。且该法只考虑成本，未反映功能等方面差异，仅在方案功能、建设标准等相同或基本相同时可用。

（2）全生命周期费用法。

建设工程全生命周期费用包括与工程建设有关的一次性投资（如筹建、征地拆迁等费用及贷款利息）和交付使用期内的经常费用（如维修、设施更新等，统称使用费，按年算为年度使用费）。全生命周期费用法考虑资金时间价值，是动态价值指标评价法。因不同技术方案寿命期不同，计算费用时用年度等值法而非净现值法，以年度费用最小方案为最优。

（3）价值工程法。

价值工程（value engineering，VE）是以提高产品或作业价值为目的，通过有组织的创造工作，以最低寿命周期成本可靠实现使用者所需功能，是一种管理技术。其所述“价值”为产品（或作业）功能与获得该功能全部费用的比值。它不是对象的使用价值，也不是对象的经济价值和交换价值，而是对象的比较价值，是作为评价事物有效程度的一种尺度被提出来的，这种对比关系可用一个数学式表示为

$$V=F/C \tag{4-1}$$

式中　V——研究对象的价值；

F——研究对象的功能；

C——研究对象的成本，即全生命周期成本。

由此可见，价值工程涉及价值、功能和全生命周期成本三个基本要素。

价值工程法对产品进行功能分析，以最低全生命周期成本实现必要功能来提高产品价值。在建设工程施工阶段应用该法提升价值作用有限。若要大幅提高建设工程价值、获高经济效益，需先在设计阶段应用，使功能与成本合理匹配，即在保证功能不变或改善时节约成本，设计出更符合用户要求的产品。

价值工程在工程设计中的运用过程实际上是发现矛盾、分析矛盾、解决矛盾的过程。具体地说，就是分析功能和成本间的关系，以提高价值工程的价值系数。工程设计人员要以提高价值为目标，以功能分析为核心，以经济效益为出发点，从而真正实现对设计方案的优化。

3. 多因素评分法

多因素评分法是多指标法与单指标法相结合的一种方法。对需要进行分析评价的设计方案设定若干个评价指标，按其重要程度分配权重，然后按照评价标准给各指标打分，将各指标所得分数与其权重采用综合方法整合得出各设计方案的评价总分，以获总分最高者为最佳方案。多因素评分法综合了定量分析评价与定性分析评价的优点，可靠性高、应用较广泛。

二、设计方案优化

设计方案优化是使项目功能更加适用、工程费用更加合理、设计质量不断提高的有效途径，一般采用设计招标或设计方案竞选和运用价值工程优化设计方案两种方式。

（一）设计招标或设计方案竞选

建设单位为获取拟建工程的优质设计方案，会通过报刊、信息网络或其他媒介发布设计任务公告，广泛吸引设计单位参与设计招标或设计方案竞选。待收集到众多设计方案后，建设单位将组织专家评定小组。该小组会运用科学方法，依据经济、适用、美观的总体原则，同时考量技术先进、功能全面、结构合理、安全适用以及满足建设节能和环境等具体要求，对各个设计方案进行综合评估。最终，从这些方案中挑选出最优方案；或者以中选方案为基础，汲取其他方案的优点，进行整合优化，形成取长补短的最佳方案。

对于具体方案，则应综合考虑工程质量、造价、工期、安全和环保五大目标，基于全要素造价管理进行优化，力求达到整体目标最优，而不能孤立、片面地考虑某一目标或强调某一目标而忽略其他目标。在保证工程质量和安全、保护环境的基础上，追求全生命周期成本最低的设计方案。

（二）运用价值工程优化设计方案

运用价值工程可以优化设计方案。价值工程是一种通过系统性的方法来优化设计，旨在减少成本、提高质量、增加价值。它不仅仅是一个简单的成本削减策略，更是一个全方位的设计优化方法，能够有效地利用资源，降低项目的风险，提高项目的绩效。

价值工程核心是功能分析，对项目或产品功能深入研究评价，确定必要与可简化功能，通过创新实现功能并降成本。优化设计方案时，它从技术经济结合角度，以多学科团队协作，重功能分析评价，经持续创新优化方案，降全生命周期费用，提升各利益相关方价值。

具体来说，运用价值工程优化设计方案的具体步骤见表 4-1。

表 4-1　运用价值工程优化设计方案的具体步骤

步骤	过程	内容
第一步	分析项目要求	明确项目的基本功能需求，以及在预算、可持续性、环保性、舒适度和安全性等方面的要求
第二步	功能分析	对项目或产品的功能进行深入研究和评价，确定必要功能和可简化的功能
第三步	创新设计	通过创新的方法和技术，实现必要功能的同时降低成本，提高项目的整体价值
第四步	方案比选	对多个设计方案进行比选，选择出最优的方案，即在满足功能需求的前提下，选择成本最低、效益最高的方案

三、限额设计

（一）限额设计的概念

限额设计是指按照批准的可行性研究报告中的投资限额进行初步设计，按照批准的初步设计概算进行施工图设计，按照施工图预算造价编制施工图设计中各个专业设计文件的过程。

在限额设计里，工程的使用功能、技术标准以及工程规模均有严格要求，既不能减少使用功能，也不能降低技术标准，更不可削减工程规模。这就意味着，限额设计要在投资额度恒定的前提下，达成使用功能和建设规模的最大化目标。

限额设计在工程造价控制系统中扮演着关键角色，它是设计阶段开展技术经济分析、有效实施工程造价控制的一项重要举措。

（二）限额设计的工作内容

1. 投资决策阶段

投资决策阶段是限额设计的关键阶段。对政府工程而言，投资决策阶段的可行性研究报告是政府部门核准投资总额的主要依据，而批准的投资总额则是进行限额设计的重要依据。为此，应在多方案技术经济分析和评价后确定最终方案，提高投资估算的准确度，合理确定设计限额目标。

2. 初步设计阶段

初步设计阶段需要依据最终确定的可行性研究方案和投资估算，对影响投资的因素按照专业进行分解，并将规定的投资限额下达到各专业设计人员。设计人员应用价值工程的基本原理，通过多方案技术经济比选，创造出价值较高、技术经济性较为合理的初步设计方案，并将设计概算控制在批准的投资估算内。

3. 施工图设计阶段

施工图是设计单位的最终成果文件，应按照批准的初步设计方案进行限额设计，施工图预算需控制在批准的设计概算范围内。

（三）限额设计的实施程序

限额设计强调技术与经济统一，要求工程设计人员与造价管理专业人员密切合作。设计人员设计时要基于建设工程全生命周期考虑造价因素、比较方案、优化设计；造价人员及时估算投资，协助技术经济分析论证，以控制造价。限额设计实施是造价目标动态反馈管理过程，分目标制定、目标分解、目标推进和成果评价四阶段。

1. 目标制定

限额设计的目标包括造价目标、质量目标、进度目标、安全目标及环保目标。工程项目各目标之间既相互关联又相互制约，因此，在分析论证限额设计目标时，应统筹兼顾、全面考虑，追求技术经济合理的最佳整体目标。

2. 目标分解

分解工程造价目标是限额设计的有效途径和主要方法。先将上阶段确定的投资额分到建筑、结构等各设计专业；再将投资限额分到各单项、单位、分部及分项工程，分解中综合分析评价设计方案；最后将细化目标明确给设计人员，制定限额设计方案，通过层层分解和限额设计有效控制投资限额。

3. 目标推进

目标推进通常包括限额初步设计和限额施工图设计两个阶段。

（1）限额初步设计阶段。该阶段应严格按照分配的工程造价控制目标进行方案的规划和设计。在初步设计方案完成后，由工程造价管理专业人员及时编制初步设计概算，并进行初步设计方案的技术经济分析，直至满足限额要求。初步设计只有在满足各项功能要求并符合限额设计目标的情况下，才能作为下一阶段的限额目标给予批准。

（2）限额施工图设计阶段。该阶段应遵循各目标协调并进的原则，做到各目标之间的有机结合，防止偏废其中任何一个。在施工图设计完成后，进行施工图设计的技术经济论证，分析施工图预算是否满足设计限额要求，以供设计决策者参考。

4. 成果评价

成果评价是目标管理的总结阶段。其通过对设计成果的评价总结经验教训，作为指导和开展后续工作的重要依据。

值得指出的是，考虑建设工程全生命周期成本时，按照限额要求设计出的方案可能不一定具有最佳经济性，此时亦可考虑突破原有限额，重新选择设计方案。

四、标准化设计

（一）标准化设计的概念

标准化设计又称定型设计、通用设计，是工程建设标准化的组成部分。各类工程建设的构件、配件、零部件，通用的建筑物、构筑物、公用设施等，只要有条件的，都应该实施标准化设计。

标准化设计应用广，重复建造的建筑、生产能力相同的企业及单独房屋构筑物宜用标准化或通用设计。设计阶段投资控制时，不同用途和要求的建筑物应按统一建筑模数、标准、规范和规定设计。若整体不便定型，应将重复出现的建筑单元等在构配件标准化基础上定型。建筑构件参数尺寸应力求统一，满足条件时尽量有通用互换性。

（二）标准化设计的分类

1. 国家标准设计

国家标准设计指在全国范围内需要统一的标准设计。

2. 部级标准设计

部级标准设计指在全国各行业范围内需要统一的标准设计，应由主编单位提出并报告主管部门审批颁发。

3. 省、市、自治区标准设计

省、市、自治区标准设计指在本地区范围内需要统一的标准设计，由主编单位提出并报省、市、自治区主管基建的综合部门审批颁发。

4. 企业标准设计

企业标准设计指在本单位范围内统一使用的设计技术原则和设计技术规定，由设计单位批准执行，并报上一级主管部门备案。

标准设计规范是国家经济建设的重要技术规范，是进行工程建设勘察、设计、施工及验收的重要依据。随着工程建设和科学技术的发展，设计规范和标准设计必须经常补充、及时修订、不断更新。

（三）推广标准化设计的意义

（1）推广标准化设计能较好地贯彻国家技术经济政策，密切结合自然条件和技术发展水平，合理利用能源资源，充分考虑施工生产、使用维修的要求，既经济又优质。

（2）推广标准化设计是改进设计质量、加快实现建筑工业化的客观要求。标准化设计源于工程建设实际经验与科技成果，按统一简化、协调选优原则将其提炼为设计规范和标准设计，因此设计质量高于一般工程设计。此外，标准化设计采用标准构配件，建筑构配件和工具式模板可在工厂批量生产，使现场成为“装配车间”与机械化浇筑场所，减少现场工程量。

（3）推广标准化设计可以提高劳动生产率、加快工程建设进度。设计采用标准构件可节省设计力量、加快出图速度、缩短设计时间，一般能加快 1 ～ 2 倍，使施工与生产准备工作提前，进而缩短建设周期。此外，生产工艺定型、生产均衡、配料统一，可大幅提高标准配件生产效率。

（4）推广标准化设计可以节约建筑材料、降低工程造价。由于标准构配件的生产是在工厂内批量生产，便于预制厂统一安排、合理配置资源，发挥规模经济的作用，从而节约建筑材料。

任务三 BIM 技术在设计阶段的造价控制

任务描述

某大型公共设施项目，需在设计阶段应用 BIM 技术进行造价控制，包括建立三维模型、进行工程量计算、模拟施工流程及成本预测等。要求利用 BIM 技术的可视化、协同化优势，提高设计精度，减少设计变更，有效控制项目成本。

任务分析

任务需熟练掌握 BIM 软件操作，构建精确的三维模型；通过 BIM 模型进行精准的工程量计算，为成本控制提供数据支持；利用 BIM 的施工模拟功能，提前发现潜在问题，降低变更成本；同时，需加强团队间的 BIM 协同，确保设计信息的实时共享，提升造价控制效率。

任务实施

一、BIM 技术概述

建筑信息模型（building information modeling，BIM）是一个完备的信息模型，能够将工程项目在全生命周期中各个不同阶段的工程信息、过程和资源集成在一个模型中，方便被工程各参与方使用。通过三维数字技术模拟建筑物所具有的真实信息，为工程设计和施工提供相互协调、内部一致的信息模型，使该模型达到设计施工的一体化，各专业协同工作，从而降低了工程生产成本，保障工程按时按质完成，如图 4-6 所示。

图 4-6 三维数字技术

利用创建好的 BIM 可提升设计质量、减少错误，获取分析工程量成本数据，为施工提供技术支撑、为参建各方提供协同平台以提升效率，确保建筑全生命周期按时、保质、安全、高效、节约完成且责任可追溯。

二、BIM 技术对造价的影响

首先，将 BIM 技术应用于工程项目造价管理，能提升计算速度与准确性。工作人员只需制定计算规则、调整相应参数，便可借助 BIM 技术自动计算工程项目造价，既节省时间，又解放相关劳动力，使其能投入到更具价值的工作中。

其次，BIM 技术让工程造价管理的实时统计成为现实。当项目出现设计变更时，工作人员只需将变更信息、属性、价格等内容录入模型，造价便会随录入内容即时变动。这种数据的及时更新与反馈，能让管理人员更深入了解和把控项目，进而使决策制定更科学合理。

最后，BIM 作为平台，让造价更准确透明，既减少人为故意欺瞒，又加速市场化进程，保障市场环境健康透明。此外，BIM 历史数据便于收集和共享，可丰富数据库。从业人员日后遇到同类工程项目与难题时，能有效利用这些数据进行借鉴参考。

设计阶段，BIM 技术对造价的具体影响如下。

（一）提升设计质量，提高工程量计算效率

工程量计算效率的提高有利于限额设计。基于 BIM 的自动化算量方法可以更快地计算工程量，及时地将设计方案的成本反馈给设计师，便于在设计的前期阶段对成本进行控制。在深化设计过程中，BIM 可以进行图纸优化、施工协调和预算纠偏等工作。

（二）可以更好地应对设计变更，相关费用变化清晰

在传统的成本核算方法下，一旦发生设计变更，造价工程师需要手动检查设计变更，找到对成本的影响，这样的过程不仅缓慢，而且可靠性不强。BIM 软件与成本计算软件的集成将成本和空间数据进行了一致关联，能够自动检测哪些内容发生变更，直观地显示变更结果，并将结果反馈给设计人员，使他们能清楚地了解设计方案的变化对成本的影响。

（三）BIM 技术有利于业主适时控制造价

设计院需具备在产业化项目里开展全产业链、全生命周期的 BIM 应用策划能力。要明确 BIM 信息化应用目标，以及各阶段 BIM 应用标准和移交接口。同时，建立 BIM 信息化技术应用协同平台，并做好维护与更新工作。在产业化项目的前期策划、设计、构件生产、施工、拆除等全生命周期各阶段，都要运用 BIM 技术，助力业主全方位、实时把控项目的质量、进度和成本。

任务四 设计阶段概预算的编制与审查

任务描述

在某高层住宅楼设计项目中，需编制详细的设计阶段概预算，包括建筑、结构、电气、给排水等各专业的费用估算。同时，组织专家对概预算进行全面审查，确保预算的合理性、准确性，为项目后续施工提供成本控制依据。

任务分析

任务需依据设计图纸及规范，详细列出各项工程量，结合市场价格信息编制预算；审查时需关注漏项、重复计算等问题，确保预算的准确无误；同时，需考虑材料价格波动、施工难度等不确定因素，预留合理的预算余地，以应对成本控制风险。

任务实施

一、设计概算的编制与审查

（一）设计概算概述

1. 概念及作用

建设项目设计概算是初步设计文件的重要组成部分，是在投资估算的控制下，由设计单位根据初步设计或技术设计的图纸及说明，利用国家或地区颁发的概算指标、概算定额或综合指标预算定额、设备材料预算价格等资料，按照设计要求，概略地计算建筑物或构筑物造价的文件。其特点是编制工作相对简略，在精度上没有施工图预算准确。采用两阶段设计的建设项目，初步设计阶段必须编制设计概算；采用三阶段计的建设项目，技术设计阶段必须编制修正概算。

设计概算在工程项目中发挥着至关重要的作用，它是编制工程项目投资计划、确定和控制工程项目投资的依据，能为签订建设工程合同和贷款合同提供参考，可作为控制施工图设计和施工图预算的标尺，还能衡量设计方案技术经济合理性并助力选择最佳设计方案，是工程造价管理及编制招标标底和投标报价的重要支撑，同时也是考核建设项目设计投资效果的有效依据。

2. 设计概算的内容

设计概算可分为单位工程概算、单项工程综合概算和建设项目总概算三级。各级概算之间的相互关系如图 4-7 所示。

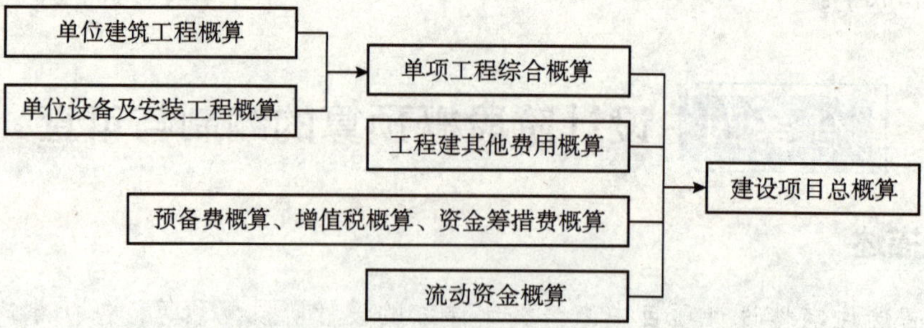

图 4-7　设计概算的三级概算关系

（1）单位工程概算。

单位工程概算是确定各单位工程建设费用的文件，是编制及构成单项工程综合概算的依据与部分。它按工程性质分建筑工程和设备及安装工程两大类概算。建筑工程概算涵盖土建、给排水及采暖、通风与空调、电气照明、弱电、特殊构筑物等工程概算；设备及安装工程概算包含机械设备、电气设备、热力设备的安装工程概算以及工器具和生产家具购置费概算。

（2）单项工程综合概算。

单项工程综合概算是确定一个单项工程所需建设费用的文件。它由单项工程中的各单位工程概算汇总编制而成，是建设项目总概算的组成部分，如图 4-8 所示。

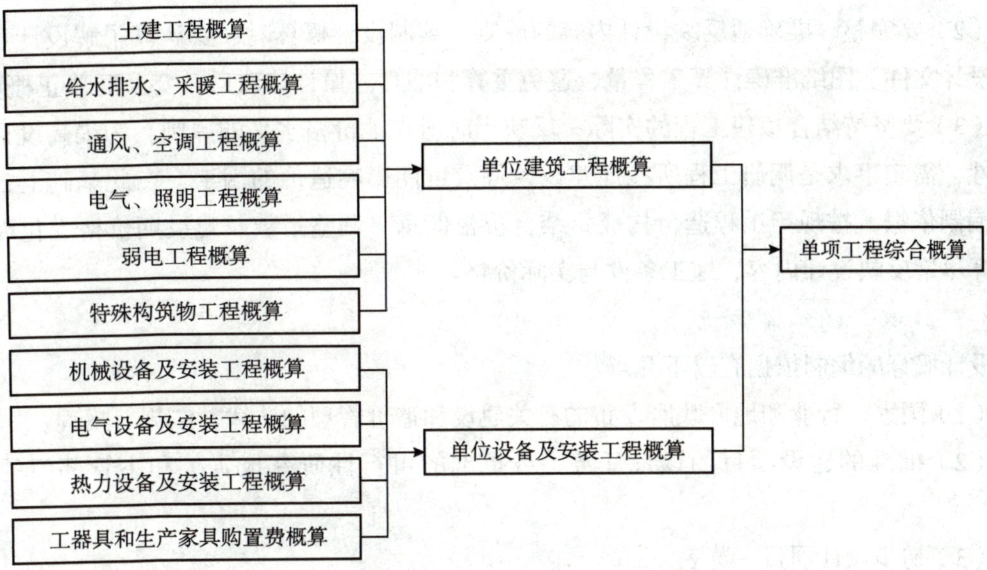

图 4-8　单项工程综合概算的组成

（3）建设项目总概算。

建设项目总概算是用以确定整个建设项目从筹建至竣工验收交付使用所需全部费用的文件，它由各单项工程综合概算、工程建设其他费用概算、增值税概算、预备费概算、资金筹措费概算和流动资金概算等汇总编制而成的，如图 4-9 所示。

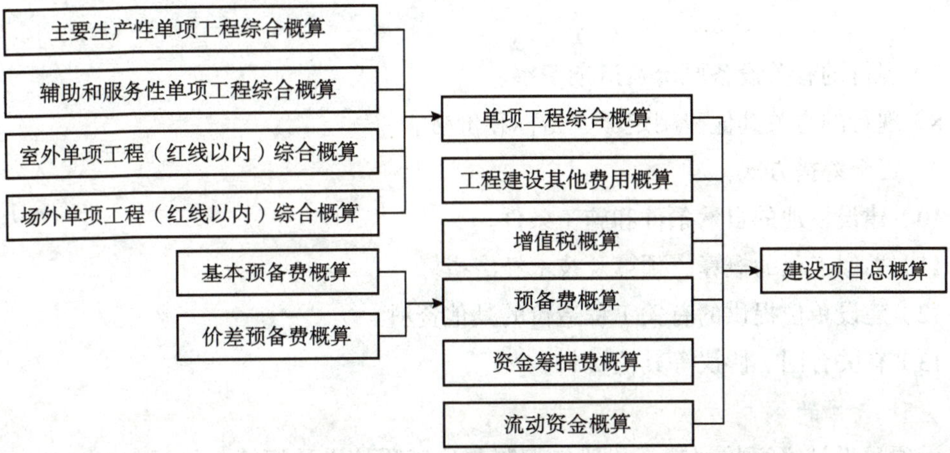

图 4-9　建设项目总概算的组成

（二）设计概算的编制

1. 设计概算的编制原则

为提高工程项目设计概算编制质量、科学合理地确定工程项目投资，设计概算编制应坚持以下原则。

（1）严格执行国家的建设方针和经济政策的原则。设计概算是一项重要的技术经济工作，要严格按照党和国家的方针、政策办事，坚决执行勤俭节约的方针，严格执行规定的设计标准。

（2）要完整、准确地反映设计内容的原则。编制设计概算时，要认真了解设计意图，根据设计文件、图纸准确计算工程量，避免重算和漏算。设计修改后，要及时修正概算。

（3）要坚持结合拟建工程的实际，反映当时所在地价格水平的原则。为提高设计概算准确性，需实事求是调研工程所在地建设条件及可能影响造价的因素。在此基础上，正确使用编制依据，按现行工程造价构成，结合价格信息、调整指数及建设期价格变化因素，让概算尽量反映设计内容、施工条件与实际价格。

2. 设计概算的编制依据

设计概算的编制依据有以下几点。

（1）国家、行业和地方政府发布的有关建设和造价管理的法律、法规、规程。

（2）批准的建设项目的设计任务（或批准的可行性研究报告）和主管部门的有关规定。

（3）初步设计项目一览表。

（4）能满足编制设计概算的各专业设计图纸、文字说明和主要设备表，包括以下几方面。

（5）施工组织设计。

（6）当地和主管部门的现行建筑工程和专业安装工程的概算定额、预算定额、综合预算定额、单位估价表、材料及构配件预算价格、工程费用定额和有关费用规定的文件等资料。

（7）现行的有关设备原价及运杂费率。

（8）现行的有关其他费用定额、指标和价格。

（9）资金筹措方式。

（10）建设场地的自然条件和施工条件。

（11）类似工程的概算、预算及技术经济指标。

（12）建设单位提供的有关工程造价的其他资料。

（13）有关合同、协议等其他资料。

3. 设计概算的编制方法

建设项目设计概算的编制，一般先编制单位工程的设计概算，然后逐级汇总，形成单项工程综合概算及建设项目总概算。

（1）单位工程概算编制方法。

单位工程有单独设计文件，可独立组织施工，但无法独立发挥生产能力或使用效益。单位工程概算用于确定单位工程建设费用，是单项工程综合概算的一部分，由直接费、间接费和利润构成。

单位工程概算分建筑工程概算和设备及安装工程概算两大类。

① 建筑工程概算编制方法。建筑工程概算编制方法有概算定额法、概算指标法、类似工程预算法等。

概算定额法也称扩大单价法或扩大结构定额法，是用概算定额编制建筑工程概算的方法。具体步骤为：依据初步设计图纸及资料，按概算定额项目划分计算工程数量，套用概算定额单价汇总后计取相关费用，确定概算造价。该方法要求初步设计有一定深度、建筑结构明确，能据图纸算出楼地面、墙身等扩大分项工程或构件工程量时方可采用。

概算指标法是用拟建厂房、住宅建筑面积（或体积）乘以技术条件相同或基本相同的概算指标得出直接工程费，再按规定计算企业管理费等编制单位工程概算的方法。该法适用于初步设计深度不足、无法准确算工程量，但工程采用成熟技术且有类似概算指标可利用的情况，如普通住宅、小型通用厂房工程。

类似工程预算法借助与设计对象技术条件类似的已完或在建工程的造价资料编制拟建工程设计概算。适用于拟建工程初步设计与已完或在建工程类似且无可用概算指标的情况，需对建筑结构差异和价差进行调整。建筑结构差异调整法同概算指标法，具体有综合系数法、价格（费用）变动系数法、地区价差系数法、结构（材质）差异换算法等。

② 设备及安装工程概算编制方法。设备及安装工程概算包括设备购置费用概算和设备安装工程费用概算两大部分。

当初步设计较深入，有详细的设备清单时，可直接按安装工程预算定额单价编制安装工程概算，概算编制程序与安装工程施工图预算基本相同。该法具有计算比较具体、精确性较高的优点。

当初步设计深度不够，设备清单不完备，只有主体设备或仅有成套设备自重时，可采用主体设备、成套设备的综合扩大安装单价来编制概算。上述两种方法的具体操作与建筑工程概算相类似。

当初步设计深度不够，只有设备出厂价而无详细规格、自重时，安装费可按占设备费的百分比计算。其百分比值（即安装费费率）由相关管理部门制定或由设计单位根据已完类似工程确定。该法常用于价格波动不大的定型产品和通用设备产品。

当初步设计提供的设备清单有规格和设备质量时，可采用综合吨位指标法编制概算，其综合吨位指标由相关主管部门或由设计院根据已完类似工程资料确定。这种方法常用于设备价格波动较大的非标准设备和引进设备安装工程概算。

（2）单项工程综合概算的编制。

① 单项工程综合概算是确定单项工程建设费用的综合性文件，它是由该单项工程的各专业单位工程概算汇总而成的，是建设项目总概算的组成部分。

② 单项工程综合概算的内容。编制说明应列在综合概算表的前面，包括编制依据、编制方法、主要设备、材料（钢材、木材、水泥）的数量以及其他需要说明的有关问题。

综合概算表项目组成：工业建设项目由建筑工程和设备及安装工程两部分构成；民用工程项目仅含建筑工程。费用组成一般有建筑工程费、安装工程费、设备及工器具和生产家具购置费。若不编总概算表，还应涵盖工程建设其他费用、建设期利息、预备费和固定资产投资方向调节税等。

（3）建设项目总概算的编制。

总概算书一般由编制说明、总概算表及所含综合概算表、其他工程和费用概算表组成。

（三）设计概算的审查

1. 设计概算的审查内容

设计概算需审查的具体内容见表 4-2。

表 4-2　设计概算的审查内容

审查项目	审查内容
审查设计概算的编制依据	包括审查编制依据的合法性、时效性和适用范围
审查概算编制深度	审查编制说明、概算编制的完整性和概算的编制范围
审查工程概算的内容	对总概算投资超过批准投资估算 10% 以上的，应查明原因，重新上报审批； 审查编制方法、计价依据和程序是否符合现行规定； 审查工程量是否正确； 审查材料用量和价格； 审查设备规格； 数量和配置是否符合设计要求； 是否与设备清单一致； 计算程序和取费标准是否正确； 审查综合概算； 总概算的编制内容； 方法是否符合现行规定和设计文件的要求；审查总概算文件的组成内容； 是否完整地包括了建设项目从筹建到竣工投产为止的全部费用组成、审查工程建设其他费用、审查项目的“三废”治理； 审查技术经济指标； 审查投资经济效果

2. 审查设计概算的方法

审查设计概算的方法及具体内容见表 4-3。

表 4-3　审查设计概算的方法

方法	具体内容
对比分析法	对比分析法通过建设规模与标准和立项批文、工程数量与设计图纸、综合范围内容与编制方法规定、各项取费与规定标准、材料与人工单价与统一信息、引进设备技术投资与报价要求、技术经济指标与同类工程等对比，易发现设计概算问题与偏差
查询核实法	查询核实法针对关键设备和设施、重要装置及引进工程图纸不全、难核算的较大投资多方查询核对、逐项落实。主要设备市场价询设备供应或招标公司；重要生产装置、设施向同类企业（工程）了解；引进设备价格及费税查进出口公司；复杂建筑安装工程征求同类工程建设承包、施工单位意见；不清楚问题问原概算编制人员、设计者
联合会审法	联合会审前，先多种形式分头审查，如设计单位自审、主管等单位初审、造价咨询公司评审、同行专家预审、审批部门复审等，层层把关后有关单位和专家联合会审。会审时，设计单位介绍概算编制及相关问题，各单位专家汇报初审、预审意见，随后分析讨论，结合专业技术方案审查的投资增减核实原概算问题，充分协商、听取设计单位意见后实事求是处理调整

二、施工图预算的编制与审查

（一）施工图预算概述

1. 施工图预算的概念

施工图预算是由设计单位在施工图设计完成后，根据施工图设计图纸、现行预算定额、费用定额，以及地区设备、材料、人工、机械台班等预算价格编制和确定的建筑安装工程造价的文件。

2. 施工图预算的作用

（1）施工图预算是设计阶段控制工程造价的重要环节，是控制施工图设计不突破设计概算的重要措施。

（2）施工图预算是编制或调整固定资产投资计划的依据。

（3）对于实行施工招标的工程，施工图预算是编制标底的依据，也是承包企业投标报价的基础。

（4）对于不宜实行招标而采用施工图预算加调整价结算的工程，施工图预算可作为确定合同价款的基础或作为审查施工企业提出的施工图预算的依据。

3. 施工图预算的内容

施工图预算包含单位工程预算、单项工程预算和建设项目总预算这三种类型。具体编制流程如下：首先，依据施工图设计文件、现行预算定额、费用定额，以及人工、材料、设备、机械台班等预算价格资料，运用特定方法来编制单位工程的施工图预算。其次，将所有单位工程的施工图预算进行汇总，从而得到单项工程施工图预算。最后，把所有单项工程的施工图预算再次汇总，形成一个建设项目的总预算。

单位工程预算包括建筑工程预算和设备安装工程预算。建筑工程预算按其工程性质分为一般土建工程预算、卫生工程预算（包括室内外给排水工程、采暖通风工程、煤气工程等，如图 4-10 所示）、电气照明工程预算、弱电工程预算、特殊构筑物（如炉窑、烟囱、水塔等）工程预算和工业管道工程预算等。设备安装工程预算可分为机械设备安装工程预算、电气设备安装工程预算和热力设备安装工程预算等。

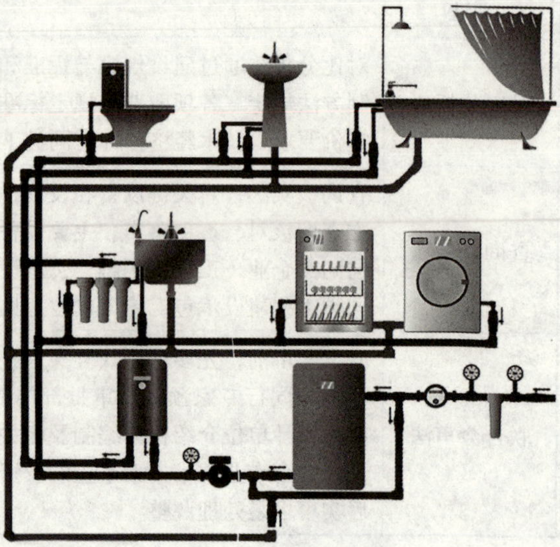
图 4-10　室内排水系统

4. 施工图预算的编制依据

施工图预算的编制依据有以下几点。

（1）施工图纸及说明书和标准图集。

（2）现行预算定额及单位估价表。

（3）施工组织设计或施工方案。

（4）材料、人工、机械台班预算价格及调价规定。

（5）建筑安装工程费定额。

（6）预算员工作手册及有关工具书。

（二）施工图预算编制方法

施工图预算编制方法详见“工程项目管理”“工程估价”等课程学习内容。

（三）施工图预算的审查

1. 审查施工图预算的意义

（1）有利于控制工程造价，防止预算超概算。

（2）有利于加强固定资产投资管理，节约建设资金。

（3）有利于施工承包合同价的合理确定和控制。

（4）有利于积累和分析各项技术经济指标，不断提高设计水平。

2. 审查施工图预算的内容

审查施工图预算的重点，应该放在工程量计算、预算单价套用、设备材料预算价格取定是否正确，各项费用标准是否符合现行规定等方面。

（1）审查工程量。

审查工程量是否按照规定的计算规则计算，是否考虑了施工方案对工程量的影响，定额中要求扣除项或合并项是否按规定执行，工程计量单位是否与要求的计量单位一致。审查如下各方面的工程量：土方工程、打桩工程、砖石工程、混凝土及钢筋混凝土工程、木结构工程、楼地面工程、屋面工程、构筑物工程、装饰工程、金属构件制作工程、水暖工程、电气照明工程、设备及其安装工程。

（2）审查设备、材料的预算价格。

审查设备、材料的预算价格是否契合工程所在地的真实价格及价格水平，其原价确定方法是否正确，设备运杂费率及其运杂费的计算是否无误，材料预算价格各项费用的计算是否符合规定且准确。

（3）审查预算单价的套用。

审查预算单价套用是否正确是预算审查工作的主要内容之一，审查时需注意：要查看预算中各分项工程预算单价是否与现行预算定额的预算单价相符，包括其名称、规格、计量单位和所包含的工程内容是否与单位估价表一致；对于换算单价，既要审查换算的分项工程是否为定额中允许换算的，也要审查换算是否正确；此外，还要审查补充定额和单位估价表的编制是否符合编制原则，以及单位估价表计算是否正确。

（4）审查有关费用项目及其计取方式。

审查企业管理费、利润的计取基础是否符合现行规定，避免将不能作为计费基础的费用列入计费基础；查看预算外调增的材料差价是否计取企业管理费、利润等，以及直接费或人工费增减后相关费用是否相应调整；同时检查有无巧立名目、乱计费和乱摊费用的现象。

3. 审查施工图预算的方法

审查施工图预算的方法较多，主要有以下 8 种方法，见表 4-4。

表 4-4　审查施工图预算的方法

方法	含义	优缺点
全面审查法	全面审查法又称逐项审查法，就是按预算定额顺序或施工的先后顺序，逐一地全部进行审查的方法	其具体计算方法和审查过程与编制施工图预算基本相同。此方法的优点是全面、细致，经审查的工程预算差错比较少，质量比较高；缺点是工作量大。对于一些工程量比较小、工艺比较简单的工程，编制工程预算的技术力量又比较薄弱，可采用全面审查法
标准预算审查法	对于利用标准图纸或通用图纸施工的工程，先集中力量，编制标准预算，以此为标准审查预算的方法。按标准或通用图纸施工的工程，上部结构和做法多相同，可集中审编一份预算作为标准，以其工程量对照审查，局部差异单独审查	这种方法的优点是时间短、效果好、好定案；缺点是适用范围小，只适应按标准图纸设计的工程
分组计算审查法	分组计算审查法可加快审查工程量速度，它将预算项目分组，把相邻且有内在联系的编为一组，通过审查或计算组内某分项工程量，利用工程量相同或相似计算基础的关系，判断同组其他分项工程量计算的准确性	分组计算审查法能显著提高审查效率，但对分组合理性和项目相似性要求较高

表 4-4（续）

方法	含义	优缺点
对比审查法	对比审查法是用已建成工程的预算或虽未建成但已审查修正的工程预算对比审查拟建的类似工程预算的一种方法	这种方法易于找出差异所在，便于快速发现问题
筛选审查法	筛选审查法是统筹法的一种，也是一种对比方法。建筑工程虽建筑面积和高度不同，但各分部分项工程的工程量、造价、用工量在单位面积上数值变化小。可汇集优选数据，归纳工程量、造价、用工 3 个单方基本值表并注明适用建筑标准。用基本值筛选分部分项工程，筛下的不审查，未筛下的详细审查。若审查预算的建筑面积标准与“基本值”适用标准不同，需进行调整	筛选审查法的优点是简单易懂，便于掌握，审查速度和发现问题快。但解决差错分析其原因需继续审查。因此，此法适用于住宅工程或不具备全面审查条件的工程
重点抽查法	重点抽查法是抓住工程预算中的重点进行审查的方法。审查的重点一般是工程量大或造价较高、工程结构复杂的工程，补充单位估价表，计取各项费用（计费基础、取费标准等）	重点抽查法的优点是重点突出，审查时间短、效果好
利用手册审查法	利用手册审查法是把工程中常用的构件、配件事先整理成预算手册，按手册对照审查的方法	这种方法可以大大简化施工图预算的编制与审查工作
分解对比审查法	分解对比审查法是指一个单位工程，按直接费与间接费进行分解，然后再把直接费按工种和分部工程进行分解，分别与审定的标准预算进行对比分析的方法	分解对比审查法能有效提升预算编制的准确性和透明度，但工作量大、依赖标准预算且操作复杂

4. 审查施工图预算的步骤

审查施工图预算，首先要做好审查前的准备工作，具体包括熟悉施工图纸、了解预算涵盖的范围以及弄清预算所采用的单位估价表；之后需选择合适的审查方法，并按相应内容进行审查。

项目小结

本项目首先概述了建设项目设计阶段造价管理的意义，明确了其对项目成本控制的先导作用；其次，通过评价与优化设计方案，实现了成本与效益的最佳平衡；接着，引入了 BIM 技术，提升了设计阶段的造价控制效率；最后，严格编制与审查了设计阶段概预算，确保了设计成果的经济性与可行性。通过本项目，我们全面掌握了设计阶段造价管理的关键技能。

项目工单

设计阶段造价管理实训记录见表4-5。

表4-5　设计阶段造价管理实训记录

班级		姓名		日期	
实训名称	设计阶段造价管理实训				
实训目标	1. 掌握设计阶段造价管理的核心要点； 2. 学会评价与优化设计方案； 3. 应用BIM技术进行造价控制				
实训过程记录					
实训注意事项					
实训总结					

设计阶段造价管理实训评价见表4-6。

表4-6　设计阶段造价管理实训评价

项目名称	评价内容	分值	评分
职业素养考核项目（30%）	正确规范操作能力	10	
	团队协作能力	10	
	问题解决与创新能力	10	
专业能力考核项目（70%）	方案评价	10	
	BIM操作能力	10	
	预算编制能力	20	
	预算审查能力	10	
	成本控制能力	20	
合计评分			
教师评语		教师签字	

课 后 练 习

一、填空题

1. ________是建安施工依据，工程建设进度、质量及投资节约情况在很大程度上取决于________。

2. 总平面设计主要是指________和________，主要内容包括厂址选择及占地面积；总图运输、主要建筑物和构筑物及公用设施的配置等。

3. 影响工程造价的主要因素包括两点：________和________。

4. 目标推进通常包括________和________两个阶段。

5. 标准化设计又称________、________，是工程建设标准化的组成部分。

二、简答题

1. 简述工程设计的程序。

2. 简述审查施工图预算的意义。

项目五 建设项目发承包阶段造价管理

项目导读

建设项目发承包阶段造价管理确保了工程投资成本的有效控制，通过招标投标、计价文件编制、合同价款确定等环节，为工程项目顺利实施和成本优化奠定了坚实基础。本项目将带领读者全面了解建设项目发承包阶段造价管理，包括项目发承包阶段造价管理概述、招标投标工作内容、计价文件编制、合同价款的确定和施工投标报价与评标。

学习目标

知识目标

1. 掌握建设项目发承包阶段造价管理的基本理论和流程，理解其重要性。
2. 熟悉招标投标工作内容，了解计价文件编制的方法及合同价款的确定原则。

能力目标

1. 能够独立完成招标投标文件的编制，具备计价文件编制和合同价款确定的能力。
2. 熟练运用施工投标报价策略，参与评标工作，提高中标率。

素质目标

1. 培养良好的职业道德和团队协作精神，增强责任感和沟通能力。
2. 提升分析问题和解决问题的能力，能够在复杂的发承包环境中迅速作出决策。

思政目标

帮助学生树立正确的市场竞争观念，诚信经营，遵守行业规范，使其为建筑市场的健康发展贡献力量。同时，培养其吃苦耐劳、勇于担当的精神，为实现个人价值和社会价值的统一而不懈努力。

任务一 项目发承包阶段造价管理概述

任务描述

在某大型基础设施建设项目的发承包阶段，需全面进行造价管理，包括编制招标控制价、审核投标报价、签订合同价以及处理后续的价格调整等。目标是确保项目以合理价格发包，为后续施工阶段的成本控制奠定坚实基础。

任务分析

任务需准确理解项目需求与市场行情，科学编制招标控制价；严格审核投标报价的合理性，防止低价中标导致的后续问题；在合同签订时明确价格调整机制，应对市场变化；同时，需建立有效的沟通机制，协调发承包双方利益，确保造价管理的顺利进行。

任务实施

一、建设项目发承包阶段造价管理目标

在建设项目施工发承包阶段，包含选择和确定承包人、合同类型以及计价方式，编制工程量清单和招标控制价等内容。承包人的选择、合同的类型和计价方式都会对建设项目施工阶段的工作产生重要影响，因为可靠的承包人、恰当的合同类型和计价方式可以减少合同过程中的纠纷，合理规避风险。

发承包阶段中，工程量清单是招标文件的组成部分，是招标投标活动的重要依据。工程量清单一般都由发包人的造价工程师编制，或发包人委托工程造价咨询机构编制。《建设工程工程量清单计价规范》规定，招标工程量清单必须作为招标文件的组成部分，其准确性和完整性应由招标人负责。发包人提供的工程量清单是否准确能直接影响该项目的中标价格的高低，因此发包人应保证工程量清单的编制质量。

招标控制价编制是建设项目招投标重要部分，是投标报价和合理评标依据之一。它能有效控制造价、防恶性抬价财务风险，提高透明度、避免违法活动，让投标人自主报价、公平竞争，符合市场规律。

二、建设项目发承包阶段造价管理任务

发承包阶段，发包人管理目标为选择合适承包人、合同类型及计价方式，编制准确工

程量清单与合理招标控制价，此阶段涉及多方面主要工程造价管理任务。

（一）发包人选择合理的招标方式

《中华人民共和国招标投标法》中规定的招标方式有公开招标和邀请招标。公开招标方式是能够体现公开、公正、公平原则的最佳招标方式；邀请招标一般只适用于国家投资的特殊项目和非国有资金项目。选择合适的招标方式是合理确定工程合同价款的基础。

（二）发包人选择合理的承包模式

常见的承包模式包括总分包模式、平行承包模式、联合体承包模式和合作承包模式，不同的承包模式适用于不同类型的工程建设项目，对工程造价的控制也体现出不同的作用。总分包模式的总包合同价可以较早确定，业主可以承担较少的风险，对总承包商而言，责任重、风险大，获得高额利润的潜力也比较大。

平行承包模式下，总合同价短期内难以确定，这对工程造价控制的实施造成影响。同时，工程招标任务繁重，需对多项合同价格进行控制，进一步加大了工程造价控制的难度。不过，对于大型复杂工程而言，若采用分别招标的方式，参与竞争的投标人会增多，业主便有机会获得更具竞争性的商业报价。

相较于合作承包模式，联合体承包具有明显优势。对业主来说，采用联合体承包时合同结构简单，利于工程造价控制；而合作承包模式下业主面临的风险较大。对联合体而言，能集中各成员单位在资金、技术和管理等方面的优势，增强抗风险能力；合作承包模式则存在合作各方信任度不足的问题。

（三）发包人编制招标文件，确定合理的工程计量方法和投标报价方法，确定招标工程招标控制价

建设项目的发包数量、合同类型及招标方式获批准确定后，由于工程计量与报价方法存在差异，会产生不同的合同价格。所以，在招标前需选择既能降低工程造价，又便于合同管理的工程计量与报价方法。

编制招标控制价是建设项目招标前的关键工作。编制时要秉持实事求是的原则，兼顾发包人和承包人的利益。若招标控制价不合理，可能致使工程招标出现失误，无法达成降低建设投资、缩短建设工期以及保证工程质量的目标。

（四）承包人编制投标文件，合理确定投标报价

潜在投标人在通过资格预审之后，根据获取的招标文件编制投标文件，并对其作出实质性响应。在核实工程量的基础上，潜在投标人依据企业定额进行工程报价，在广泛了解潜在竞争者及工程情况的基础上，综合运用投标技巧以及选用正确的投标策略确定最终工程投标报价。

（五）发包人选择合理的评标方法进行评标

在正式确定中标人之前，选用合理的评标方法对于科学地确定中标人至关重要。通常情况下，针对得分最高的 1 ～ 2 家潜在中标人的投标函，需对其中有意或无意出现的表述不明和笔误之处做进一步明确与纠正。

尤其要对投标人可能出现的失误及投机取巧行为进行深入剖析。比如，投标人因对施工图计量存在遗漏、定额套用出现错项、不熟悉工料机市场价格而产生的失误，以及为规避招标文件相关要求所采取的投机取巧行为等。通过这样的剖析，确保发包人和潜在中标人等各方的利益都不会受到损害。

（六）发包人通过评标定标，选择中标单位，签订承包合同

评标委员会依据评标规则对投标人评分并排名，向业主推荐中标候选人，并以确定的中标人的报价作为合同价款。合同的形式应在招标文件中确定，并在投标函中作出响应。

三、建设项目发承包阶段对工程造价管理的影响

建设项目发承包阶段主要通过招投标确定承包人并签订施工合同。建设项目招标投标制是我国建筑市场规范化、完善化举措之一，推行该制度对降低和合理控制工程造价意义重大。

（一）招标投标使建筑产品的市场定价更为合理

推行招标投标制最明显的表现是若干投标人之间出现激烈竞争，这种市场竞争最直接、最集中的表现就是在价格上的竞争。通过竞争确定出工程价格，使其趋于合理，这将有利于节约投资、提高投资效益。

（二）招标投标能够很好地控制工程成本

推行招标投标制可降低社会平均劳动消耗水平，有效控制工程价格。建筑市场中不同投标者个别劳动消耗有差异，推行该制度让个别劳动消耗最低或接近最低的投标者获胜，实现生产力资源较优配置，形成优胜劣汰机制。

（三）招标投标为供求双方的相互选择提供条件

推行招标投标制有助于供求双方开展更优的相互选择，让工程价格更贴合价值基础，从而实现对工程造价的有效控制。

在建筑市场中，供求双方因出发点各异，存在利益矛盾。若单纯采用“一对一”的选择方式，达成合作的可能性较低。而招标投标方式为供求双方提供了更大的选择空间，发包方能够在众多供给者中挑选出报价合理偏低、工期较短，且具备良好业绩与管理水平的合作方，这为合理控制工程造价奠定了坚实基础。

（四）招标投标使工程造价的形成更加透明

推行招标投标制有利于规范价格行为，使公开、公平、公正的原则得以贯彻。我国招标投标活动由特定的机构进行管理，能够避免盲目过度的竞争和营私舞弊现象的发生，对建筑领域中的腐败现象也有强有力的遏制作用，使价格形成过程变得透明而规范。

（五）招标投标能够减少交易过程中的费用

推行招标投标制可减少交易费用，节约人力、物力和财力，进而降低工程造价。我国针对招标、投标、开标、评标到定标的各个环节，均制定了相应的法律法规。

在招标投标过程中，众多投标人会在同一时间和地点进行报价竞争，评标专家通过群体决策的方式确定中标者。这种方式能够有效减少交易费用，降低招标人的成本，对工程造价的控制起到积极作用。

任务二　招标投标工作内容

任务描述

在某市政府办公楼改建项目中，需组织招标投标工作，包括编制招标文件、发布招标公告、接收并审核投标文件、组织开标评标会议、确定中标单位，并签订承包合同。要求确保招标过程公开、公平、公正，选择最优施工单位。

任务分析

任务需精确编制招标文件，明确工程范围、技术要求等；广泛发布招标公告，吸引更多潜在投标人；严格审核投标文件，确保其符合招标要求；组织规范的开标评标流程，客观公正地评选中标单位；最终签订严谨的承包合同，保障双方权益。

任务实施

一、招标策划

（一）招标策划的编制依据

在建设项目发承包阶段，招标策划是对建设项目的招标范围、内容、合同方式和招标活动等作出的预先安排。好的招标策划有利于招标投标活动的顺利进行，可以提高投标竞争性、降低工程造价、保证工程质量和缩短建设工期，招标策划涉及一个建设项目需要招哪些标、怎样招标和何时招标等问题。在进行招标策划时，主要编制依据有以下几个文件。

（1）《中华人民共和国招标投标法》（2017 年版）；

（2）《工程建设项目勘察设计招标投标办法》（2013 年 3 月 11 日，国家发改委等九部委令第 23 号修订）；

（3）《工程建设项目货物招标投标办法》（2013 年 3 月 11 日，国家发改委等九部委令第 23 号修订）；

（4）《工程建设项目施工招标投标办法》（2013 年 3 月 11 日，国家发改委等七部委令第 23 号修订）；

（5）《招标公告发布暂行办法》（2013 年 3 月 11 日，国家发改委令第 4 号修订）；

（6）《评标委员会和评标办法暂行规定》（2013 年 3 月 11 日，国家发改委等七部委令第 23 号修订）；

（7）《建设工程设计招标投标管理办法》（2017 年 1 月 24 日，住房和城乡建设部令第 33 号修订）；

（8）《中华人民共和国招标投标法实施条例》（2019 年 3 月 2 日，国务院令第 709 号修订）；

（9）《中华人民共和国简明标准施工招标文件》（2012 年版）；

（10）《必须招标的工程项目规定》（2018 年 6 月 1 日，国家发改委令第 16 号）；

（11）《政府采购货物和服务招标投标管理办法》（2017 年 7 月 11 日，财政部令第 87 号）。

（二）招标策划的编制内容

编制招标文件前，应做好充分的准备工作，最重要的工作之一就是工程项目的总体策划，建设项目招标策划重点考虑承发包模式的确定、计价模式的确定和合同类型的选择等。

1. 承发包模式的确定

施工项目可采用施工总承包模式，即全部施工任务发一个合同包招标，招标人仅与一个中标人签合同，合同关系及业主合同管理简单，但有竞争力的投标人少。也可采取平行承发包模式，将施工任务分解发包，需合理分标，招标评标工作量大。采用何种承发包模式应综合施工内容专业要求、现场条件、总投资影响、资金筹措及设计进度等多方面考虑。

2. 计价模式的确定

采用工程量清单招标的工程，必须依据《建设工程工程量清单计价规范》的“五统一”原则，采用综合单价计价。招标文件提供的工程量清单和工程量清单计价格式必须符合国家规范的规定。

3. 合同类型的选择

按计价方式的不同，合同可分为总价合同、单价合同和成本加酬金合同。招标时应依据工程项目设计图纸和技术资料的完备程度、计价模式、承发包模式等因素确定采用何种合同类型。

（三）编制招标文件应注意的重点问题

1. 重点内容的醒目标示

招标文件必须明确招标工程的性质、范围和有关的技术规格标准，对于规定的实质性要求和条件，应当在招标文件中醒目标示。

（1）单独分包的工程。

招标工程中需要另行单独分包的工程必须符合政府有关工程分包的规定，且必须明确总包工程需要分包工程配合的具体范围和内容，将相关费用的计算方法列入合同条款。

（2）甲方提供材料。

涉及甲方提供材料、工作等内容的，必须在招标文件中载明，并将明确的结算规则列入合同主要条款。

（3）施工工期。

招标项目需要划分标段、确定工期的，招标人应当合理划分标段，确定相应的工期，并在招标文件中详细载明。对工程技术上联系紧密、不可分割的单位工程不得分割标段。

（4）合同类型。

招标文件应明确招标工程合同类型及相关内容，列入主要合同条款。采用固定价合同，要明确合同价内容、数量、风险范围及超范围调整方法标准，工期超 12 个月工程慎用；采用可调价合同，明确可调因素、调整控制幅度及方法；采用成本加酬金合同，明确酬金、成本计算方法及价格取定标准等涉合同价因素。

2. 合同主要条款

合同主要条款不得与招标文件有关条款存在实质性矛盾。如采用固定价合同的工程项目，在合同主要条款中不应出现“按实调整”的字样，而应明确量、价变化时的调整控制幅度和价格确定规则。

3. 招标控制价

招标项目需要编制招标控制价的，有资格的招标人可以自行编制或委托咨询机构编制。

4. 明确工程评标办法

（1）招标文件应当明确评标时除价格以外的所有评标因素，以及如何将这些因素量化或者据以进行评价的方法。

（2）招标文件应根据工程的具体情况和业主需求设定评标的主体因素（造价、质量和工期），并设定不同的技术标和商务标评分标准。

（3）招标文件中规定的评标标准和评标方法应当合理，不得含有倾向或者排斥潜在投标人的内容，不得设定妨碍或者限制投标人之间竞争的条件，也不应在招标文件中设定投标人降价（或优惠）幅度作为评标（或废标）的限制条件。

（5）招标文件必须说明废标的认定标准和认定方法。

5. 关于备选标

招标文件应明确是否允许投标人投备选标，并应明确备选标的评审和采纳规则。

6. 明确询标事项

招标文件应明确评标过程中的评标事项，规定投标人对投标函在询标过程中的补正规则及不予补正时的偏差量化标准。

7. 工程量清单的修改

采用工程量清单招标的工程，招标文件需明确工程量清单编制偏差的核对与修正规则，还应考虑应对措施，即当工程量清单误差较大，经核对后招标人与中标人无法就调整事宜达成一致时的处理办法。

8. 招标文件修改的规定

招标文件需明确载明招标投标各环节所需的合理时间，以及招标文件修改应遵循的规则。若需答复投标人提出的投标疑问，或对招标文件进行修改，而这导致无法满足有关法律法规规定的截标间隔时间要求时，必须修改截标时间，并书面通知每一位投标人。

9. 有关盖章、签字的要求

招标文件应明确投标文件中所有需要签字、盖章的具体要求。

二、招标投标的范围与方式

（一）招标投标的范围

我国《招标投标法》规定，强制性招标范围涵盖项目范围和规模标准。其中，强制性招标的项目范围从项目性质和资金来源两方面进行界定，具体包含以下几类项目：一是大型基础设施、公用事业等关系社会公共利益、公众安全的项目；二是全部或部分使用国有资金投资或者国家融资的项目；三是使用国际组织或者外国政府贷款、援助资金的项目。

扫一扫

招标的详细步骤

（二）招标的方式

我国《招标投标法》规定，工程建设项目招标有公开招标和邀请招标两种方式。

1. 公开招标

公开招标又称为竞争性招标，是指招标人以招标公告的方式邀请不特定的法人或者其他组织招标。

公开发布招标信息，选择范围广、竞争激烈、公开透明，但耗时长、费用高。它为承包人提供平等竞争机会，业主选择余地大，利于提高工程质量、降造价、缩工期。不过，因其范围广，投标承包人多，会增加资格预审和评标工作量，还可能使报价高但更合适的承包人因低价竞争被淘汰。

2. 邀请招标

邀请招标又称为选择性招标或者有限竞争性招标，是指招标人以投标邀请书的方式邀请特定的法人或者其他组织投标。

邀请招标的投标人数量以 5 ～ 10 家为宜，但不应少于 3 家，以保证竞争性和最终结果的合理性。邀请招标方式对于被邀请的投标人要求具备的条件包括近期内承担过类似工程项目，工程经验比较丰富；企业的信誉、业务、财务状况良好；对本项目有足够的管理组织能力、技术力量和生产能力保证。

另外，邀请招标方式为体现公平竞争和保证中标结果，对被邀请的各投标方实行资格后审制度。

邀请招标无须发公告和设资格预审，节省时间和费用，招标人了解被邀投标人情况，降低履约风险。但它以投标邀请书形式进行，招标信息公开程度有限，投标人数量少，竞争不如公开招标激烈，范围窄、可选择面小，可能排除更优秀的潜在投标人。

应当公开招标的工程项目，有下列情形之一，经批准可邀请招标：项目技术复杂或有特殊要求，潜在投标人少；受自然地域环境限制；涉及国家安全、秘密或抢险救灾，适宜但不宜公开招标；拟公开招标费用与项目价值比，邀请招标更合适；法律法规规定不宜公开招标。

三、建设项目施工招标程序

在建设项目各类招标活动中，施工招标是最有代表性的一种。施工招标的特点之一是发包工作内容明确具体，各投标人编制的投标书在评标中易于进行横向对比。以公开招标为例，一般应遵循的程序如图 5-1 所示。

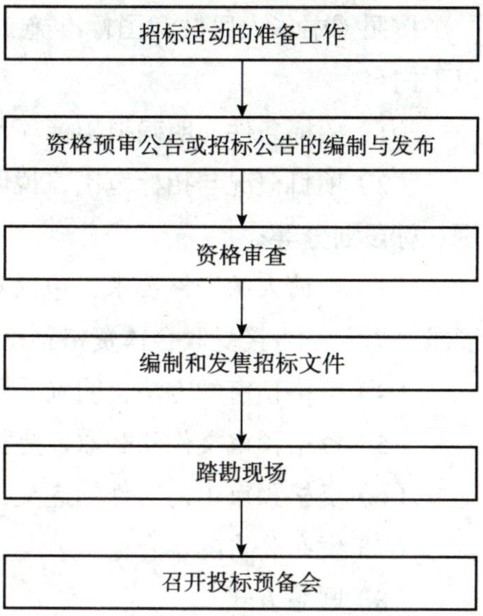

图 5-1　建设项目施工招标程序

（一）招标活动的准备工作

建设项目施工招标前，招标人应当办理有关的审批手续确定招标方式以及划分标段，做好相应的准备工作。

1. 招标项目必须具备的基本条件

按照《工程建设项目施工招标投标办法》的规定，依法必须招标的工程建设项目，应当具备下列条件。

（1）招标人已经依法成立；

（2）初步设计及概算应当履行审批手续的，已经获批；

（3）招标范围、招标方式和招标组织形式等应当履行核准手续的，已经核准；

（4）有相应资金或资金来源已经落实；

（5）有招标所需的设计图纸及技术资料。

2. 确定招标方式

招标有公开招标和邀请招标两种方式。按照《工程建设项目施工招标投标办法》的规定确定招标方式。

3. 标段的划分

招标人应合理划分招标项目标段，通常一个项目整体招标。但大型建设项目整体招标会降低投标竞争性，因符合条件的潜在投标人少。所以，招标人可将项目分若干标段招标，但标段不宜划分过小，否则会失去对实力雄厚潜在投标人的吸引力。

一般施工招标中，招标人常将项目分解为单位工程及特殊专业工程招标，不允许肢解单位工程为分部分项工程招标。标段划分工作复杂，需综合考虑招标项目专业、管理要求，工程投资影响及各项工作衔接。

（二）资格预审公告或招标公告的编制与发布

依据《招标公告发布暂行办法》，公开招标时，招标人（含招标代理机构）需发布招标公告，它是面向所有潜在投标人发出的广泛通告，目的是让所有潜在投标人拥有公平的投标竞争机会。

按照《中华人民共和国标准施工招标文件》规定，招标人采用公开招标方式应发布招标公告。若公开招标中采用资格预审程序，则可用资格预审公告替代招标公告，完成资格预审后无须再单独发布招标公告。

1. 资格预审公告的内容

按照《中华人民共和国标准施工招标资格预审文件》的规定，资格预审公告具体包括以下内容：

（1）招标条件，明确拟招标项目已符合前述的招标条件；

（2）项目概况与招标范围，说明本次招标项目的建设地点、规模、计划工期、招标范围、标段划分等；

（3）申请人的资格要求，包括对于申请人资质、业绩、人员、设备、资金等各方面的要求，以及是否接受联合体资格预审申请的要求；

（4）资格预审的方法，明确采用合格制或有限数量制；

（5）资格预审文件的获取，是指获取资格预审文件的地点、时间和费用；

（6）资格预审申请文件的递交，说明递交资格预审申请文件的截止时间；

（7）发布公告的媒介；

（8）联系方式。

2. 招标公告的内容

若未进行资格预审，可以单独发布招标公告，根据《工程建设项目施工招标投标办法》和《中华人民共和国标准施工招标文件》的规定，招标公告具体包括招标条件、项目概况与招标范围、投标人资格要求、招标文件的获取、投标文件的递交、发布公告的媒介和联系方式。

3. 资格预审公告和招标公告发布的要求

为了规范招标公告发布行为，保证潜在投标人平等、便捷、准确地获取招标信息，《招标公告发布暂行办法》对招标公告的发布作出了明确的规定，资格预审公告的发布可参照此规定。

（1）对招标公告发布的监督。国家纪委根据国务院授权，按照相对集中、适度竞争、受众分布合理的原则，对依法必须招标项目的招标公告，要求在指定的报纸、信息网络等媒介上发布，并对招标公告发布活动进行监督。

（2）对招标人的要求。依法必须公开招标项目的招标公告必须在指定媒介发布。招标公告的发布应当充分公开，任何单位和个人不得非法限制招标公告的发布地点和发布范围。招标人或其委托的招标代理机构在两个以上媒介发布的同一招标项目的招标公告的内容应当相同。

（3）拟发布的招标公告文本有下列情形之一的，有关媒介可以要求招标人或其委托的招标代理机构及时予以改正、补充或调整，包括字迹潦草、模糊，无法辨认的；载明的事项不符合规定的；没有招标人或其委托的招标代理机构主要负责人签名并加盖公章的；在两家以上媒介发布的招标公告的内容不一致的。

（三）资格审查

招标人可以根据招标项目本身的特点和需要，要求潜在投标人或者投标人提供满足其资格要求的文件，对潜在投标人或者投标人进行资格审查。资格审查可以分为资格预审和资格后审。

资格预审是投标前对潜在投标人多方面情况审查，资格后审是开标后对投标人审查。采用资格预审，招标人应在预审文件载明条件等；采用资格后审，应在招标文件载明。招标人不得更改或用未载明条件审查。除另有规定外，预审后一般不再后审。二者内容与标准相同，此处主要介绍资格预审。

资格预审的目的是排除那些不合格的投标人，进而降低招标人的采购成本，提高招标工作的效率。资格预审按以下程序进行。

1. 发出资格预审文件

发出资格预审公告后，招标人向申请参加资格预审的申请人出售资格预审文件。资格预审文件的内容主要包括资格预审公告、申请人须知、资格审查办法、资格预审申请文件格式、项目建设概况等，同时还包括关于资格预审文件澄清和修改的说明。

2. 投标人提交资格预审申请文件

投标人提交资格预审申请文件包括资格预审申请函、法定代表人身份证明或附有法定代表人身份证明的授权委托书、联合体协议书（如工程接受联合体投标）、申请人基本情况表、近年财务状况表、近年完成的类似项目情况表、正在施工和新承接的项目情况表、近年发生的诉讼及仲裁情况以及其他材料。

3. 对投标申请人的审查和评定

招标人组建的资格审查委员会在规定时间内，按照资格预审文件中规定的标准和方法，对提交资格预审申请文件的潜在投标人的资格进行审查。

（1）投标申请人应当符合的条件。

资格预审的内容包括基本资格审查和专业资格审查两部分。基本资格审查是指对申请人的合法地位和信誉等进行的审查；专业资格审查是指对已经具备基本资格的申请人履行拟定招标采购项目能力的审查。

（2）对于投标人的限制性规定。

根据《中华人民共和国标准施工招标资格预审文件》的规定，投标申请人不得存在下列情形之一。

① 为招标人不具有独立法人资格的附属机构（单位）；

② 为本标段前期准备提供设计或咨询服务的，但设计施工总承包的除外；

③ 为本标段的监理人；

④ 为本标段的代建人；

⑤ 为本标段提供招标代理服务的；

⑥ 与本标段的监理人或代建人或招标代理机构同为一个法定代表人的；

⑦ 与本标段的监理人或代建人或招标代理机构相互控股或参股的；

⑧ 与本标段的监理人或代建人或招标代理机构相互任职或工作的；

⑨ 被责令停业的；

⑩ 被暂停或取消投标资格的；

⑪ 财产被接管或冻结的；

⑫ 在最近年内有骗取中标或严重违约或重大工程质量问题的。

（3）资格审查办法。

资格审查办法主要有合格制审查办法和有限数量制审查办法。

① 合格制审查办法。

投标申请人符合初步、详细审查标准可通过资格预审。初步审查要素与标准：申请人名称与证照一致；有签字或盖章；文件格式合规；联合体提交协议书并明确牵头人（如有）。详细审查要素与标准：执照、安全生产许可证有效；资质、财务等方面符合规定。初、详审中任一项不符标准，均不能通过资格预审。

② 有限数量制审查办法。

审查委员会按规定审查标准和程序，对通过初、详审的资格预审申请文件量化打分，依得分高低确定通过资格预审的申请人，且数量不得超规定。此方法在合格制审查办法基础上增加评分环节，主要评分标准涵盖财务、业绩、信誉和认证体系等。通过详审的申请人不少于3个且未超规定数量，均通过预审；若超量，审查委员会评分，按得分高低确定合格单位。

小贴士

上述两种方法中，如通过详细审查申请人的数量不足3个，招标人应重新组织资格预审或不再组织资格预审而直接招标。

4. 发出通知与申请人确认

招标人按时书面通知申请人资格预审结果，向通过者发投标邀请书。通过者收到邀请书后应按书面明确是否投标。未表态或明确不投标的不得再参与，若因此致潜在投标人少于3个，招标人应重新资格预审或直接招标。

（四）编制和发售招标文件

我国《招标投标法》规定，招标文件应包含招标项目技术要求、资格审查标准、投标报价与评标标准等实质性要求和条件，以及拟签合同主要条款。建设项目施工招标文件由招标人或其委托机构编制发布，是投标文件编制依据和工程承包合同基础，其要求对招标及承发包双方有约束力，是招投标工作纲领性文件。《中华人民共和国房屋建筑和市政工程标准施工招标文件》（2010版）规定，其组成有招标公告（或投标邀请书）、投标人须知、评标办法等内容。

1. 施工招标文件的编制内容

（1）招标公告（或投标邀请书）。

当未进行资格预审时，招标文件中应包括招标公告；当进行资格预审时，招标文件中应包括投标邀请书，该邀请书可代替资格预审通过通知书，以明确投标人已具备了在某具体项目、某具体标段的投标资格。其他内容包括招标文件的获取、投标文件的递交等。

（2）投标人须知。

投标人须知主要包括对于项目概况的介绍和招标过程的各种具体要求，在正文中的未尽事宜可以通过在投标人须知前附表进行进一步明确，由招标人根据招标项目的具体特点和实际需要编制和填写，但务必与招标文件的其他章节相衔接，并不得与投标人须知正文的内容相抵触，否则抵触内容无效。

（3）评标办法。

评标办法可选择经评审的最低投标价法和综合评估法。

（4）合同条款及格式。

合同条款及格式包括本工程拟采用的通用合同条款、专用合同条款以及各种合同附件的格式。

（5）工程量清单（招标控制价）。

工程量清单是载明建设工程分部分项工程项目、措施项目、其他项目的名称和相应数量，以及规费、税金项目等内容的明细清单，是招标人编制招标控制价和投标人编制投标报价的重要依据。按照规定应编制招标控制价的项目，其招标控制价也应在招标时一并公布。

（6）图纸。

图纸是指应由招标人提供的用于计算招标控制价和投标报价所必需的各种详细的施工图纸。

（7）技术标准和要求。

招标文件技术标准应符合国家强制规定，不得要求或标明特定专利、商标等，不含倾向或排斥潜在投标人内容。若需引用特定生产供应商技术标准说明招标项目技术标准，应在参照后加“或相当于”字样。

（8）投标文件格式。

投标文件格式提供各种投标文件编制所应依据的参考格式。

（9）规定的其他材料。

规定的其他材料包括投标函及投标函附录、法定代表人身份证明、授权委托书、联合体协议书、投标保证金、已标价工程量清单、施工组织设计、项目管理机构、拟分包项目情况表、资格审查资料及其他材料等。

2. 招标文件的发售、澄清与修改

（1）招标文件的发售。

招标文件通常售予通过资格预审获投标资格的投标人。投标人收到后应认真核对并书面确认。文件价格为编制、印刷成本，招标其他费用不计入。购买费用无论中标与否均不退。招标人对图纸可收押金，开标后退还图纸的，招标人退还押金（不计息）。

（2）招标文件的澄清。

投标人应仔细阅读和检查招标文件的全部内容。如发现缺页或附件不全，应及时向招标人提出，以便补齐。如有疑问，应在规定的时间前以书面形式要求招标人对招标文件予以澄清。

（3）招标文件的修改。

若招标人要对已发出的招标文件进行必要的修改，在投标截止时间 15 天前，招标人可以以书面形式修改招标文件，并通知所有已购买招标文件的投标人。如果修改招标文件的时间距投标截止时间不足 15 天，则应相应推后投标截止时间。投标人收到修改内容后，应在规定的时间内以书面形式通知招标人，确认已收到该修改文件。

（五）踏勘现场与召开投标预备会

1. 踏勘现场

招标人根据招标项目的具体情况，可以组织投标人踏勘项目现场，向其介绍工程场地和相关环境的有关情况。招标人不得单独或者分别组织任何一个投标人进行现场踏勘。

2. 召开投标预备会

投标人在领取招标文件图纸和有关技术资料及踏勘现场后提出的疑问，招标人可通过以下方式进行解答。

（1）收到投标人提出的疑问后，应以书面形式进行解答，并将解答同时送达所有获得招标文件的投标人。

（2）收到提出的疑问后，通过投标预备会进行解答，并以书面形式同时送达所有获得招标文件的投标人。召开投标预备会的目的在于澄清招标文件中的疑问，解答投标人对招标文件和踏勘现场中所提出的疑问。

四、建设项目施工投标程序

（一）建设项目投标报价的含义

投标报价是在工程招标发包过程中，投标人响应招标文件的要求，根据工程特点，并结合自身的施工技术、装备和管理水平，依据有关计价规定自主确定的工程造价，是投标人希望达成工程承包交易的期望价格，它不能高于招标人设定的招标控制价。

根据国家发展和改革委员会颁发的《中华人民共和国简明标准施工招标文件》（2012 年版）的规定，投标报价所体现的商务标一般包含下列内容。

（1）投标函及投标函附录；

（2）法定代表人身份证明或附有法定代表人身份证明的授权委托书；

（3）投标保证金；

（4）已标价工程量清单；

（5）施工组织设计；

（6）项目管理机构；

（7）资格审查资料；

（8）投标人须知前附表规定的其他材料。

（二）建设项目投标报价程序

建设项目投标报价的程序分为前期工作、调查询价和报价编制三个阶段，通常投标报价的编制应遵循一定的程序，如图 5-2 所示。

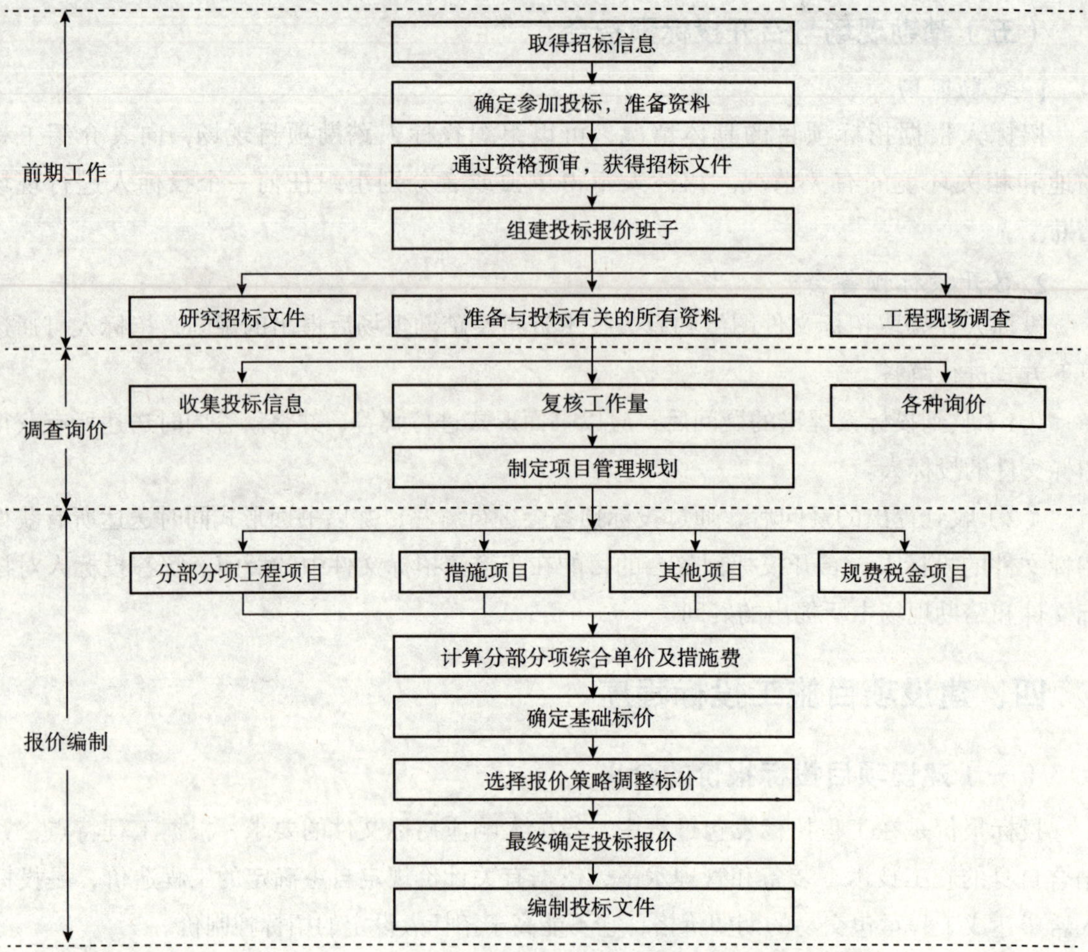

图 5-2　建设项目投标报价程序

任务三　计价文件编制

任务描述

在某市地铁二号线建设项目中，造价咨询人员负责编制项目计价文件，包括工程量清单、招标控制价及投标报价等。需根据设计图纸、施工规范及市场价格信息，确保计价文件的准确性、完整性，为项目招投标及后续施工提供造价依据。

任务分析

任务需深入理解项目特点，准确计算工程量；紧密结合市场行情，合理确定材料、设备价格；严格遵守计价规范，确保计价文件的合规性；同时，需考虑施工难度、工期等因素，预留合理风险费用，确保计价文件的全面性和实用性。

任务实施

一、招标工程量清单的编制

为规范建设工程发承包计价，招标发包从施工招标起。招标工程量清单由招标人依国标、文件、设计及现场情况编制，随招标文件发，含说明与表格，可委托造价咨询机构编制并作为文件一部分，其准确性与完整性由招标人负责。

（一）招标工程量清单的编制依据及准备工作

1. 招标工程量清单的编制依据

（1）《建设工程工程量清单计价规范》及各专业工程计量规范等；

（2）国家或省级、行业建设主管部门颁发的计价定额和办法；

（3）建设工程设计文件及相关资料；

（4）与建设工程有关的标准、规范及技术资料；

（5）拟定的招标文件；

（6）施工现场情况、地勘水文资料、工程特点及常规施工方案。

2. 招标工程量清单编制的准备工作

（1）初步研究。

对各种资料进行认真研究，为工程量清单的编制做准备，主要包括熟悉《建设工程工程量清单计价规范》和各专业工程计算规范、当地计价规定及相关文件；熟悉设计文件，掌握工程全貌；保证工程量清单项目列项的完整、工程计量的准确以及对清单项目的准确描述；对设计文件中出现的问题应及时提出。此外，熟悉招标文件、招标图纸，确定工程量清单的范围及需要设定的暂估价，收集相关市场价格信息，为暂估价的确定提供依据。

（2）现场踏勘。

为了选用合理的施工组织设计和施工技术方案，需进行现场踏勘，以充分了解施工现场情况及工程特点，主要调查自然地理条件和施工条件两个方面。

（3）拟定常规施工组织设计。

施工组织设计是指导拟建工程项目施工准备和施工的技术经济文件，应根据项目具体情况编制，拟定施工方案、顺序、方法等，利于工程量清单编制及准确计算，尤其对清单中措施项目。

（二）招标工程量清单的编制内容

招标工程量清单包括分部分项工程量清单、措施项目清单、其他项目清单、规费和税金项目清单、工程量清单总说明等内容。

1. 分部分项工程量清单编制

分部分项工程量清单是反映拟建工程分项实体工程项目名称和相应数量的明细清单，

招标人负责编制包括项目编码、项目名称、项目特征描述、计量单位和工程量在内的五项内容。

2. 措施项目清单编制

措施项目清单是指为完成工程项目施工，发生于该工程施工前或施工过程中的非工程实体项目和相应数量的清单，包括技术、安全、生活等方面的相关非实体项目。

3. 其他项目清单编制

其他项目清单是应招标人的特殊要求而发生的与拟建工程有关的其他费用项目和相应数量的清单，包括暂列金额、暂估价、计日工、总承包服务费。

4. 规费和税金项目清单编制

规费和税金项目清单应按照规定的内容列项，当出现计价规范中没有的项目，应根据省级政府或有关部门的规定列项。税金项目清单除规定的内容外，如国家税法发生变化或增加税种，应对税金项目清单进行补充。规费、税金的计算基础和费率均应按国家或地方相关部门的规定执行。

5. 工程量清单总说明编制

（1）工程概况。

工程概况中要对建设规模、工程特征、计划工期、施工现场实际情况、自然地理条件、环境保护要求等作出准确描述。图 5-3 为施工现场。

图 5-3　施工现场

（2）工程招标及分包范围。

招标范围是指单位工程的招标范围，如建筑工程招标范围为“全部建筑工程”，装饰装修工程招标范围为“全部装饰装修工程”，或招标范围不含桩基础、幕墙、门窗等。工程分包是指特殊工程项目的分包，如招标人自行采购安装“铝合金门窗”等。

（3）工程量清单编制依据。

工程量清单编制依据包括《建设工程工程量清单计价规范》、设计文件、招标文件、施工现场情况、工程特点及常规施工方案等。

（4）工程质量、材料、施工等的特殊要求。

工程质量的要求是指招标人要求拟建工程的质量应达到合格或优良标准；对材料的要求是指招标人根据工程的重要性、使用功能及装饰装修标准等提出的要求；施工要求是指建设项目中对单项工程的施工顺序等的要求。

（5）其他需要说明的事项。

（三）招标工程量清单汇总

分部分项、措施、其他、规费和税金项目清单编制完成，审查复核后，与封面及总说明汇总装订，相关责任人签字盖章，形成完整的招标工程量清单文件。

二、招标控制价的编制

《中华人民共和国招标投标法实施条例》中规定的最高投标限价基本等同于《建设工程工程量清单计价规范》中规定的招标控制价。招标控制价编制的要求和方法也同样适用于最高投标限价。

（一）编制招标控制价的规定

（1）国有资金投资的工程建设项目应实行工程量清单招标，招标人应编制招标控制价，并应当拒绝高于招标控制价的投标报价，即投标人的投标报价若超过公布的招标控制价，则其投标作为废标处理。

（2）招标控制价应由具有编制能力的招标人或受其委托、具有相应资质的工程造价咨询人编制。工程造价咨询人不得同时接受招标人和投标人对同一工程的招标控制价和投标报价的编制。

（3）招标控制价应在招标文件中公布，对所编制的招标控制价不得进行上浮或下调。在公布招标控制价时，除公布招标控制价的总价外，还应公布各单位工程的分部分项工程费、措施项目费、其他项目费、规费和税金。

（4）招标控制价超过批准的概算时，招标人应将其报原概算审批部门审核。由于我国对国有资金投资项目的投资控制实行设计概算审批制度，国有资金投资的工程原则上不能超过批准的设计概算。

（5）投标人若认为招标人公布的招标控制价未按国家规范编制，可在公布后5天内向招投标监督与造价管理机构投诉。造价管理机构受理后立即复查，组织相关单位人员核对问题。若复查结论与原招标控制价误差超3%，责成招标人改正。重新公布招标控制价时，若距原投标截止期不足15天，应延长截止期。

（6）招标人应将招标控制价及有关资料报送工程所在地或有该工程管辖的行业管理部门备案。

（二）招标控制价的编制依据

招标控制价的编制依据是指在编制招标控制价时需要进行工程量计量、价格确认、工程计价的有关参数、费率的确定等工作时所需的基础性资料，主要内容包括以下几个方面。

（1）现行国家标准，如《建设工程工程量清单计价规范》以及专业工程计量规范；

（2）国家或省级、行业建设主管部门颁发的计价定额和计价办法；

（3）建设工程设计文件及相关资料；

（4）拟定的招标文件及招标工程量清单；

（5）与建设项目相关的标准、规范及技术资料；

（6）施工现场情况、工程特点及常规施工方案；

（7）工程造价管理机构发布的工程造价信息，工程造价信息没有发布的参照市场价；

（8）其他相关资料。

（三）招标控制价的编制内容

招标控制价的编制内容包括分部分项工程费、措施项目费、其他项目费、规费和税金，各个部分有不同的计价要求，见表 5-1。

表 5-1　招标控制价的编制内容

编制内容	计价要求
分部分项工程费的编制要求	招标控制价的分部分项工程费按招标工程量清单给定工程量乘以相应综合单价汇总。招标文件提供暂估单价材料的，按暂估价计入综合单价。为保证招标控制价与投标报价内容一致，综合单价应含招标文件要求投标人承担风险内容及范围产生的风险费用
措施项目费的编制要求	措施项目费中安全文明施工费按国家或省级、行业建设主管部门规定标准计价，不得竞争。可精确计量的措施项目以“量”算，按分部分项工程清单单价方式确定综合单价；不可精确计量的以“项”为单位，用费率法按规定综合取定。采用费率法要确定计费基数和费率，结果含除规费、税金以外的全部费用
其他项目费的编制要求	暂列金额可根据工程的复杂程度、设计深度、工程环境条件（包括地质、水文、气候条件等）进行估算，一般可以分部分项工程费的 10% ～ 15% 为参考
	材料暂估单价应按照工程造价管理机构发布的工程造价信息中的材料单价计算，工程造价信息未发布的材料单价，其单价参考市场价格估算；专业工程暂估价应分不同专业，按有关计价规定估算
	编制招标控制价时，计日工人工及施工机械台班单价按省级、行业建设主管部门或其授权造价管理机构公布的单价计算；材料按造价管理机构发布的信息单价计算，信息未发布的按市场调查单价计算
	总承包服务费按省级或行业建设主管部门规定计算：仅要求对分包专业工程进行总承包管理和协调，按分包专业工程估算造价 1.5% 计算；要求管理协调并提供配合服务，根据服务内容和要求，按分包专业工程估算造价 3% ～ 5% 计算；招标人自行供材，按供应材料价值 1% 计算
规费和税金的编制要求	规费和税金必须按国家或省级、行业建设主管部门的规定计算。 税金 =（人工费 + 材料费 + 施工机具使用费 + 企业管理费 + 利润 + 规费）× 增值税税率

（四）招标控制价的编制程序

建设项目招标控制价的编制程序如图 5-4 所示。

招标控制价编制的基本原理及计算程序与工程量清单计价的基本原理及计价程序相同。

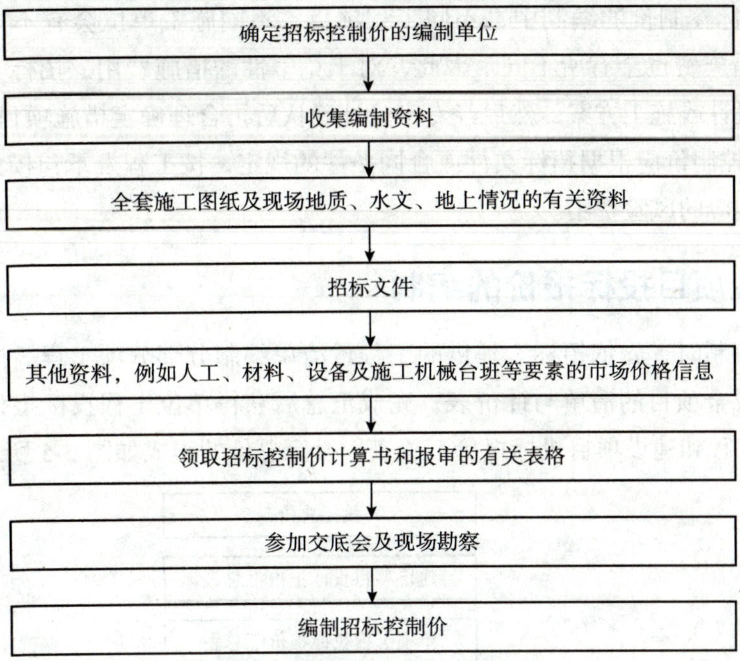

图 5-4　招标控制价的编制程序

（五）编制招标控制价应注意的问题

（1）招标控制价必须适应目标工期的要求，对提前工期因素有所反映，并应将其计算依据、过程、结果列入招标控制价的综合说明中。

（2）招标控制价要适应招标方质量要求，体现高于国家施工及验收规范的质量因素，计算依据、过程和结果应列入综合说明。部分地区测算显示，建筑产品从合格到优良，人工和材料消耗使成本增加 3% ～ 5%，故招标控制价计算应体现优质优价。

（3）招标控制价必须合理考虑招标工程的自然地理条件和招标工程范围等因素。若招标文件中规定将地下工程及“三通一平”等计入招标工程范围，则应将其费用正确地计入招标控制价。自然条件导致的施工不利因素也应考虑计入招标控制价。

（4）招标控制价材料价格优先采用造价管理机构通过信息发布的价格，信息未发布的通过市场调查确定。若未采用造价信息，需在招标文件或答疑补充文件说明与信息不一致的市场价格，且该市场价格应经调查、分析确定。

（5）招标控制价中施工机械设备的选型直接关系到综合单价水平，应根据工程项目特点和施工条件，本着经济实用、先进高效的原则确定。

（6）招标控制价编制过程中应该正确、全面地使用行业和地方的计价定额与相关文件。

（7）在招标控制价的编制中，不可竞争的措施项目和规费、税金等费用的计算均属于强制性条款，应符合国家有关规定。

（8）在招标控制价的编制中，不同工程项目、不同施工单位会有不同的施工组织方法，所发生的措施费也会有所不同。因此，对于竞争性的措施费用，招标人应首先编制常规的施工组织设计或施工方案，然后经专家论证确认后再合理确定措施项目与费用。

（9）招标控制价应根据招标文件或合同条件的规定，按工程发承包模式确定相应的计价方式，考虑相应的风险费用。

三、建设项目投标报价的编制

投标报价编制时，先依招标人提供的工程量清单编制分部分项工程、措施项目、其他项目及规费、税金项目的清单与计价表；完成汇总后获得单位工程投标报价汇总表，再逐级汇总获单项工程和建设项目投标报价汇总表，投标总价的组成如图 5-5 所示。

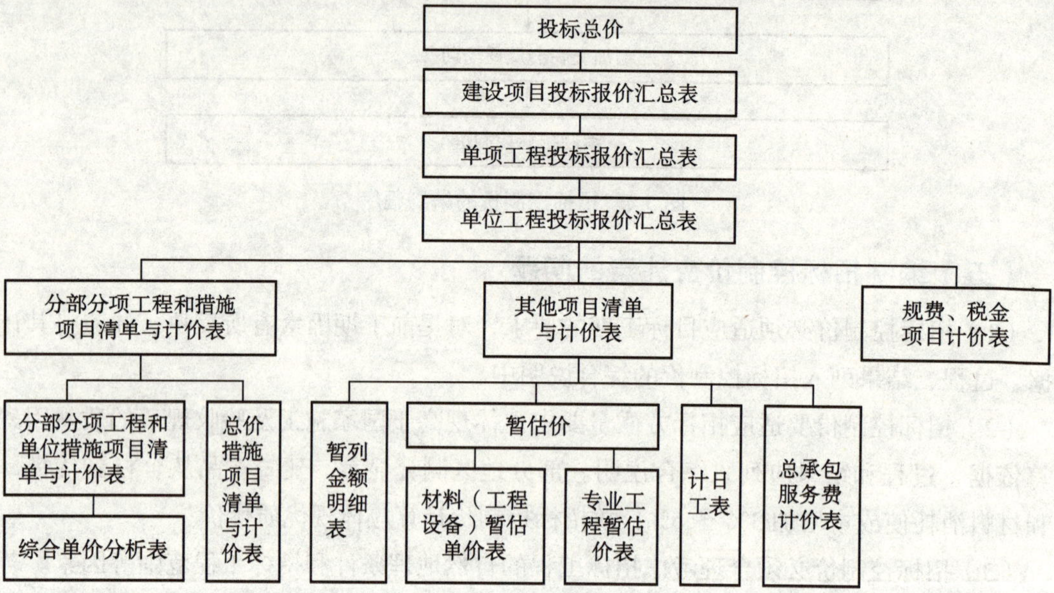

图 5-5　建设项目投标总价组成

（一）投标报价的编制依据

（1）招标单位提供的招标文件；

（2）招标单位提供的设计图纸及有关的技术说明书等；

（3）国家及地区颁发的现行建筑、安装工程预算定额及与之相配套执行的各种费用定额、规定等；

（4）地方现行材料预算价格、采购地点及供应方式等；

（5）因招标文件及设计图纸等不明确，经咨询后由招标单位书面答复的有关资料；

（6）企业内部制定的有关取费、价格等的规定、标准；

（7）其他与报价计算有关的各项政策规定及调整系数等；

（8）在投标报价的计算过程中，对于不可预见费用的计算必须慎重考虑，不要遗漏。

（二）投标报价的编制原则

1. 自主报价的原则

投标报价由投标人自主确定，但必须执行《建设工程工程量清单计价规范》（GB/T 50500—2024）的强制性规定，投标报价应由投标人或受其委托的工程造价咨询人编制。

2. 不低于成本的原则

《招标投标法》规定：中标人的投标应能够满足招标文件的实质性要求，并且经评审的投标价格最低，但是投标价格低于成本的除外。根据上述法律、规章的规定，特别要求投标人的投标报价不得低于工程成本。

3. 风险分担的原则

投标报价要以招标文件中设定的发承包双方的责任划分，作为考虑投标报价费用项目和费用计算的基础。发承包双方的责任划分不同，会导致合同风险的分摊不同，从而导致投标人选择不同的报价，根据工程发承包模式考虑投标报价的费用内容和计算深度。

4. 发挥自身优势的原则

以施工方案、技术措施等作为基本依据，以反映企业技术和管理水平的企业定额作为计算人工、材料和施工机具台班消耗量的基本依据，充分利用现场考察、调研成果、市场价格信息和行情资料编制基础投标报价。

5. 科学严谨的原则

投标报价的计算方法要科学严谨、简明适用。

（三）投标报价的编制

投标报价的编制主要是投标单位对承建招标工程所要发生的各种费用的计算。投标报价的编制方法和招标控制价的编制方法一致。

1. 分部分项工程和单价措施项目清单与计价表的编制

投标人分部分项工程费和以单价计算的措施项目费，应按招标文件清单与计价表特征描述确定综合单价计算。确定综合单价是相关清单与计价表编制主要内容。综合单价含完成规定清单项目的人工费、材料和工程设备费、施工机具使用费、企业管理费、利润，且考虑风险费用分摊。

2. 总价措施项目清单与计价表的编制

不能精确计量的措施项目需编制总价措施项目清单与计价表。投标人对总价项目投标报价，其内容依据招标人清单及自身拟定的施工组织设计或方案确定。措施项目费可自主确定，但安全文明施工费须按国家或省级、行业建设主管部门规定计价，不得竞争，招标人不得要求优惠，投标人不得参与市场竞争。

3. 其他项目清单与计价表的编制

其他项目费用包括暂列金额、暂估价、计日工和总承包服务费。投标人对其他项目费投标报价时应遵循以下原则。

（1）暂列金额应按照招标人提供的其他项目清单中列出的金额填写，不得变动。

（2）暂估价不得变动和更改。暂估价中，材料、工程设备暂估单价应按招标人提供的计入清单项目综合单价，专业工程暂估价按招标人其他项目清单所列金额填写。二者均为招标人提供的暂估价格，工程实施时，不同类型材料与专业工程采用不同计价方法。

（3）计日工应按照招标人提供的其他项目清单列出的项目和估算的数量，自主确定各项综合单价并计算费用。

（4）总承包服务费应根据招标人在招标文件中列出的分包专业工程内容和供应材料、设备情况，按照招标人提出的协调、配合与服务要求和施工现场的管理需要自主确定。

4. 规费、税金项目计价表的编制

规费和税金按国家或省级、行业建设主管部门规定计算，不得竞争，因其计取标准依法律法规和政策制定，具有强制性，投标人投标报价时须按相关规定计算。

5. 投标报价的汇总

投标人的投标总价应当与组成工程量清单的分部分项工程费、措施项目费、其他项目费和规费、税金的合计金额相一致，即投标人在进行工程量清单招标的投标报价时，不能进行投标总价优惠（或降价、让利），投标人对投标报价的任何优惠（或降价、让利）均应反映在相应清单项目的综合单价中。

四、建设项目投标报价策略与技巧

（一）投标报价策略

投标策略是投标人经营决策的一部分，指导投标全程。投标时，投标人要结合自身经营状况与目标，兼顾自身优劣势、竞争激烈程度及项目整体特点，按工程类别与施工条件确定策略。从投标全过程看，投标报价策略主要有生存型、竞争型和盈利型三种，见表 5-2。

表 5-2　投标报价策略

策略	具体内容	情形
生存型策略	投标人以克服生存危机为目标的投标报价策略，会使其不顾各类影响，秉持生存优先原则，采取不盈利甚至赔本投标态度，只求暂时维持生存、渡过难关	（1）企业经营状况不景气，投标项目减少； （2）政府调整基建投资方向，使某些投标人擅长的工程项目减少，这种危机常涉及营业范围单一的专业工程投标人； （3）如果投标人经营管理不善，投标人存在投标邀请越来越少的危机
竞争型策略	投标报价以竞争开拓市场、低盈利为目标，精确计算成本并充分估计对手报价目标，以有竞争力的报价中标，此为多数企业采用的保本低利策略	（1）经营状况不景气，近期接收到的投标邀请较少； （2）竞争对手有威胁性，试图打入新的地区，开拓新的工程施工类型； （3）投标项目风险小、施工工艺简单、工程量大、社会效益好； （4）附近有本企业其他正在施工的项目

表 5-2（续）

策略	具体内容	情形
盈利双策略	盈利双策略使投标报价充分发挥自身优势，以实现最佳盈利为目标，对效益较小的项目热情不高，而对盈利大的项目感兴趣	（1）投标人在该地区已经打开局面，施工能力饱和、信誉度高、竞争对手少，其技术优势对招标人有较强的名牌效应，且其目标主要是扩大影响； （2）施工条件差、难度高、资金支付条件不好、工期质量等要求苛刻，为联合伙伴陪标的项目

（二）投标报价技巧

投标报价技巧也称投标技巧，是指在投标报价中采用一定的手法或技巧使招标人可以接受，而中标后又能获得更多的利润。

投标报价技巧依投标策略选择，成功的投标策略需适配的报价技巧才能达到理想效果。投标策略指导报价，报价是策略的具体体现。按确定策略恰当运用报价技巧编制报价，是实现策略目标并成功的关键，常用工程投标报价技巧如下。

1. 灵活报价法

灵活报价法是指根据招标工程的不同特点采用不同报价。投标报价时，既要考虑自身的优势和劣势，也要分析招标项目的特点，按照工程的不同特点、类别和施工条件等来选择报价策略。

2. 不平衡报价法

不平衡报价法也叫前重后轻法，是指一个工程总报价基本确定后，通过调整内部各个项目的报价，达到在不提高总报价的同时，又能在结算时得到更理想的经济效益的目标。

3. 计日工单价的报价

如果计日工单价计入总报价，则需具体分析其是否报高价，以免抬高总报价。总之，要先分析业主在开工后可能使用的零星用工数量，再确定报价方针。

4. 可供选择的项目报价

部分工程分项，业主会要求先按某方案报价，再提供可选方案比较报价。投标时，对可能被选用方案适当提价，难选方案可大幅提价以阻挠选用。“可供选择项目”仅业主有权选，承包商提高其报价不意味着能获得厚利，只是提供可能，业主选用项目才是承包商获额外加价利益的关键。

5. 暂定工程量的报价

暂定工程量的报价主要包含以下三种。

（1）业主规定了暂定工程量的分项内容和暂定总价款，并规定所有投标人都必须在总报价中加入这笔固定金额，但由于分项工程量不准确，允许将来按投标人所报单价和实际完成的工程量付款。

在这种情况下，由于暂定总价款是固定的，对各投标人的总报价水平竞争力没有任何影响。因此，投标时应当将暂定工程量的单价适当提高。

（2）业主列出了暂定工程量的项目和数量，但并没有限制这些工程量的估价总价款，其要求投标人不仅要列出单价，也应按暂定项目的数量计算总价，当将来结算付款时可按实际完成的工程量和所报单价支付。

在这种情况下，投标人必须慎重考虑。如果单价定得高，同其他工程量计价相同，将会增加总报价，影响投标报价的竞争力；如果单价定得低，将来这类工程量增大，将会影响收益。一般来说，这类工程量可以采用正常价格。

（3）只有暂定工程的一笔固定总金额，将来这笔金额的用途由业主确定。

在这种情况下，投标竞争没有实际意义，只需按招标文件要求将规定的暂定款列入总报价即可。

6. 多方案报价法

在一些招标文件中，如果投标人发现工程范围不太明确、条款不清楚或很不公正、或技术规范要求过于苛刻，那么投标人可在充分估计投标风险的基础上，按照多方案报价的技巧报价。即按原招标文件报价，然后再提出如某条款做某些变动报价可降低，由此得出一个较低的报价，通过降低总价的方式引起招标人的兴趣。

7. 增加建议方案

在招标文件中规定，投标人可以提出一个建议方案，即修改原设计方案。投标人应抓住机会，组织一批有经验的设计和施工工程师，对原招标文件的设计和施工方案仔细研究，提出更为合理的方案以吸引业主，促成自己的方案中标。新建议方案应可以降低总造价或缩短工期。但要注意在对原招标方案进行的报价中，建议方案不要写得太具体，要保留方案的技术关键，防止招标人将此方案交给其他承包商。同时，增加的建议方案技术应比较成熟，具有很好的操作性。

8. 分包商报价

因建设项目综合复杂，总承包商难独家包揽全部工程，专业工程常分包。投标前，总承包商先获取分包商报价，增加管理费后纳入投标总价。询价时，一般征求 2 ～ 3 家分包商报价，选信誉好、实力强且报价合理的一家，与其签协议使其成唯一合作者并列入投标文件，要求其提交投标保函。此做法将分包商与投标人利益捆绑，可防分包商反悔涨价，迫使其报合理价格，共同争取中标。

9. 无利润算标

无利润算标是指一些缺乏竞争优势的承包商在不得已的情况下不考虑利润去夺标。无利润算标一般适用于以下情况。

（1）有可能在得标后将大部分工程分包给索价较低的一些分包商；

（2）对于分期建设的项目，先以低价获得首期工程，而后赢得机会创造第二期工程中的竞争优势，并在以后的实施中赚得利润；

（3）在较长时期内承包商没有在建的工程项目，如果再不得标就难以维持生存。因此，虽然本工程无利可图，只要能有一定的管理费维持公司的日常运转，就可设法渡过暂时的困难。

10. 联合体报价

在建设项目承发包阶段，联合体报价比较常用，即两三家公司其主营业务类似或相近，单独投标会出现经验、业绩不足或工作负荷过大而造成高报价，失去竞争优势；而以捆绑形式联合投标，可以做到优势互补、规避劣势、利益共享和风险共担，相对提高了竞争力和中标概率。这种方式目前在国内许多大项目中使用。

11. 许诺优惠条件

投标报价附带优惠条件是一种行之有效的报价技巧。在评标时，评标委员会成员除主要考虑报价和技术方案外，还要分析其他条件，如工期、付款条件等。因此，投标人在投标时可主动提出提前竣工、低息贷款、赠予施工设备、免费转让新技术或某种技术专利、免费技术协作、代为培训人员等优惠条件，以提高自身报价的竞争力。

12. 突然降价法

投标报价需要严格保密，然而投标人的竞争对手常常会想尽办法，通过各种渠道来刺探报价信息。为了应对这种情况，投标人可以采用迷惑对手的策略。具体做法是在投标初期，投标人先按照常规情况进行报价，或者在言行上表现出对该工程兴趣不高的样子，以此来麻痹竞争对手。等到临近投标截止时间，再突然大幅降低报价。此时，竞争对手因为时间紧迫，根本来不及对他们的报价进行调整。如此一来，在评标过程中，投标人就能够凭借其突然降低的报价，极大地凸显自身的价格竞争力，从而增加中标的概率。

任务四　合同价款的确定

任务描述

在某高速公路建设项目中，负责合同价款的确定工作。需综合考虑中标价、工程量清单、变更洽商等因素，与承包商进行多轮谈判，确保合同价款合理、公平，既符合项目实际成本，又满足投资控制要求，最终签订正式施工合同。

任务分析

任务需详细分析中标价构成，核对工程量清单准确性；预测可能发生的变更洽商，评估其对成本的影响；在谈判中灵活运用谈判技巧，平衡双方利益；同时，需确保合同价款条款明确、无歧义，为后续施工和结算提供坚实依据。

任务实施

一、开标、评标与定标

（一）开标

开标是指在投标人提交投标文件的截止时间，招标人依据招标文件所规定的时间和地点，开启投标人提交的投标文件，公开宣布投标人的名称、投标价格及投标文件中的其他主要内容的活动。

1. 开标的相关规定

开标应在招标文件确定的提交投标文件截止时间同时公开进行，地点为文件预先确定处。开标由招标人或其委托的招标代理机构主持，邀请所有投标人参加，也可邀行政监督、纪检监察或公证机构等，投标人自主决定是否参与。

招标人在招标文件要求提交投标文件的截止时间前收到的所有投标文件，开标时应当众予以拆封、宣读，宣读顺序应按各投标人报送投标文件时间先后的顺序进行。开标的整个过程应当记录，并存档备查。

2. 开标应当遵守的法定程序

开标会议开始后，先请投标人代表确认标的密封完整性并签字。招标人或其委托的招标代理机构当众宣读有效标函的投标人相关信息，如名称、价格、工期等。专人记录开标过程，开标记录经招标人代表、投标人代表、监标人、记录人签字后存档。招标人应当采取必要的措施，以保证评标在严格保密的情况下进行，如图 5-6 所示。

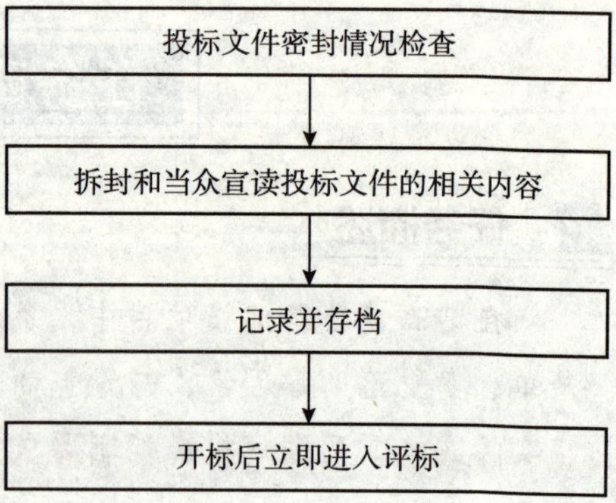

图 5-6　开标应当遵守的法定程序

（二）评标

1. 评标准备

评标准备包括组建评标委员会和编制评标表格两项工作。

2. 评标程序

评标应遵循公平、公正、科学、择优的原则，任何单位和个人不得非法干预、影响评标的过程和结果，评标程序包括初步评审、详细评审、推荐中标候选人和提交评标报告四个步骤。

（1）初步评审。

初步评审是指对投标文件的符合性进行评审，对技术标和商务标进行初步审查。

① 投标文件的符合性评审。

投标文件的符合性评审是指评标委员会对于各投标文件是否响应了招标文件提出的所有实质性要求和条件的审查，未能在实质上响应的投标，应做废标处理，而且不允许投标人通过修正其不符合要求的差异，使之成为具有响应性的投标。

②技术标和商务标的初步审查。

初步审查各投标文件技术标获取的技术方案能否实施，分析技术方案能否保证招标项目目标的实现；核对各投标文件商务标中投标报价数据计算是否正确，分析投标报价构成是否合理，如设有标底，还应与标底进行比较。

（2）详细评审。

根据初步审查结果，评标委员会按照投标报价的高低或招标文件规定的其他方法对投标文件排序，根据招标文件确定的评标标准与方法对其技术标和商务标做详细比较。详细评审的方法有经评审的最低投标价法和综合评估法两种。

①经评审的最低投标价法。

经评审的最低投标价法中，评标委员会对满足招标文件实质要求的投标文件，依详细评审标准量化折算价格，按经评审投标价由低到高推荐中标候选人或依招标人授权确定中标人，投标报价低于成本除外。经评审投标价相等，投标报价低者优先，仍相等则招标人自定。中标人投标应符合技术要求，评标委员会无须对技术部分折算价格，该法适用于通用技术、性能标准或无特殊技术性能要求的招标项目。完成详细评审后，评标委员会将载有投标报价、商务偏差价格调整及经评审最终投标价的“标价比较表”和书面评标报告提交招标人。

②综合评估法。

综合评估法中，评标委员会对满足招标文件实质要求的投标文件按规定评分标准打分，按得分由高到低推荐中标候选人，依招标人授权直接确定中标人，投标报价低于成本除外。综合评分相等，投标报价低者优先，仍相等则招标人自定。

采用综合评估法的，应在招标文件中对于需量化的因素及其权重做明确规定，评标委员会对投标文件中的技术标和商务标进行量化后，还需对这两部分的量化结果进行加权平均，计算出每一投标的综合评估分值。综合评估法适用于不宜采用经评审的最低投标法的招标项目。

根据综合评估法完成评标后，评标委员会应拟定“综合评估比较表”，连同书面评标报告一起提交招标人。“综合评估比较表”应载明投标人的投标报价、所做的任何修正、对商务偏差和技术偏差的调整、对各评审因素的评估以及对每一投标的最终评审结果。

（3）推荐中标候选人。

除招标文件规定评标委员会直接确定中标人外，评标委员会应按要求推荐1～3名中标候选人并标明顺序。满足以下其一可推荐：经评审的最低投标价法中，能满足文件实质要求且经评审投标价最低的投标；综合评估法中，最大限度地满足文件规定综合评价标准的投标。

（4）提交评标报告。

评标委员会完成评标后，向招标人提交书面评标报告并抄送行政监督部门。报告应如实记载：基本情况与数据表、成员名单、开标记录、合格投标一览表、废标说明、评标标准方法因素表、经评审价格或评分比较表、投标人排序、推荐中标候选人及签约前待处理事宜、澄清说明补正纪要。

（三）定标

定标是指根据评标结果产生中标（候选）人。招标投标活动中，定标即授予合同，是采购机构决定中标人的行为。定标是采购机构的单独行为，但需由使用机构或其他人一起进行裁决。在这一阶段，采购机构所要进行的工作有决定中标人；通知中标人其投标已经被接受；向中标人发出授标意向书；通知所有未中标的投标人；并向他们退还投标保函等。

定标权是一项内涵十分丰富的权利。定标权包括评标标准制定权、专家选聘权、知情权、参与权、监督权、否决权、选择权和中标通知书发放权。定标权的最终表现即是招标人确定中标人，并向其发放中标通知书的那一时刻。

1. 定标途径

定标途径分为两种：依据评分、评议结果或评审价格直接产生中标（候选）人；经评审合格后以随机抽取的方式产生中标（候选）人，如固定低价评标法、组合低价评标法等。

2. 定标模式

定标模式分为两种：经授权，由评标委员会直接确定中标人；未经授权，评标委员会向招标人推荐中标候选人。

3. 定标方法

定标方法有两种。

（1）中标候选人的确定应推荐投标候选人 1 ～ 3 人，并标明排列顺序。其应符合：能够最大限度地满足招标文件规定的各项综合评价标准；能够满足招标文件的实质性要求，并经评审投标报价最低，但投标报价低于成本的除外；招标人应该在投标截止时限 30 天前确定中标人。

（2）发出中标通知书并订立书面合同。中标人确定后，招标人应当向中标人发出中标通知书，并把结果通知所有未中标的投标人。招标人和中标人应当自中标通知书发出 30 日内，按照招标文件和中标人的投标文件订立书面合同。招标人与中标人签订合同后 5 日内，应当向所有中标人和未中标人退还投标保证金。中标人应当按照合同约定履行义务，完成项目。

4. 定标流程

招标人根据评标委员会推荐的合格中标候选人名单，指定排名第一的中标候选人为中标人。

经评标确定中标人后，招标代理机构应在规定的时间内向中标人发出中标通知书，并同时将中标结果通知所有未中标的投标人，按照招标文件规定退还未中标投标人的投标保证金。中标结果在招标文件确定网站公示。招标代理机构应在中标通知书发出之日起 30 日内组织招标人与中标人签订项目合同。

无论采用何种定标途径、定标模式、评标方法，针对依据《政府采购法》或《招标投标法》及其配套法规、规章规定的法定采购项目（即必须招标采购的项目），招标人既不能在评标委员会依法推荐的中标候选人范围之外确定中标人，也不可在所有投标均被评标委员会否决后自行选定中标人。一旦违反，不仅中标结果无效，招标人还将受到相应处理。而对于非法定采购项目，若选择公开招标或邀请招标方式，招标人若在评标委员会依法推荐的中标候选人之外确定中标人，同样需要承担法律责任。

评标和定标应在投标有效期结束日 30 个工作日前完成，不能完成的，招标人可书面通知投标人延长。投标人同意延长，不得修改投标文件实质内容，应延长投标保证金有效期；拒绝则投标失效，有权收回保证金。因延长致投标人受到损失，招标人应补偿，不可抗力除外。评标中问题评标委员会应及时处理或提出建议并书面记录。完成评标后，评标委员会向招标人提书面报告并抄送行政监督部门。

二、公示、中标通知与签订合同

（一）公示中标候选人

为营造公开、公平的市场环境，激励各招标投标当事人踊跃参与监督，依据《中华人民共和国招标投标法实施条例》，对于依法必须招标的项目，招标人在收到评标报告后的 3 日内需对中标候选人进行公示，且公示期不少于 3 日。

若投标人或其他利益相关方对依法必须招标项目的评标结果存在异议，应在中标候选人公示期间提出。招标人在收到异议后的 3 日内要做出答复，在做出答复之前，必须暂停招标投标活动。

（二）发出中标通知书

中标人确定后，招标人发中标通知书给中标人，同时通知未中标人，通知书具法律效力。发出中标通知书后，招标人改结果或中标人弃项目，应担责。依法必招项目，招标人自定中标人起 15 日内，向行政监督部门交书面报告，至少含招标范围、方式与公告媒介、招标文件要点、评标委员会及报告、中标结果。

（三）签订合同

中标通知书对招标人和中标人具有法律效力。招标人和中标人应当自中标通知书发出之日起 30 日内，按照招标文件和中标人的投标文件订立书面合同。订立书面合同后 7 日内，中标人应当将合同送县级以上工程所在地的建设行政主管部门备案。

中标人确定且中标通知书发出后，招标人改变中标结果，或者中标人放弃中标项目的，应当依法承担法律责任。招标人与中标人签订合同后 5 个工作日内，应当向中标人和未中标的投标人退还投标保证金。

三、施工合同价款的方式

合同价款是合同文件的核心要素，建设项目不论是招标发包还是直接发包，合同价款的具体数额均应在《合同协议书》中载明。实行招标的工程合同价款应由发承包双方依据招标文件和中标人的投标文件在书面合同中约定。合同约定不得违背招标投标文件中关于工期、造价、质量等方面的实质性内容。根据《中华人民共和国合同法》及住房和城乡建设部的有关规定，以及招标文件和投标文件的要求，发承包双方在签订合同时，按计价方式的不同，工程合同可以分为固定价合同、可调价合同和成本加酬金合同。

四、施工合同价款约定的内容

合同价款的有关事项由发承包双方约定，一般包括价款约定方式，预付工程款、工程进度款、工程竣工价款的支付和结算方式，以及合同价款的调整情形等。发承包双方应当在合同中约定发生下列情形时合同价款的调整方法，具体包括以下事项。

（1）预付工程款的数额、支付时间及抵扣方式；

（2）安全文明施工措施费的支付计划、使用要求等；

（3）工程计量与支付工程进度款的方式、数额及时间；

（4）工程价款的调整因素、方法、程序、支付及时间；

（5）施工索赔与现场签证的程序、金额确认与支付时间；

（6）承担计价风险的内容、范围以及超出约定内容、范围的调整方法；

（7）工程竣工阶段价款的编制与核对、支付及时间；

（8）工程质量保证金的数额、预留方式及时间；

（9）违约责任以及发生合同价款争议的解决方法与时间；

（10）与履行合同、支付价款有关的其他事项等。

任务五　施工投标报价与评标

任务描述

在某市人民医院新院区建设项目施工招标中，招标代理机构负责投标报价的编制与评标工作。需依据招标文件、施工图纸及市场行情，合理编制施工投标报价；同时，组织评标委员会，对投标人的报价、技术方案、企业信誉等进行综合评审，确保选出最优中标人。

任务分析

任务要求准确理解招标文件，把握报价关键点；深入市场调研，确保报价的竞争力；组织专业评标，客观公正评价投标人实力；注重细节，防范投标报价中的风险点，确保评标结果的合理性与公正性。

任务实施

一、施工投标报价策略

投标报价策略，是投标单位为参与投标竞争而进行的系统性工作安排，以及所采用的竞争方式与手段。对于投标单位来说，它是在投标活动中取得胜利的关键方式、有效手段和实用艺术。投标报价策略主要涵盖基本策略和报价技巧这两个层面。

（一）基本策略

投标报价的基本策略主要是指投标单位根据招标项目特点，并考虑自身优势和劣势，选择不同报价。

1. 可选择报高价的情形

投标单位遇下列情形时，其报价可高一些：施工条件差的工程（如条件艰苦、场地狭小或地处交通要道等）；专业要求高的技术密集型工程且投标单位在这方面有专长，声望也较高；总价低的小工程，以及投标单位不愿做而被邀请投标，又不便不投标的工程；特殊工程，如港口码头、地下开挖工程等，如图 5-7 所示；投标对手少的工程；工期要求紧的工程；支付条件不理想的工程。

图 5-7　港口码头

2. 可选择报低价的情形

投标单位遇以下情形可低报价：施工条件好、工作简单量大且其他投标人易做的工程；急于进入某市场或地区，或当地业务面临中断、设备无工地转移的情况；可利用附近工程设备、劳务或能短期内突击完成的工程；投标对手多、竞争激烈的工程；非急需工程；支付条件好的工程。

（二）报价技巧

报价技巧是指投标中具体采用的对策和方法，常用的报价技巧有不平衡报价法、多方案报价法、无利润报价法和突然降价法等。此外，对于计日工、暂定金额、可供选择的项目等也有相应的报价技巧。

1. 不平衡报价法

不平衡报价法是指在不影响工程总报价的前提下，通过调整内部各个项目的报价，以达到既不提高总报价、不影响中标，又能在结算时得到更理想的经济效益的报价方法。不平衡报价法适用于以下几种情况。

（1）能够早日结算的项目（如前期措施费、基础工程、土石方工程等）可以适当提高报价，以利资金周转，提高资金时间价值。后期工程项目（如设备安装、装饰工程等）的报价可适当降低。

（2）经过工程量核算，预计今后工程量会增加的项目，适当提高单价，这样在最终结算时可多盈利；而对于将来工程量有可能减少的项目，适当降低单价，这样在工程结算时不会有太大损失。

（3）设计图纸不明确、估计修改后工程量要增加的，可以提高单价；而工程内容说明不清楚的，则可降低一些单价，在工程实施阶段通过索赔再寻求提高单价的机会。

（4）对暂定项目要做具体分析。此类项目开工后由建设单位决定是否实施及由哪家承包单位施工。若工程不分标、无其他承包单位施工，肯定施工的单价可报高，不一定施工的报低；若工程分标、该暂定项目可能由其他单位施工，不宜报高价以免抬高总报价。

（5）单价与包干混合制合同中，对于招标人要求某类项目采用包干报价时，宜报高价。一则这类项目多半有风险，二则这类项目在完成后可全部按报价结算。对于其余单价项目，则可适当降低报价。

（6）有时招标文件要求投标单位对工程量大的项目报“综合单价分析表”，投标时可将“综合单价分析表”中的人工费及机械设备费报得高一些，而材料费报得低一些。这主要是为在今后补充项目报价时，可以参考选用“综合单价分析表”中较高的人工费和机械费，而材料则往往采用市场价，因而可获得较高的收益。

2. 多方案报价法

多方案报价法是指在投标文件中报两个价：一个是按招标文件的条件报一个价；另一个是加注解的报价，即如果某条款作某些改动，报价可降低多少。这样可降低总报价，吸引招标人。

多方案报价法适用于招标文件中的工程范围不很明确，条款不很清楚或很不公正，或技术规范要求过于苛刻的工程。采用多方案报价法可降低投标风险，但投标工作量较大。

3. 无利润报价法

对于缺乏竞争优势的施工单位，在不得已时可采用根本不考虑利润的报价方法，以获得中标机会。无利润报价法通常在下列情形时采用。

（1）有可能在中标后，将大部分工程分包给索价较低的一些分包单位；

（2）对于分期建设的工程项目，先以低价获得首期工程，而后赢得机会创造第二期工程中的竞争优势，并在以后的工程实施中获得盈利；

（3）较长时期内，投标单位没有在建工程项目，如果再不中标，就难以维持生存。因此，虽然本工程无利可图，但只要能有一定的管理费维持公司的日常运转，就可设法渡过暂时困难，以图将来东山再起。

4. 突然降价法

突然降价法是先按常规报价或表现出兴趣不大，临近投标截止时突然降价。此方法可迷惑对手、提高中标概率，但对投标单位分析判断和决策能力要求高，需全面掌握分析信息并正确判断。

5. 其他报价技巧

（1）计日工单价的报价。如果是单纯报计日工单价，且不计入总报价中，则可报高些，以便在建设单位额外用工或使用施工机械时多盈利。但如果计日工单价要计入总报价时，则需具体分析是否报高价，以免抬高总报价。总之，要分析建设单位在开工后可能使用的计日工数量，再来确定报价策略。

（2）暂定金额的报价。暂定金额的报价有以下三种情形。

① 招标单位规定暂定金额分项内容、总价，要求投标单位总报价加入此固定金额，分项工程量不准，允许按投标单价和实际工程量付款。因暂定总价固定，不影响投标单位总报价竞争力，投标时可适当提高暂定金额单价。

② 招标单位列出暂定金额项目和数量，不限估算总价，要求投标单位列单价并计算总价，结算按实际量和所报单价支付。投标单位需慎重，单价高会提高总报价、影响竞争力，但单价低且工程量增大则影响收益。一般用正常价格，若预计实际量肯定增大，可适当提价以获额外收益。

③ 只有暂定金额的一笔固定总金额，将来这笔金额做什么用，由招标单位确定。这种情况对投标竞争没有实际意义，按招标文件要求将规定的暂定金额列入总报价即可。

（3）可供选择项目的报价。部分工程项目分项，招标单位要求先按某方案报价，再提供可选方案比较报价。投标时要调查不同规格价格，可能被选用的规格适当提价，难被选用的规格大幅提价以阻选用。但“可供选择项目”由招标单位选，非投标单位自选。适当提高可供选择项目报价不保证获利，仅提供可能。只有招标单位选用，投标单位才能获得额外利益。

（4）增加建议方案。招标文件有时允许提建议方案，即修改原设计方案。投标单位应把握机会，组织专业人员研究原方案，提出更合理方案吸引建设单位，新方案可降造价、缩短工期或使实施更合理。需注意对原方案报价，建议方案勿太具体，保留技术关键防泄露，且方案要成熟、可操作性强。

（5）采用分包商的报价。总承包商投标前应先获分包商报价，加上管理费后列入投标总价。但分包商投标前可能同意压价，中标后却常提价，使总承包商被动。为此，总承包商投标前应找多家分包商报价，选信誉好、实力强且报价合理的签订协议，将其列为唯一分包合作者并列入投标文件，同时要求其提交投标保函。若分包商认为总承包商可能中标，或会接受。此做法可防分包商反悔涨价，促其报合理价，共同争取中标。

（6）许诺优惠条件。投标报价附带优惠条件是有效手段。招标单位评标除考虑报价和技术方案，还分析工期、支付条件等。投标时主动提出提前竣工、低息贷款、赠送设备、免费转让技术专利、提供技术协作、代为培训人员等，可吸引招标单位，利于中标。

二、施工评标与授标

（一）评标委员会及其组建

根据《评标委员会和评标方法暂行规定》，评标委员会由招标单位负责组建。评标委员会成员名单一般应于开标前确定，并应在中标结果确定前保密。

1. 评标委员会的组成

评标委员会由招标单位或其委托的招标代理机构熟悉相关业务的代表，以及有关技术、经济等方面的专家组成，成员人数为 5 人以上单数，其中，技术、经济等方面的专家不得少于成员总数的 2/3。评标委员会设负责人的，评标委员会负责人由评标委员会成员推举产生或者由招标单位确定。评标委员会负责人与评标委员会的其他成员有同等的表决权。

2. 评标委员会中专家成员的确定及要求

（1）评标专家的确定。评标委员会专家应从省级以上政府有关部门专家名册或招标代理机构专家库的相关专家名单中确定。评标专家确定方式有随机抽取和直接确定两种。一般项目用随机抽取方式；技术特别复杂、专业性强或国家有特殊要求且随机抽取专家难以胜任的招标项目，可由招标单位直接确定。

（2）评标专家的基本条件。

评标专家应符合下列条件。

① 从事相关专业领域工作满 8 年，并具有高级职称或者同等专业水平；

② 熟悉有关招标投标的法律法规，并具有与招标项目相关的实践经验；

③ 能够认真、公正、诚实、廉洁地履行职责。

（3）不得担任评标委员会成员的情形。

招标单位或投标单位主要负责人近亲属、项目主管部门或行政监督部门人员、与投标单位有经济利益关系可能影响公正评审者，以及曾因在招标、评标等招投标相关活动中违法受过行政处罚或刑事处罚的人员，不得担任评标委员会成员，应当回避。

（4）评标委员会成员应当客观、公正地履行职责，遵守职业道德，对所提出的评审意见承担个人责任。

① 评标委员会成员不得与任何投标单位或与招标结果有利害关系的人进行私下接触。不得收受投标单位、中介机构、其他利害关系人的财物或者其他好处。

② 评标委员会成员不得透露对投标文件的评审和比较、中标候选人的推荐情况以及与评标有关的其他情况。

（二）评标准备与初步评审

1. 评标准备

评标委员会成员应当编制供评标使用的相应表格，认真研究招标文件，至少应了解和熟悉以下内容。

（1）招标目标；

（2）招标项目范围和性质；

（3）招标文件中规定的主要技术要求、标准和商务条款；

（4）招标文件规定的评标标准、评标方法和在评标过程中考虑的相关因素。

招标单位或其委托的招标代理机构需向评标委员会提供评标所需重要信息和数据。设有标底的招标项目，标底应保密并在开标时公布，评标时标底仅作为参考，不得将投标报价是否接近标底作为中标条件，也不得将投标报价超出标底上下浮动范围作为否决投标的条件。

评标委员会应根据招标文件规定的评标标准和方法，对投标文件进行系统地评审和比较。招标文件没有规定的标准和方法不得作为评标的依据。因此，了解招标文件规定的评标标准和方法，也是评标委员会成员应完成的重要准备工作。

2. 初步评审

根据九部委颁布的《标准施工招标文件》，初步评审属于对投标文件的合格性审查，包括以下四个方面。

（1）投标文件的形式审查。

投标文件形式审查内容包括：营业执照、资质证书、安全生产许可证与投标单位名称是否一致；投标函有无法定代表人或其委托代理人签字并加盖单位章；文件格式是否符合招标文件要求；联合体投标人有无提交协议书，成员组成与资格预审有无变化，协议书内容是否符合要求；报价是否唯一。不允许投标单位以优惠承诺中标后降低合同价，此类优惠属于一个投标两个报价。

（2）投标者资格审查。对于未进行资格预审的，需要进行资格后审，资格审查的内容和方法与资格预审相同，其包括：营业执照、资质证书、安全生产许可证等资格证明文件的有效性；企业财务状况；类似项目业绩；信誉；项目经理；正在施工和承接的项目情况；近年发生的诉讼及仲裁情况；联合体投标的申请人提交联合体协议书的情况等。

（3）投标文件对招标文件的响应性审查。

具体内容包括以下几点。

① 投标内容须与投标须知中的工程或标段一致，不得只投部分专业或单位工程；

② 投标工期应满足要求，可短于招标工期但不得超期；

③ 工程质量承诺及管理体系要达标；

④ 投标保证金形式和金额应符合规定；

⑤ 投标单位需完全接受合同条款，有修改建议不得实质性背离且要获招标单位认可；

⑥ 核查已标价工程量清单，计算错误（单价小数点明显错误除外）时以单价修正总价，大小写金额不一致时以大写为准，评标委员会修正报价后投标单位需书面确认，不接受则做废标处理；

⑦ 查看投标文件是否对技术标准和要求提不同意见。

（4）施工组织设计和项目管理机构设置的合理性审查。内容包括以下四点，见表 5-3。

表 5-3　施工组织设计和项目管理机构设置的合理性审查

审查项目	具体内容
施工组织的合理性	施工方案与技术措施；质量管理体系与措施；安全生产管理体系与措施；环境保护管理体系与措施等的合理性和有效性
施工进度计划的合理性	总体工程进度计划和关键部位里程碑工期的合理性及施工措施的可靠性；机械和人力资源配备计划的有效性及均衡施工程度
项目组织机构的合理性	技术负责人的经验和组织管理能力；其他主要人员的配置是否满足实施招标工程的需要及技术和管理能力
拟投入施工的机械和设备	施工设备的数量、型号能否满足施工的需要；试验、检测仪器设备是否能够满足招标文件的要求等

小贴士

初步评审内容中，投标文件有一项不符合规定的评审标准时，即做废标处理。

3. 投标文件的澄清和说明

评标委员会可以书面方式要求投标单位对投标文件中含意不明确的内容做必要的澄清、说明或补正，但是澄清、说明或补正不得超出投标文件的范围或者改变投标文件的实质性内容。

投标单位资格条件不符合国家有关规定和招标文件要求的，或者拒不按照要求对投标文件进行澄清、说明或者补正的，评标委员会可以否决其投标。

评标委员会若发现投标单位报价明显低于其他投标报价或设有标底时明显低于标底、可能低于其个别成本，应要求该单位做书面说明并提供证明材料。若单位无法合理解释或提供材料，评标委员会认定其以低于成本报价竞标，投标做废标处理。

4. 投标偏差及其处理

评标委员会应当根据招标文件，审查并逐项列出投标文件的全部投标偏差。投标偏差分为重大偏差和细微偏差。

（1）重大偏差。

下列情况属于重大偏差。

① 没有按照招标文件要求提供投标担保或者所提供的投标担保有瑕疵；

② 投标文件没有投标单位授权代表签字和加盖公章；

③ 投标文件载明的招标项目完成期限超过招标文件规定的期限；

④ 明显不符合技术规格、技术标准的要求；

⑤ 投标文件载明的货物包装方式、检验标准和方法等不符合招标文件的要求；

⑥ 投标文件附有招标单位不能接受的条件；

⑦ 不符合招标文件中规定的其他实质性要求。

投标文件有上述情形之一的，为未能对招标文件作实质性响应，除招标文件对重大偏差另有规定外，应做废标处理。

（2）细微偏差。

细微偏差是指投标文件在实质上响应招标文件要求，但在个别地方存在漏项或者提供了不完整的技术信息和数据等情况，并且补正这些遗漏或者不完整不会对其他投标单位造成不公平的结果。细微偏差不影响投标文件的有效性。

评标委员会应当书面要求存在细微偏差的投标单位在评标结束前予以补正。拒不补正的，在详细评审时可以对细微偏差做不利于该投标单位的量化，量化标准应在招标文件中规定。

（三）详细评审

对于经初步评审合格的投标文件，评标委员会需依据招标文件所确定的评标标准与方法，进一步对其技术部分和商务部分展开评审与比较。一般而言，常见的评标方法有两种，分别是经评审的最低投标价法和综合评估法。

1. 经评审的最低投标价法

经评审的最低投标价法一般适用于采用通用技术施工，项目的性能标准为规范中的一般水平，或者招标单位对施工没有特殊要求的招标项目。能够满足招标文件的实质性要求，并经评审的最低投标价的投标，应当推荐为中标候选人。

采用经评审的最低投标价法时，评标委员会应根据招标文件中规定的量化因素和标准进行价格折算，对所有投标单位的投标报价以及投标文件的商务部分做必要的价格调整。根据《标准施工招标文件》，主要的量化因素包括单价遗漏和付款条件等，招标单位可根据工程项目的具体特点和实际需要，进一步删减、补充或细化量化因素和标准。另如世界银行贷款项目，采用经评审的最低投标价法时，通常考虑的量化因素和标准包括：一定条件下的优惠（借款国国内投标单位有 7.5% 的评标优惠）；工期提前的效益对报价的修正；同时投多个标段的评标修正等。所有的这些修正因素都应在招标文件中有明确规定。对同时投多个标段的评标修正，一般的做法是，如果投标单位在某一个标段中已中标，则在其他标段的评标中按照招标文件规定的百分比（通常为 4%）乘以总报价后，在评标价中扣减此值。

经评审的最低投标价法完成详细评审后，评标委员会拟定“价格比较一览表”，连同书面评标报告交招标单位。该表载明投标报价、商务偏差价格调整及说明、最终评审投标价。

评标委员会按经评审投标价由低到高推荐中标候选人，或依招标单位授权直接确定中标单位。经评审投标价相等时，投标报价低者优先；投标报价也相等时，由招标单位自定。

2. 综合评估法

不宜用经评审最低投标价法的招标项目，一般采用综合评估法评审。该法适用于复杂工程项目评标，此类项目投资大、工期长、技术复杂、专业面广，施工不确定因素多。评审主导思想是选价格功能比最优的投标单位，不过分看重投标价格。

综合评估法是指将各个评审因素（包括技术部分和商务部分）以折算为货币或打分的方法进行量化，并在招标文件中明确规定需量化的因素及其权重，然后由评标委员会计算出每一投标的综合评估价或综合评估分，并将最大限度地满足招标文件中规定的各项综合评价标准的投标，推荐为中标候选人。

采用打分法时，评标委员会按规定的评分标准进行打分，并按得分由高到低顺序推荐中标候选人，或根据招标单位授权直接确定中标单位。综合评分相等时，投标报价低者优先；投标报价也相等时，由招标单位自行确定。

根据综合评估法完成评标后，评标委员会应当拟定一份“综合评估比较表”，连同书面评标报告提交招标单位。“综合评估比较表”应当载明投标单位的投标报价、所做的任何修正、对商务偏差的调整、对技术偏差的调整、对各评审因素的评估以及对每一投标的最终评审结果。

（四）评标报告

除招标单位授权直接确定中标单位外，评标委员会完成评标后，向招标单位提交书面评标报告并抄送有关行政监督部门。评标报告如实记载内容包括：基本情况与数据表、成员名单、开标记录、符合要求投标一览表、废标说明、评标标准方法或因素一览表、经评审价格或评分比较一览表、投标单位排序、推荐中标候选人名单及签约前待处理事宜、澄清说明补正事项纪要。

评标报告应由评标委员会全体成员签字。对评标结果有不同意见的评标委员会成员应以书面形式说明其不同意见和理由，评标报告应注明不同意见。评标委员会成员拒绝在评标报告上签字又不书面说明其不同意见和理由的，视为同意评标结果。

（五）授标

1. 中标单位的确定

国有资金投资或国家融资项目，招标单位应确定排名第一的中标候选人为中标单位。若其放弃中标、因不可抗力不能履约，或未在规定期限提交履约保证金，招标单位可确定排名第二的为中标单位；若排名第二的因同样原因不能签约，招标单位可确定排名第三的为中标单位。

2. 中标通知

中标单位确定后，招标单位应向中标单位发出中标通知书，并同时将中标结果通知所有未中标的投标单位。中标通知书对招标单位和中标单位具有法律效力。中标通知书发出后，招标单位改变中标结果，或者中标单位放弃中标项目的，应当依法承担法律责任。

（六）履约担保与合同签订

1. 履约担保

签订合同前，中标单位及联合体中标人按招标文件要求向招标单位提交履约担保，一般采用银行保函和履约担保书形式，金额为中标价 10%。不能提交则视为放弃中标，投标保证金不退，损失超过保证金的，中标单位赔偿超额部分。中标承包商应确保履约担保在建设单位发工程接收证书前有效，建设单位应在证书颁发后 28 天内退还。

2. 合同签订

招标单位与中标单位应在自中标通知书发出之日起 30 天内，根据招标文件和中标单位的投标文件订立书面合同，如图 5-8 所示。一般情况下，中标价就是合同价。招标单位与中标单位不得再行订立背离合同实质性内容的其他协议。

图 5-8　合同签订

中标单位无理由拒签合同，招标单位取消其中标资格，投标保证金不退，损失超保证金部分中标单位赔偿；招标单位发出中标通知后无理由拒签，退还投标保证金，造成损失的予以赔偿。招标单位与中标单位签约后 5 个工作日内，向中标和未中标单位退还投标保证金。

项目小结

本项目首先概述了建设项目发承包阶段造价管理的核心任务；其次，明确了招标投标的工作流程和内容，为公平竞争奠定基础；再次，详细编制了计价文件，确保价格合理透明；从次，确定了合同价款，保障双方权益；最后，聚焦施工投标报价与评标环节，提升了发承包阶段的工作效率和质量。通过本项目，我们深入掌握了发承包阶段造价管理的关键要点。

项目工单

发承包阶段造价管理实训记录见表 5-4。

表 5-4　发承包阶段造价管理实训记录

班级		姓名		日期	
实训名称	发承包阶段造价管理实训				
实训目标	1. 理解发承包造价管理流程； 2. 掌握招标投标核心技能； 3. 熟练编制计价与合同文件				
实训过程记录					
实训注意事项					
实训总结					

发承包阶段造价管理实训评价见表 5-5。

表 5-5　发承包阶段造价管理实训评价

项目名称	评价内容	分值	评分
职业素养考核项目（30%）	正确规范操作能力	10	
	责任心团队协作能力	10	
	问题解决与创新能力	10	
专业能力考核项目（70%）	招标文件编制目录	10	
专业能力考核项目（70%）	投标策略制定能力	10	
	计价文件审核能力	20	
	合同价款谈判能力	10	
	评标方法应用能力	20	
合计评分			
教师评语		教师签字	

课后练习

一、填空题

1. 常见的承包模式包括＿＿＿＿＿＿、平行承包模式、＿＿＿＿＿＿和合作承包模式，不同的承包模式适用于不同类型的工程建设项目。

2. 按计价方式的不同，合同可分为＿＿＿＿＿＿、单价合同和＿＿＿＿＿＿。

3. 公开招标又称为＿＿＿＿＿＿，是指招标人以＿＿＿＿＿＿的方式邀请不特定的法人或者其他组织招标。

4. 邀请招标又称为＿＿＿＿＿＿或者有限竞争性招标，是指招标人以＿＿＿＿＿＿的方式邀请特定的法人或者其他组织投标。

5. 评标准备包括＿＿＿＿＿＿和＿＿＿＿＿＿两项工作。

二、简答题

1. 简述投标报价的编制原则。

2. 简述多方案报价法。

项目六

建设项目施工阶段造价管理

项目导读

建设项目施工阶段造价管理能够确保施工过程中的成本控制，通过资金使用计划、成本管理、变更与合同价款调整、索赔及价款结算等管理任务，有效监控实际费用，保障项目经济目标的顺利实现。本项目将带领读者全面了解建设项目施工阶段造价管理，包括项目施工阶段造价管理概述、资金使用计划、施工项目成本管理、工程变更与合同价款调整、工程索赔和工程计量与价款结算管理。

学习目标

知识目标

1. 掌握建设项目施工阶段造价管理的基本理论和方法，理解其重要性及实施流程。

2. 熟悉资金使用计划、施工项目成本管理、工程变更与合同价款调整等关键环节的知识点。

能力目标

1. 能够独立编制资金使用计划，优化资源配置，确保项目资金的高效利用。

2. 具备较强的合同管理能力，能够妥善处理工程变更、索赔及价款结算等事务。

素质目标

1. 培养良好的职业道德和责任心，注重团队协作与沟通，提升项目管理水平。

2. 具备严谨细致的工作态度，能够准确计量工程量，确保价款结算的公正性和准确性。

思政目标

树立诚信为本、精益求精的职业精神，增强法治意识和契约精神，为国家的建设事业贡献自己的力量。同时，要培养节约资源、保护环境的意识，推动建筑行业的绿色发展。

任务一　项目施工阶段造价管理概述

任务描述

在某商业综合体建设项目中，造价管理人员负责施工阶段的造价管理工作。需监控工程变更、材料价格波动等因素对造价的影响，定期审核施工进度款，处理索赔与反索赔事宜，确保项目造价控制在预算范围内，实现成本效益最大化。

任务分析

任务要求密切跟踪施工动态，及时调整造价计划；严格控制工程变更，优化成本支出；准确核算施工进度款，避免超付风险；妥善处理索赔事件，维护项目利益；通过精细化造价管理，保障项目顺利推进，实现成本控制目标。

任务实施

一、施工阶段工程造价管理的基本程序

建设工程施工阶段，承包商按设计和合同要求施工，完成项目实物形态，此阶段投资支出占比大。因施工是动态过程，涉及环节多、条件复杂，设计图、环境、变更、索赔、工期质量、价格变动、风险事件等因素变化会直接影响工程实际价格，所以施工阶段工程造价管理最复杂，需按一定程序进行管理，工程施工阶段造价管理的基本程序，如图 6-1 所示。

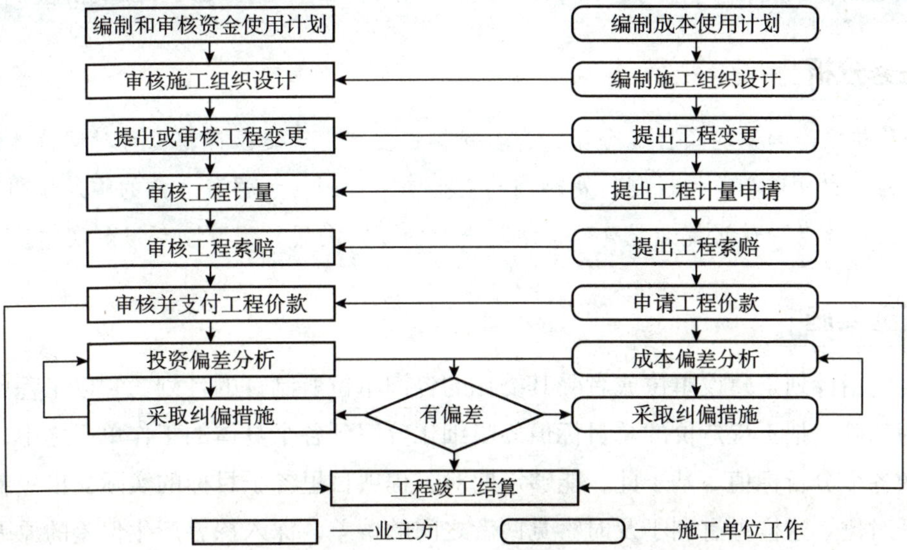

图 6-1　工程施工阶段造价管理的基本程序

二、施工阶段工程造价管理的主要内容

建设项目施工阶段是工程造价管理最难、最复杂阶段，除政府和行业协会监管与信息服务外，涉及建设、监理、咨询、设计、施工等单位。其造价管理主要内容包括编制资金使用计划、调整合同价款、工程计量、合同价款结算、施工成本管理以及费用偏差分析与动态监控等。

（一）建设单位工作内容

建设单位在建设项目施工阶段通过编制资金使用计划，及时进行工程计量与结算，预防并处理好工程变更与索赔，进行投资偏差分析并采取纠偏措施，从而有效控制工程造价。

（二）施工单位工作内容

施工单位在建设项目施工阶段要做好成本计划与动态监控等工作，综合考虑建造成本、工期成本、质量成本、安全成本、环保成本等要素，有效控制施工成本。同时根据实际情况做好工程变更与索赔，及时进行工程价款调整与结算。

任务二　资金使用计划

任务描述

在某智慧城市建设项目中，项目管理人员负责制订资金使用计划。需根据项目进度安排、合同支付条款及资金筹措情况，合理规划项目各阶段的资金需求，确保资金按时到位，满足施工、采购等各项工作需要，同时控制资金成本，提高资金使用效率。

任务分析

任务要求准确预测项目资金流，合理安排资金支付节奏；考虑资金时间价值，优化融资结构；建立资金监控机制，及时调整资金使用计划；加强与各方的沟通协调，确保资金按计划流动；通过精细化管理，实现资金的高效利用，保障项目顺利实施。

任务实施

资金使用计划是建设单位或者受其委托的咨询单位所制订的计划。它以工程项目结构分解作为基础，把工程造价的总目标值逐步细化分解到各个具体的工作单元之中，进而形成详细的各个分目标值。基于此，能够定期对工程项目里各子目标的实际支出额和计划目标值展开对比。这样做有利于及时察觉两者之间的偏差，深入探寻产生偏差的原因，并迅

速采取针对性的纠偏措施。

资金使用计划对工程造价有三方面重要影响：一是编制计划可合理确定造价控制总目标与分目标，为管理提供依据；二是能预测工程建设资金使用，减少盲目性，让资金充分发挥作用；三是严格执行计划可有效控制造价，节约投资、提高效益。

依据工程项目结构分解方法不同，资金使用计划的编制方法也有所不同。常用的资金使用计划编制方法有三种：按工程造价构成编制；按工程项目组成编制；按工程进度编制。这三种不同的编制方法可以有效地结合起来，形成一个详细完备的资金使用计划体系。

一、按工程造价构成编制资金使用计划

工程造价分建筑安装工程费、设备工器具费和工程建设其他费三部分，按此构成编制的资金使用计划也对应分为三类。各部分费用比例可依类似工程经验或造价数据库确定，也可据拟建工程实际调整，且每部分还能细分。该编制方法适用于有大量经验数据的工程项目。

按工程造价构成编制的资金使用计划示意图如图 6-2 所示。

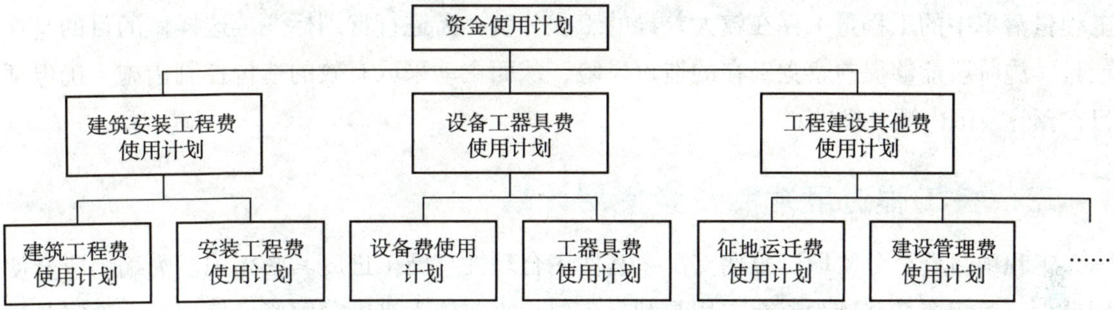

图 6-2 按工程造价构成编制的资金使用计划示意图

二、按工程项目组成编制资金使用计划

大中型工程项目含多个单项工程，单项工程可细分为单位、分部、分项工程。设计概算和施工图预算按单项、单位工程编制，所以按工程项目组成编制资金使用计划简单易操作。

（一）按工程项目构成恰当分解资金使用计划总额

为按不同子项划分资金使用额，需合理划分工程项目，划分粗细按需而定。通常将工程造价目标分解到单项、单位工程较易且结果合理可靠，分解时要涵盖建筑安装工程费、设备工器具费、工程建设其他费、预备费、建设期贷款利息等。

建筑安装工程费中的人工费、材料费、施工机具使用费等直接费，可直接分解到各工程分项。而企业管理费、利润、规费、税金则不宜直接进行分解。措施项目费应分析具体情况，将其中与各工程分项有关的费用（如二次搬运费、检验试验费等）分离出来，按一

定比例分解到相应的工程分项；其他与单位工程、分部工程有关的费用（如临时设施费、保险费等），则不能分解到各工程分项。

（二）编制各工程分项的资金使用计划

将工程造价目标分解后，应确定各工程分项的资金支出预算。工程分项的资金支出预算一般可按下式计算为

$$工程分项支出预算 = 核实工程量 \times 单价 \tag{6-1}$$

式中，核实工程量可反映并消除实际与计划（如投标书）差异，单价则在上述建筑安装工程费分解的基础上确定。

（三）编制详细的资金使用计划表

各工程分项的详细资金使用计划表需涵盖工程分项编号、工程内容、计量单位、工程数量、单价以及工程分项总价等关键信息。

在编制资金使用计划的过程中，要在主要工程分项里合理预留不可预见费，为应对工程实施中可能出现的突发情况提供资金保障。同时，对于实际工程量与计划工程量（例如工程量清单中的工程量）存在较大差异的工程分项，需进行特别标注。这样做的目的是在项目实施阶段能够提前察觉潜在的造价风险，从而主动采取有效的造价控制措施，确保项目在预算范围内顺利推进。

三、按工程进度编制资金使用计划

工程项目资金分阶段、分期支出，其使用合理性与施工进度紧密相关。为编制资金使用计划、筹集资金并减少资金占用与利息支付，需按施工进度分解资金使用额，确定各施工阶段具体目标值。按工程进度编制资金使用计划的步骤如下。

（一）编制工程施工进度计划

应用工程网络计划技术，编制工程网络进度计划，计算相应时间参数，并确定关键路线。

（二）计算单位时间的资金支出目标

根据单位时间（月、旬或周）拟完成的实物工程量、投入的资源数量，计算相应资金支出额，并在时标网络图上绘制单位时间资金需求曲线。

（三）计算规定时间内资金累计支出额

若 q_n 为单位时间内资金支出计划数额，t 为规定的计算时间，相应的资金累计支出额 Q_t 可按下式计算为

$$Q_t = \sum_{n=1}^{t} q_n \tag{6-2}$$

（四）绘制随工程进度的资金使用计划S曲线

按规定时间绘制资金使用与工程进度相关的S曲线，每条S曲线对应特定工程进度计划。因工程网络进度计划中有诸多有时差的工作，资金使用计划S曲线必定处于全部工作按最早开始时间（ES）和最迟开始时间（LS）开始所形成曲线构成的“香蕉图”内，如图6-3所示。

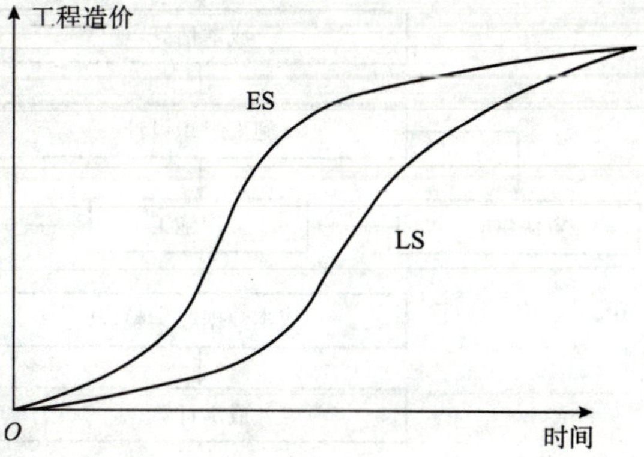

图6-3　工程造价“香蕉图”

建设单位可依投资支出预算安排资金，也能据筹措资金调整S曲线。通常，工作按最早开始时间开始利于施工单位尽早获得工程款；按最迟开始时间开始利于建设单位节约贷款利息，但会降低工程按期竣工保证率。所以，需合理确定建设资金使用计划，以实现节约投资且保证工程按期完成的目标。

任务三　施工项目成本管理

任务描述

在某高速公路建设项目中，项目成本管控小组全面负责项目施工成本管理。需制定成本预算，监控实际成本支出，分析成本偏差原因，采取有效措施控制施工成本，同时优化资源配置，提高成本效益，确保项目在预算范围内高质量完成。

任务分析

任务要求精准编制成本预算，奠定成本控制基础；实时监控成本动态，及时发现并纠正偏差；深入分析成本超支原因，针对性制定控制措施；优化资源配置，提高资源使用效率；通过精细化成本管理，确保项目经济效益，提升项目管理水平。

任务实施

一、施工成本管理流程

施工成本管理是一个施工成本管理各环节有机联系与相互制约的系统过程，施工成本管理流程如图6-4所示。

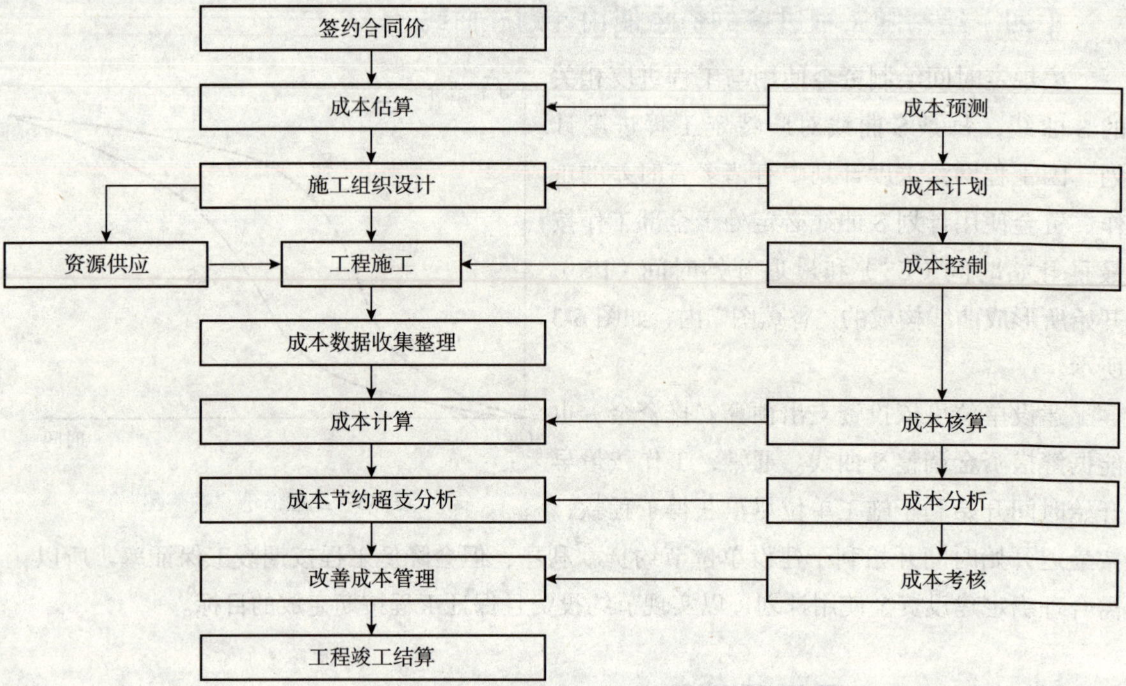

图 6-4　施工成本管理流程图

成本预测是成本计划的基础，成本计划是成本控制与核算的基础；成本控制保障成本计划实现，成本核算是检查成本计划的重要环节，其提供的信息是成本预测、计划、控制和考核的依据；成本分析为成本考核提供依据，为未来成本预测和计划指明方向；成本考核是落实成本目标责任制的保证和手段。

二、施工成本管理内容和方法

（一）施工成本预测

施工成本预测是指施工单位及其项目经理部有关人员凭借历史数据和工程经验，运用一定方法对工程项目未来的成本水平及可能的发展趋势作出科学估计。施工成本预测是编制施工成本计划的重要依据。在开展施工成本预测工作时，一般会针对工程项目计划工期内影响成本的各类因素展开分析，参考近期已完成工程项目或者即将完成工程项目的成本（单位成本）情况，预估这些因素对施工成本的影响程度，进而估算出该工程项目的单位成本或者总成本。

施工成本预测方法可分为定性预测和定量预测两大类。

1. 定性预测

定性预测是指施工成本管理人员根据专业知识和实践经验，通过调查研究，利用已有资料，对成本费用的发展趋势及可能达到的水平所进行的分析和推断。由于定性预测主要依靠管理人员的素质和判断能力，因而这种方法必须建立在对工程项目成本费用的历史资料、现状及影响因素深刻了解的基础之上。这种方法简便易行，在资料不多、难以进行定量预测时最为适用。最常用的定性预测方法是调查研究判断法，具体方式有座谈会法和函询调查法。

2. 定量预测

定量预测是指利用历史成本费用统计资料及成本费用与影响因素之间的数量关系，通过建立数学模型来推测、计算未来成本费用的可能结果。常用的施工成本定量预测方法有加权平均法、回归分析法等。

（二）施工成本计划

施工成本计划是指在施工成本预测的基础上，施工单位及其项目经理部对计划期内工程项目成本水平所做的筹划。施工成本计划是以货币形式表达的工程项目在计划期内的生产费用、成本水平及为降低成本采取的主要措施和规划的具体方案。施工成本计划是目标成本的一种表达形式，是建立施工项目成本管理责任制、开展施工成本控制和施工成本核算的基础，是进行施工成本控制的主要依据。

1. 施工成本计划内容

施工成本计划一般由直接成本计划和间接成本计划组成。

（1）直接成本计划主要反映施工项目直接成本的预算额、计划降低额及计划降低率。主要包括施工项目成本目标及核算原则、降低成本计划表或总控制方案、对成本估算过程的说明及对降低成本途径的分析等。

（2）间接成本计划主要反映施工项目间接成本的计划数及降低额。在编制计划时，成本项目应与会计核算中间接成本项目的内容一致。

此外，施工成本计划还应包括项目经理对可控责任目标成本进行分解后形成的各个实施性计划成本，即各责任中心的责任成本计划。责任成本计划又包括年度、季度和月度责任成本计划。

2. 施工成本计划编制方法

施工成本计划编制方法主要有以下几种，见表 6-1。

表 6-1　施工成本计划编制方法

方法	具体内容
目标利润法	目标利润法是指根据工程项目合同价格扣除目标利润后得到目标成本的方法。采用正确投标策略和方法以理想投标价中标后，标价扣除预期利润、税金和应缴管理费等的余额，是工程项目实施的最大支出限额
技术进步法	技术进步法是以工程项目计划采取的技术组织措施和节约措施所能取得的经济效果为项目成本降低额，求得项目目标成本的方法。即 项目目标成本 = 项目成本估算值 − 技术节约措施计划节约额（或降低成本额）

表 6-1（续）

方法	具体内容
按实计算法	按实计算法是指以工程项目的实际资源消耗测算为基础，根据所需资源的实际价格，详细计算各项活动或各项成本组成的目标成本，即 人工费 =∑ 各类人员计划用工量 × 实际工资标准 材料费 =∑ 各类材料的计划用量 × 实际材料基价 施工机具使用费 =∑ 各类机具的计划台班量 × 实际台班单价 在此基础上，由项目经理部生产和财务管理人员结合施工技术和管理方案等测算措施费、项目经理部的管理费等，最后构成工程项目目标成本
定率估算法（历史资料法）	先将工程项目划分为若干子项目，参照同类项目历史数据用算术平均法算子项目目标成本降低率与降低额，再汇总整个项目的目标成本降低率和降低额。确定子项目成本降低率可用加权平均法或三点估算法。项目庞大复杂时，可用定率估算法编制施工成本计划

（三）施工成本控制

施工成本控制是指在工程项目实施过程中，对影响工程项目成本的各项要素，即施工生产所耗费的人力、物力和各项费用开支，采取一定措施进行动态监测，及时预防、发现和纠正偏差，保证工程项目成本目标的实现。施工成本控制是施工成本管理的核心内容，也是施工成本管理中不确定因素最多、最复杂、最基础的管理内容。

1. 施工成本控制过程

施工成本控制包括计划预控、过程监控和纠偏调整三个重要环节。

（1）计划预控。计划预控是运用计划管理手段事先安排施工活动成本，让工程项目预期成本目标在技术和管理措施保障下实现，为技术与资源配置及消耗控制提供依据，控制重点为优化方案、合理配置资源和控制采购价。

（2）过程监控。过程监控是指监测和控制实际成本的发生，包括实际采购费用发生过程的监控，劳动力和物质资源使用过程的监控，工期成本、质量成本及管理费用的支出监控。施工单位应充分发挥工程项目成本责任体系的约束和激励机制，提高施工过程的成本监控能力。

（3）纠偏调整。纠偏调整是指在工程项目实施过程中发现实际成本与目标成本产生偏差时，分析偏差产生原因，采取有效措施进行纠偏调整。

2. 施工成本控制方法

（1）成本分析表法。成本分析表法是指利用各种表格进行成本分析和控制。应用成本分析表法可以清晰地进行成本比较研究。常见的成本分析表有月成本分析表、成本日报或周报表、月成本计算及最终预测报告表。

（2）工期 - 成本同步分析法。施工成本随工程推进而产生，所以施工成本和施工进度必然存在同步关系。若施工成本与施工进度不匹配，表明工程项目推进过程中出现了虚盈或虚亏这类不正常情况。

施工成本的实际开支与计划不相符，往往是由两方面因素引起的：一是某道工序的成本开支超出计划；二是某道工序的施工进度与计划不符。因此，要想找出成本变化的真正原因，实施有效的成本控制措施，必须与进度计划的适时更新相结合。

（3）挣值分析法。挣值分析法用于工程项目成本 / 进度综合控制。比较已完工程预算与实际成本差值，可分析价格变化致成本偏差；比较已完与拟完工程预算成本差值，能分析进度偏差致成本偏差。计算后续未完工程计划成本余额可预测尚需成本，为后续施工成本、进度控制及降本挖潜指明方向。

（4）价值工程法。价值工程法是对工程项目进行事前成本控制的重要方法。除在工程设计阶段应用价值工程法降低成本外，在工程施工阶段也可通过价值工程活动，在对施工方案进行技术经济分析的基础上，确定最佳施工方案，降低施工成本。

3. 施工成本控制内容

编制和审核施工组织设计、控制工程建造成本和工期成本、质量成本、安全成本、环保成本等，是施工成本控制的主要内容。

（1）编制和审核施工组织设计。

施工组织设计是工程施工造价管理成本控制的前提基础。若其不深入、科学、合理，会给成本控制带来困难。结合实际、提高质量、提升方案合理性，可避免或减少因方案不合理致成本增加的情况。施工组织设计要顾全局、抓关键、预见薄弱点，合理安排施工全过程，还应做好以下工作。

① 重视并充分做好施工准备工作。应结合工程项目的性质、规模、工期、劳动力数量、机械装备程度、材料供应情况、运输条件、地质条件等各项具体技术经济条件，编制施工组织设计。

② 合理安排施工进度。根据施工进度确定人工、材料、机械设备等资源使用计划，避免资源浪费。在确保合同工期的前提下，保证工程施工有节奏地进行，实现合同约定的质量、安全、环保目标和预期利润水平，提高综合效益。

③ 组织专业队伍连续交叉作业。尽可能组织流水施工，使工序衔接合理紧密，避免窝工。这样既能提高工程质量、保证施工安全，又可降低工程成本。

④ 科学配置施工机械。机械设备在选型和搭配上要合理，充分考虑施工作业面、路面状况和运距、施工强度和施工工序。在不影响总进度的前提下，适当调整局部进度计划，做到一机多用，提高机械设备利用率，达到降低机械使用费进而降低施工成本的目的。

⑤ 优选施工技术和施工方案。在满足合同约定的质量、安全及环保要求的前提下，采用新材料、新工艺，减少主要材料的浪费损耗，杜绝返工返修，合理降低工程成本。

⑥ 确保施工质量、安全、环保目标实现，降低工程质量、安全及环保成本。采用定性分析与定量分析相结合方式，对施工方案进行技术经济比较分析，按规定通过施工单位审

核后报送项目监理机构或建设单位审查。

（2）工程建造成本控制。

① 人工费控制。控制人工费的根本途径是提高劳动生产率，改善劳动组织结构，减少窝工浪费；实行合理的奖惩制度和激励办法，提高工人的劳动积极性和工作效率；加强劳动纪律，加强技术教育和培训工作；压缩非生产用工和辅助用工，严格控制非生产人员比例。

② 材料费控制。材料费占工程成本比重大，降本潜力大。降材料费措施有：做好采购计划节费用；改进采购、运输等环节工作减损耗；合理堆放材料避二次搬运损耗；严格验收和限额领料制度减浪费；建消耗与回收台账，合理用材料。

③ 施工机具使用费控制。施工机具使用费控制主要是要注意加强机械设备的一机多用，正确选配和合理利用机械设备，提高施工机械使用率，从而加快施工进度、增加产量、提高机械设备的综合使用率。

④ 措施费及间接费控制。措施费控制应本着“合理计划、有效利用、节约为主”的原则进行严格监控。间接费控制主要应通过精简管理机构，合理确定管理幅度和管理层次，业务管理部门的费用实行节约承包来落实。

（3）工期成本控制。

工程项目的工期与成本之间有着密切的关系。在一般情况下，直接成本会随着工期的缩短而增加，间接成本会随着工期的缩短而减少。在考虑项目总成本时，还应考虑工期变化带来的其他损益，包括效益增量和资金的时间价值等。工程项目成本与工期的关系如图 6-5 所示。

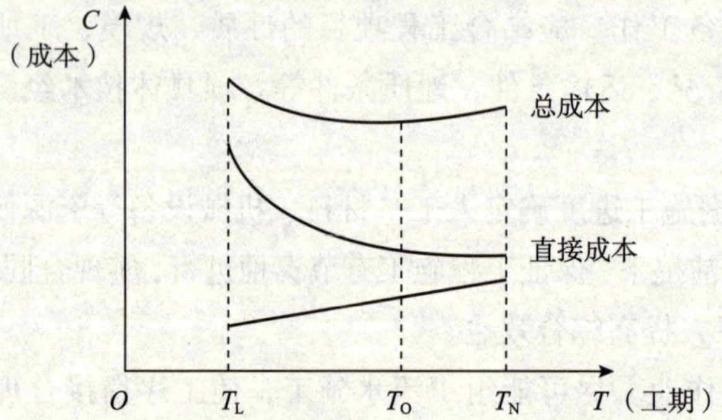

图 6-5　工期－成本曲线

为了控制项目工期成本，需要从多种进度计划方案中寻求工程项目总成本最低时的工期安排。在施工方案实施过程中，应比较工程实际进展情况与计划进度之间的关系，如果出现进度偏差，应采用上述方法进行工程－成本优化，寻求新的工程项目总成本最低时的工期安排。如此循环，直至工程项目完成为止。

（4）质量成本、安全成本、环保成本控制。

质量成本是指为达质量目标采取防控措施的成本与未达质量水平造成的损失成本之和，由控制成本、损失成本和外部质量保证成本构成。控制成本含预防成本（如质量策划、控制、培训费用）和鉴定成本；损失成本分内部和外部质量损失成本。

安全成本是指为保证安全生产而支出的一切费用和因安全事故而产生的一切损失费用之和。安全成本由安全保证成本（包括安全工程费用和安全预防费用）、安全损失成本（包括企业内部损失和企业外部损失）两部分组成。

环保成本是指按照可持续发展原则，在工程实施过程中所采取环保措施的成本，以及因环保事故而产生的一切损失费用之和。环保成本由环保措施成本和环保损失成本组成。

事实上，质量、安全、环保成本有共同特点：工程项目相应水平提高时，控制成本提高，损失成本降低。据此特点可绘成总成本曲线，其最低点为最佳成本。

（四）施工成本核算

成本核算是施工单位利用会计核算体系，对工程施工过程中所发生的各项费用进行归集，统计其实际发生额，并计算工程项目总成本和单位工程成本的管理工作。工程项目成本核算是施工单位成本管理最基础的工作，成本核算所提供的各种信息是成本预测、成本计划、成本控制和成本考核等的依据。

1. 成本核算对象和范围

施工项目经理部应建立和健全以单位工程为对象的成本核算账务体系，严格区分企业经营成本和项目生产成本，在工程项目实施阶段不对企业经营成本进行分摊，以正确反映工程项目可控成本的收、支、结、转的状况和成本管理业绩。

施工成本核算以项目经理责任成本目标为核算范围，以可控责任成本为对象，全过程分月跟踪核算。依当月工程形象进度，归集已完工程实际成本并与计划成本对比，分析分部分项成本偏差原因，后续采取控本措施、挖掘降本途径。项目经理部每月核算后编制成本报告，作为施工月报内容交企业生产与财务部门审核备案。

2. 成本核算方法

（1）表格核算法。表格核算法基于内部成本核算，由各要素部门和核算单位定期采集信息、填制表格，完成数据比较等简单核算，形成施工成本核算体系，是成本核算的支撑平台。它依赖多部门单位，专业性要求低。优点是简洁直观、易操作、适时性好；缺点是覆盖范围窄，核算债权债务难，难建严密审核制度，可能致数据失实、精度差。

（2）会计核算法。会计核算法基于会计核算，借助借贷记账法和收支全面核算特点，按施工成本内容与收支范围组织核算。既核算直接成本，也核算施工中的债权债务、工具器具摊销、报量收款、分包完成与付款等。优点是核算严密、逻辑性强、人为调节因素小、范围大，缺点是对核算人员专业水平要求高。

表格核算法便于操作、表格格式自由，可按需设表，对于项目各岗位成本责任核算实用性强。施工承包单位除企业层面会计核算外，还应在项目设成本会计时进行成本核算，以减少数据传递、提高及时性，便于与表格核算对接，这是项目施工成本核算的发展趋势。

总的说来，用表格核算法进行工程项目施工各岗位成本的责任核算和控制，用会计核算法进行工程项目施工成本核算，两者互补、相得益彰，确保工程项目施工成本核算工作的开展。

（五）施工成本分析

成本分析是揭示工程项目成本变化情况及其变化原因的过程。成本分析为成本考核提供依据，也为成本预测与成本计划指明方向。

扫一扫

施工成本控制的分析因素

1. 成本分析方法

成本分析的基本方法包括比较法、因素分析法、差额计算法、比率法等。

（1）比较法。比较法又称指标对比分析法，是指通过技术经济指标对比，检查目标完成情况，分析产生差异的原因，进而挖掘内部潜力的方法。其特点是通俗易懂、简单易行、便于掌握，因而得到广泛应用。在采用比较法时，可采取绝对数对比、增减差额对比或相对数对比等多种形式。

（2）因素分析法。因素分析法又称连环置换法。这种方法可用来分析各种因素对成本的影响程度。分析时，先假定一个因素变化而其他因素不变，在该因素变动基础上分析第二个因素变动，然后逐个替换并比较计算结果，以确定各因素变化对成本的影响程度，据此评价企业成本计划执行情况并提出改进措施。

（3）差额计算法。差额计算法是因素分析法的一种简化形式，它利用各个因素的目标值与实际值的差额来计算其对成本的影响程度。

（4）比率法。比率法是指用两个以上的指标的比例进行分析的方法。其基本特点是：先将对比分析的数值变成相对数，再观察其相互之间的关系。

2. 综合成本分析方法

综合成本是指涉及多种生产要素、受多种因素影响的成本费用，如分部分项、月（季）度、年度成本等，它们随工程施工进展形成，与生产经营密切相关。做好这些成本分析工作，能促进项目生产经营管理、提高经济效益。

（1）分部分项工程成本分析。分部分项工程成本分析是施工项目成本分析基础，以主要已完分部分项工程为对象。方法是进行预算、目标、实际成本“三算”对比，计算实际与预算、目标成本偏差，分析原因，为后续分部分项工程成本节约找途径。

对分部分项工程进行成本分析，要做到从开工到竣工进行系统的成本分析。因为通过主要分部分项工程成本的系统分析，可基本了解工程项目成本形成的全过程，为竣工成本分析和今后工程项目成本管理提供了宝贵的参考资料。

（2）月（季）度成本分析。月（季）度成本分析是项目定期、经常性中间成本分析。通过月（季）度成本分析，可及时发现问题，以便按照成本目标指定的方向进行监督和控制，保证工程项目成本目标的实现。月（季）度成本分析的依据是当月（季）的成本报表。

（3）年度成本分析。因工程项目施工周期长，除月（季）度成本核算分析，还需进行年度成本核算分析。通过年度成本综合分析可总结成本管理得失，为后续提供经验教训。其依据是年度成本报表，内容除月（季）度成本分析六方面外，重点是为下一年施工规划可行成本管理措施，确保成本目标实现。

（4）竣工成本综合分析。有多个单独核算成本的单位工程的项目，竣工成本分析以各单位工程竣工成本分析资料为基础，结合项目经理部经营效益（如资金调度、对外分包效益）综合分析；若施工项目仅一个成本核算对象（单位工程），则以其竣工成本资料为分析依据。单位工程竣工成本分析包括竣工成本、主要资源节超对比、主要技术节约措施及经济效果分析。

通过以上分析，可以全面了解单位工程的成本构成和降低成本的来源，对今后同类工程的成本管理很有参考价值。

（六）施工成本考核

成本考核是在工程项目建设中或完成后，定期总结评价各级单位成本管理的优劣并给予奖惩。施工单位应健全工程项目成本考核制度，作为成本管理责任体系一部分，该制度需明确考核目的、时间、范围等内容。

1. 成本考核内容

施工成本考核包括企业对项目成本的考核和企业对项目经理部可控责任成本的考核。企业对项目成本的考核包括对施工成本目标（降低额）完成情况的考核和对成本管理工作业绩的考核。企业对项目经理部可控责任成本的考核包括：

（1）项目成本目标和阶段成本目标完成情况；

（2）建立以项目经理为核心的成本管理责任制的落实情况；

（3）成本计划的编制和落实情况；

（4）对各部门、各施工队和班组责任成本的检查和考核情况；

（5）在成本管理中贯彻责权利相结合原则的执行情况。

除此之外，为层层落实项目成本管理工作，项目经理对所属各部门、各施工队和班组也要进行成本考核，主要考核其责任成本的完成情况。

2. 成本考核指标

（1）企业的项目成本考核指标：

$$\text{项目施工成本降低额} = \text{项目施工合同成本} - \text{项目实际施工成本} \tag{6-3}$$

$$\text{项目施工成本降低率} = \text{项目施工成本降低额} / \text{项目施工合同成本} \times 100\% \tag{6-4}$$

（2）项目经理部可控责任成本考核指标。

① 项目经理责任目标总成本降低额和降低率：

$$\text{目标总成本降低额} = \text{项目经理责任目标总成本} - \text{项目竣工结算总成本} \tag{6-5}$$

$$\text{目标总成本降低率} = \text{目标总成本降低额} / \text{项目经理责任目标总成本} \times 100\% \tag{6-6}$$

② 施工责任目标成本实际降低额和降低率：

施工责任目标成本实际降低额 = 施工责任目标总成本 − 工程竣工结算总成本 （6-7）

施工责任目标成本实际降低率 = 施工责任目标成本实际降低额 / 施工责任目标总成本 ×100% （6-8）

③ 施工计划成本实际降低额和降低率：

施工计划成本实际降低额 = 施工计划总成本 − 工程竣工结算总成本 （6-9）

施工计划成本实际降低率 = 施工计划成本实际降低额 / 施工计划总成本 ×100% （6-10）

施工单位要充分运用工程项目成本核算资料与报表，安排企业财务审计部门对项目经理部的成本和效益开展全面审核。在此审核基础之上，认真做好工程项目成本效益的考核与评价工作。随后，依据项目经理部的绩效情况，切实落实成本管理责任制的激励措施。

任务四 工程变更与合同价款调整

任务描述

在某地铁线路建设项目中，工程经济部负责处理工程变更与合同价款调整事宜。需根据工程实际变化，评估变更影响，与承包商协商确定变更价格，及时调整合同价款，确保变更管理规范有序，项目成本得到有效控制。

任务分析

任务要求快速响应工程变更，准确评估变更影响；加强与承包商沟通，合理确定变更价格；严格遵循变更程序，确保变更管理合规；及时调整合同价款，控制项目成本风险；通过有效管理工程变更，保障项目顺利进行，维护项目利益。

任务实施

一、工程变更的概念及产生的原因

工程变更包括工程量的变更、工程项目的变更（如发包人提出增加或者删减原项目内容）、进度计划的变更、施工条件的变更等。如果按照变更的原因划分，变更的种类可以分为发包人变更指令（包括发包人对工程有了新的要求、发包人修改项目计划、发包人削减预算、发包人对项目进度有了新的要求等）；由于设计错误，必须对设计图纸做修改；由于新技术和新知识的产生，有必要改变原设计方案或实施计划；工程环境的变化；法律法规或者政府对建设项目有了新的要求、新的规定等。所有这些变更最终往往表现为设计变更，因为我国要求严格按图施工，所以如果变更影响了原来的设计，则首先应当变更原设计。考虑设计变更在工程变更中的重要性，往往将工程变更分为设计变更和其他变更两大类。

在工程项目实施期间，设计变更主要源于业主对项目要求的修改，以及设计方因业主要求变动、施工现场环境改变、施工技术需求等因素而做的调整。施工过程中，一旦发生设计变更，会对施工进度造成重大影响。所以，应尽可能地减少设计变更。若确实需要进行设计变更，则必须严格遵循国家规定和合同约定的程序来操作。

合同履行中其他变更如发包人要求变更工程质量标准或发生其他实质性变更，应由双方协商解决。

上述诸多的工程变更，一方面是主观原因造成的，如业主的要求变化、勘测设计工作粗糙，导致在施工过程中发现许多招标文件中没有考虑或者估算不准确的工程量，因而不得不改变施工项目或增减工程量；另一方面是客观原因造成的，如发生不可预见的事故、自然或社会原因引起的停工或工期拖延等，而导致工程变更。

二、工程变更的处理程序

（一）工程变更的确认

工程变更会导致工程造价和工期变化，为有效控制造价，任何一方提出变更都需工程师确认并签发指令。变更发生时，工程师要及时处理并确认合理性，一般流程为提出变更→分析对项目目标影响→分析相关合同条款、会议及通信记录→初步确定变更所需费用、时间和质量要求→确认变更。重大设计变更处置流程如图 6-6 所示。

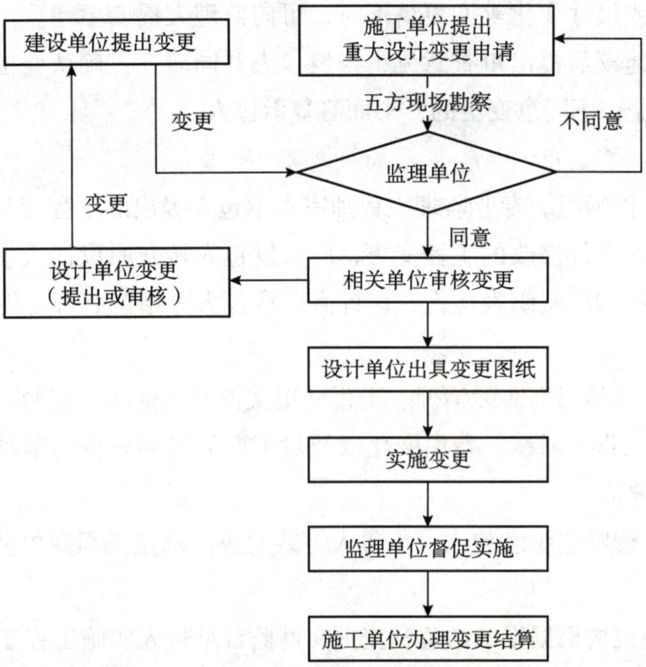

图 6-6　重大设计变更处置流程

（二）工程变更的处理程序

1. 监理人指示变更的处理程序

监理人指示变更包括直接指示变更和通过与承包人协商后确定变更两种情况，相应的处理程序有所不同。

（1）直接指示变更的处理程序。这种变更属于必须实施的变更，不必征求承包人意见。监理人在征得发包人同意后可直接发出变更指令，要求承包人完成变更工作。

（2）通过与承包人协商后确定变更的处理程序。这种变更属于可能发生的变更，需与承包人协商后再确定是否实施变更。处理程序如下：监理人先向承包人发变更意向书，说明变更内容、时间要求等并附资料。承包人收到后决定是否同意变更，同意则向监理人提书面变更建议，含实施方案、费用和（或）工期要求。监理人审查建议，可行发变更指令，不可行则与承包人和发包人协商确定是否撤销、改变意向书。承包人不同意变更应立即通知监理人并说明原因附依据。发包人不同意变更时，监理人无权擅自发出变更指令。

2. 承包人申请变更的处理程序

（1）承包人申请变更的处理程序。承包人认为设计等方面存在可降低造价、缩短工期或提高效益的可能时，可向监理人提合理化建议，说明内容、理由及对合同价格和工期的影响并附设计文件。监理人收到后在约定期限（一般 7 天）内提出审查意见，与发包人协商是否采纳。建议获发包人同意且构成变更，监理人发变更指令。若建议让发包人获实际利益，发包人按专用合同条款约定给予奖励。

（2）承包人要求变更的处理程序。承包人认为设计图纸等文件有提高质量标准、增加工作内容、位置或尺寸变化等变更情形时，可向监理人提变更建议，明确依据并附图纸说明。监理人收到建议后提出审查意见，与发包人共同研究，确认变更的，在约定期限内向承包人发变更指令；不同意变更的，书面答复承包人。

3. 项目监理机构承包人申请变更的处理程序

（1）总监理工程师组织专业监理工程师审查承包人提出的工程变更申请，提出审查意见。对涉及工程设计文件修改的工程变更，应由发包人转交原设计人修改工程设计文件。必要时，项目监理机构应组织发包人、设计人、承包人等单位召开专题会议，论证工程设计文件的修改方案。

（2）总监理工程师根据实际情况、工程变更文件和其他相关资料，在专业监理工程师对工程变更引起的工程量增减、费用变化以及对工期的影响分析的基础上，对工程变更费用及工期影响作出评估。

（3）总监理工程师组织发包人、承包人等共同协商确定工程变更费用及工期变化，会签工程变更单。

（4）项目监理机构根据批准的工程变更文件监督承包人实施工程变更。

三、工程变更价款的计算

（一）变更后合同价款的计算方法

在工程设计变更确定后 14 天内，设计变更涉及工程价款调整的，由承包人向发包人提出，经发包人审核同意后调整合同价款。变更合同价款按照下列方法进行计算。

（1）合同中已有适用于变更工程的价格，按合同已有的价格计算变更合同价款。

（2）合同中只有类似于变更工程的价格，可以参照此价格确定变更合同价款。

（3）合同中没有适用或类似于变更工程的价格，由承包人提出适当的变更价格，经双方确认后执行。

如果双方不能达成一致的，可提请工程所在地的工程造价管理机构进行咨询或按合同约定的争议或纠纷处理程序办理。

（二）工程变更后合同价款的确定程序

设计变更发生后，承包人应在确定变更 14 天内提出变更工程价款报告，经工程师确认后调整合同价款。若承包人未提报告，发包人可依掌握资料决定是否及如何调整价款。重大工程变更价款报告和确认时限由发承包双方协商确定。

工程师应在收到变更工程价款报告之日起 14 天内，予以确认或提出协商意见。自变更价款报告送达之日起 14 天内，工程师未确认也未提出协商意见，则视该工程变更价款报告已被确认。

确认增加或减少的工程变更价款作为追加或减少合同价款与工程进度款同期支付。

任务五　工程索赔

任务描述

在某大型桥梁建设项目中，合同纠纷处理人员负责处理工程索赔事务。需深入分析索赔事件，收集证据资料，依据合同条款与法律法规，评估索赔金额与责任归属，与承包商进行协商谈判，妥善处理索赔事宜，保障项目合法权益。

任务分析

任务要求准确识别索赔事件，及时收集有利证据；精通合同条款，明确责任划分；客观评估索赔金额，确保合理合法；加强与承包商的沟通协调，寻求双赢解决方案；通过有效处理索赔，维护项目利益，降低损失风险。

任务实施

一、工程索赔的概念及分类

（一）工程索赔的基本概念

工程索赔是合同履行中，一方因非自身原因受损，按合同或法规应由对方担责，从而向对方提出补偿要求。因建设工程复杂，索赔在建设中必然且常发生，是合同管理重要部分。索赔是当事人权利，是维护正当利益手段，既可行又必要，运用得当可化不利为有利。索赔是合同双方依约维护合法利益的经济补偿行为，非惩罚。

索赔是双向的，既包括承包人向发包人的索赔，也包括发包人向承包人的索赔。但在工程实践中，发包人索赔数量较小，而且处理方便，可能通过冲账、扣拨工程款、扣保证金等实现对承包人的索赔；而承包人对发包人的索赔则比较困难一些。通常情况下，索赔是指承包人在合同实施过程中，对非自身原因造成的工程延期、费用增加而要求发包人给予补偿损失的一种权利要求。

目前，索赔成为承包商赢利重要手段与经营策略。建筑市场竞争激烈，承包人低价中标后，通过施工索赔提高合同价、减少风险、避免亏本以赢利。现代工程项目索赔增多，目的是获工期延长和费用补偿。所以，项目各方须重视索赔，提升管理水平。

（二）工程索赔的分类

从不同的角度，按不同的方法和不同的标准，以及不同的原因，工程索赔有多种分类方法，具体见表 6-2。

表 6-2　工程索赔分类

序号	类别	分类	内容
1	按索赔目的	（1）工期索赔 （2）费用索赔	（1）要求延长合同工期 （2）要求费用补偿、提高合同价格
2	按合同类型	（1）总包合同索赔 （2）分包合同索赔 （3）合伙合同索赔 （4）供应合同索赔 （5）劳务合同索赔 （6）其他	（1）总承包与业主之间的索赔 （2）总承包与分包商之间的索赔 （3）合伙人之间的索赔 （4）业主（或承包商）与供应商之间的索赔 （5）劳务供应商与雇用者之间的索赔 （6）向银行或保险公司的索赔等
3	按索赔起因	（1）当事人违约 （2）合同变更与工程师指令 （3）工程环境变化 （4）不可抗力因素	（1）如业主未按照合同规定提供施工条件，下达错误指令，拖延下达指令，未按照合同支付工程款 （2）业主指令修改设计、进度计划、施工方案，合同条款缺陷，错误、矛盾、不一致等，双方达成新的附加协议、修正案、备忘录 （3）地质条件与合同规定不一致 （4）物价上涨，法律变化，汇率变化；反常气候条件、洪水、地震、战争、经济封锁等

表 6-2（续）

序号	类别	分类	内容
4	按索赔事件的性质	（1）工期的延长或中断索赔 （2）工程变更索赔 （3）工程终止索赔 （4）工程加速索赔 （5）意外风险和不可预见因素索赔 （6）其他	（1）干扰事件的影响造成工程拖延或工程中断一段时间 （2）干扰事件引起工程量增加、减少、增加新的工程变更施工次序 （3）干扰事件造成被迫停工 （4）物价上涨、政策、法律变化等
5	按处理方式	（1）单项索赔 （2）总索赔（称为一揽子索赔或综合索赔）	（1）在施工中，针对某一事件的索赔 （2）将许多已提出但未获得解决的单项索赔集中起来，提出一份总索赔报告。在竣工前提出，双方进行最终谈判，以一个一揽子方案解决
6	按索赔的合同依据	（1）合同内索赔 （2）合同外索赔 （3）道义索赔	（1）索赔内容所涉及的均可在合同中找到依据 （2）索赔内容和权利虽然难以在合同条件中找到依据，但权利可以来自普通法律 （3）承包人对其损失寻求优惠性质的付款

二、索赔处理的依据和程序

（一）工程索赔的依据

合同一方索赔需具备索赔三要素：正当理由、有效证据，且在合同约定期限内提出。任何索赔事件确立的前提是有正当理由，而说明理由必须有证据，因为索赔靠证据支撑，无证据或证据不足难以成功。所以，索赔要具备正当理由、有效证据，且在约定期限提出。

1. 对索赔证据的要求

对于索赔证据要求具备如下五个性质。

（1）真实性。索赔证据必须是在实施合同过程中确定存在和发生的，必须完全反映实际情况，能经得住推敲。

（2）全面性。所提供的证据应能说明事件的全过程。索赔报告中涉及的索赔理由、事件过程、影响、索赔数额等都应有相应证据，不能零乱和支离破碎。

（3）关联性。索赔的证据应当能够互相说明，相互具有关联性，不能互相矛盾。

（4）及时性。索赔证据的取得及提出应当及时。

（5）具有法律证明效力。一般要求证据必须是书面文件，有关记录、协议、纪要必须是双方签署的；工程中重大事件、特殊情况的记录、统计必须由合同约定的发包人现场代表或监理工程师签证认可。

2. 索赔证据的种类

为了获得索赔的成功，应十分注意收集具有法律效力的证据，以下书面文件可以作为工程索赔的证据（依据）。

（1）招标文件、施工合同文本及附件、发包人认可的施工组织设计、工程图、技术规范等。

（2）工程各项有关的设计交底记录、变更图样、变更施工指令等。

（3）工程各项经发包人或合同中约定的发包人现场代表或监理工程师签认的签证。

（4）工程各项往来信件、指令、信函、通知、答复等。

（5）工程各项会议纪要。

（6）施工计划及现场实施情况记录。

（7）施工日报及工长工作日志、备忘录。

（8）工程送电、送水、道路开通、封闭的日期及数量记录。

（9）工程停电、停水和干扰事件影响的日期及恢复施工的日期。

（10）工程预付款、进度款拨付的数额及日期记录。

（11）工程图变更、交底记录的送达份数及日期记录。

（12）工程有关施工部位的照片及录像等。

（13）工程现场气候记录，有关天气的温度、风力、雨雪等。

（14）工程验收报告及各项技术鉴定报告等。

（15）工程材料采购、订货、运输、进场、验收、使用等方面的凭据。

（16）国家和省级或行业建设主管部门有关影响工程造价、工期的文件、规定等。

（二）《建设工程工程量清单计价规范》中规定的索赔程序

发生索赔事件时，合同当事人一方向另一方提出索赔时，要有正当的索赔理由，且有索赔事件发生时的有效证据，并按照相关程序要求进行索赔处理。

1. 承包人提出索赔的程序

《建设工程工程量清单计价规范》中规定承包人认为非承包人原因发生的事件造成了承包人的损失，按下列程序向发包人提出索赔。

（1）承包人应在知道或应当知道索赔事件发生后的28天内，向发包人递交索赔意向通知书，说明发生索赔事件的事由；承包人未在前述的28天内发出索赔意向通知书的，丧失要求追加付款和（或）延长工期的权利。

（2）承包人应在发出索赔意向通知书后的28天内，向发包人正式递交索赔通知书；索赔通知书应详细说明索赔理由以及要求追加的付款金额和（或）延长的工期，并附必要的记录和证明材料。

（3）索赔事件具有持续影响的，承包人应按合理时间间隔继续递交延续索赔通知书，说明持续影响的实际情况和记录，列出累计的追加付款金额和（或）工期延长天数。

（4）在索赔事件影响结束后28天内，承包人应向监理人递交最终索赔通知书，说明最终要求索赔的追加付款金额和（或）延长的工期，并附必要的记录和证明材料。

索赔分单项与综合索赔。单项索赔采用一事一索方式，索赔事项发生后，递交通知书、编报报告，单项解决支付，不与其他索赔事项混同。单项索赔是施工索赔的常用方式，避免多项索赔相互影响制约，解决较易。施工中若受严重干扰，承包人施工与原计划差异大，合同规定工作和变更后工作混淆，无法为索赔保留准确详细成本记录，难以分辨原定与新增费用，此时无法采用单项索赔，只能采用综合索赔。综合索赔又称总索赔、一揽子索赔，是将工程中数起索赔事项综合索赔，是特定情况下被迫采用的索赔方法。

采取综合索赔时，承包人必须提出以下证明：承包商的投标报价是合理的；实际发生的总成本是合理的；承包商对成本增加没有任何责任；不可能采用其他方法准确地计算出实际发生的损失数额。

小贴士

采取综合索赔的方式应尽量避免，因为它涉及的争论因素太多，一般很难成功。

2. 发包人对承包人索赔的处理程序

承包人索赔应按下列程序处理。

（1）发包人收到承包人的索赔通知书后，应及时查验承包人的记录和证明材料。

（2）发包人应在收到索赔通知书或有关索赔的进一步证明材料后的 28 天内，将索赔处理结果答复承包人，如果发包人逾期未作出答复，视为承包人索赔要求已被发包人认可。

（3）承包人接受索赔处理结果的，索赔款项作为增加合同价款，在当期进度款中进行支付；承包人不接受索赔处理结果的，按照合同约定的争议解决方式处理。

3. 发包人提出索赔的程序与处理

发包人认为由于承包人的原因造成发包人的损失，可向承包人进行索赔，这体现了发包人与承包人平等的索赔权利。

其一般程序是：发包人应在确认引起索赔的事件发生后的 28 天内向承包人发出索赔通知，否则，发包人丧失要求赔付金额和（或）延长缺陷责任期的权利。

承包人应在收到索赔报告后的 28 天内回应，将处理结果答复发包人。若未在该期限答复，视为认可发包人索赔要求。承包人接受处理结果，发包人可从应付合同价款中扣赔付金额或延长缺陷责任期；发包人不接受，按合同约定争议解决方式处理。

4. 发包人索赔的内容与方式

发包人提出要求赔偿时，可以选择以下一项或几项方式获得赔偿：延长质量缺陷修复期限；要求承包人支付实际发生的额外费用；要求承包人按合同的约定支付违约金。

承包人应付给发包人的索赔金额可从拟支付给承包人的合同价款中扣除，或由承包人以其他方式支付给发包人。

5. 提出索赔的期限

发承包双方完成竣工结算，承包人接收竣工付款证书后，无权再提竣工结算前的索赔。

承包人在最终结清申请中，仅能提出工程接收证书颁发后、即竣工结算后的索赔。索赔期限至发承包双方最终结清，即承包人接受最终结清证书时终止。

三、索赔报告及工程索赔计算

（一）索赔报告的内容

索赔报告的具体内容随该索赔事件的性质和特点而有所不同。一般来说，完整的索赔报告应包括以下几部分。

1. 总论

总论是对索赔事项的概括性阐述，一般包括序言、索赔事项概述、索赔要求、索赔报告编写及审核人员名单等。

2. 根据

该部分主要是说明自己具有的索赔权利，是索赔成立的关键。书写索赔根据时，主要依据工程项目合同文件，参考有关法律规定，承包人需引用合同具体条款，说明应获经济补偿或工期延长。一般而言，根据部分涵盖：索赔事件发生情况、递交索赔意向书情况、索赔事件处理过程、索赔要求的合同依据及所附证据资料。

3. 计算

计算是以具体的计算过程为依据，说明自己应得的经济补偿或工期延长，计算是对索赔的定量阐述。施工方必须阐明下列问题：索赔款的要求总额、各项索赔款的计算、各项开支的计算依据及证据资料。

4. 证据

证据包括索赔事件所涉及的一切证据资料，以及对这些证据的说明。证据是索赔报告的重要组成部分。在引用证据时，要注意证据的效力或可信程度，为此，对重要的证据资料最好附以文字证明或确认件。

索赔依据应当具备真实性、全面性、关联性、及时性以及具有法律证明效力等基本特征。索赔证据种类见前文所述。

（二）索赔的内容

承包人要求赔偿时，可以选择下列一项或几项方式获得赔偿：延长工期；要求发包人支付实际发生的额外费用；要求发包人支付合理的预期利润；要求发包人按合同的约定支付违约金。

可见，承包人要求赔偿的内容可分为索赔费用和（或）索赔工期。索赔事件致费用损失时常引起工期变动。若费用损失与工期相关联，承包人向发包人提费用索赔时应同时提延长工期要求。发包人批准索赔报告时，应将费用损失与延长工期关联，综合决定是否批准费用索赔和延长工期。

（三）费用索赔的计算

承包人索赔时，除工期索赔之外，还可选择以下一种或多种赔偿方式：要求发包人支付实际额外费用、合理预期利润、按合同约定支付违约金。发包人应付的索赔金额可作为增加的合同价款，在当期进度款中支付。

发包人要求赔偿时，除可以延长质量缺陷修复期限之外，还可以选择以下一项或几项方式获得赔偿：要求承包人支付实际发生的额外费用；要求承包人按合同的约定支付违约金。承包人应付给发包人的索赔金额可以从拟支付承包人的合同价款中扣除，或由承包人以其他方式支付发包人。

1. 索赔费用的组成

引起索赔的原因不同，索赔费用构成也不尽一致，但所有的可索赔费用项目归纳起来包含人工费、材料和工程设备费、施工机具使用费、其他（如保函手续费、延迟付款利息）、保险费、利润、企业管理费等。

（1）可索赔的人工费主要包括增加工作内容的人工费、停工损失费和工作效率降低的损失费等，其中增加工作内容的人工费应按照计日工费计算，停工损失费和工作效率降低的损失费按窝工费计算，窝工费的标准双方在合同中约定。

（2）可索赔的施工机具使用费包括完成额外工作增费、业主或工程师致机械停工窝工费、非承包人责任致工效降低增费等，有机械台班费、折旧费、设备租赁费等形式。工作内容增加致机械费索赔，按机械台班费算；窝工致机械费索赔，自有机械按折旧费算，外租机械按设备租赁费算。

（3）可索赔的材料和工程设备费涵盖：索赔事项致实际用量超计划的费用、客观因素致价格大幅上涨费用、非承包商原因工期延误致价格上涨及超期储存费用等，含运输、仓储及合理消耗费。索赔额一般按索赔用量与单价涨幅乘积计算。用量可从采购、使用等记录、报表及成本报告获取；单价涨幅采用合同规定调价法（价格指数或价格信息调价法），依据政府物价或统计部门价格指数、工程造价机构公布的材料价格。

（4）延长工期时，保函手续费相应增加，反之，取消部分工程且发包人与承包人达成提前竣工协议，对承包人的保函金额相应折减，则计入合同价内的保函手续费也应扣减。该费用需要承包人按时提供确实证据和票据，据实索赔。

（5）发包人未按约定时间进行付款的，应按银行同期贷款利率支付延迟付款利息。

（6）由于索赔性质不同，利润索赔成功率也有区别。以下情况承包人一般可提利润索赔：变更等致工程量增加、文件缺陷或技术错误、业主未提供现场、施工条件变化等索赔可列入利润；业主原因终止或放弃合同，承包人除获已完工工程款以外，还应获得原定比例利润。索赔利润款额计算通常与原报价单利润比率一致。

（7）管理费分为现场管理费用和公司管理费用，由于计算方法有所不同，应该区别对待。主要是指工期延误期间增加的管理费。

施工索赔中以下几项费用是不允许索赔的：承包人对索赔事项的发生原因负有责任的有关费用；承包人对索赔事项未采取减轻措施，因而扩大的损失费用；承包人进行索赔工作的准备费用；索赔款在索赔处理期间的利息。

2. 索赔费用的计算方法

索赔费用的计算方法，一般有以下几种。

（1）总费用法。其基本思路是，把总价合同转化为成本加酬金合同，即以承包人的额外成本为基础加上管理费和利息等附加费作为索赔值。

（2）分项法。分项法是按照引起损失的干扰事件，以及这些事件所引起损失的费用项目，分别分析计算索赔值的方法。

（3）因素分析法。也称连环替代法。为保证分析结果可比性，应将各指标按经济关系分解为若干因素指标乘积形式，同时注意因素排列顺序，遵循数量、实物、基本指标在前，质量、价值、从属指标在后，且相邻因素指标相乘有意义的原则。

四、其他索赔类事项引起的合同价款调整

工程索赔类事项引起的合同价款调整除了前述的索赔外，还涉及不可抗力、提前竣工（赶工补偿）、误期赔偿。

（一）不可抗力

不可抗力指的是，在承包人与发包人签订合同之时无法预见，并且在工程建设期间必然会出现且无法抵御的自然灾害与社会性突发事件。具体涵盖地震、海啸、瘟疫、水灾等自然灾害，以及骚乱、暴动、战争等社会性突发事件，此外还包括专用合同条款里所约定的其他类似情形。

发生不可抗力的风险分担原则为：各自损失各自承担，工程损失由发包人承担。计价规范中规定：因不可抗力事件导致的人员伤亡、财产损失及其费用增加，发承包双方按下列原则分别承担并调整合同价款和工期。

（1）合同工程本身的损害、因工程损害导致第三方人员伤亡和财产损失以及运至施工场地用于施工的材料和待安装的设备的损害，由发包人承担。

（2）发包人、承包人人员伤亡由其所在单位负责，并承担相应费用。

（3）承包人的施工机械设备损坏及停工损失，由承包人承担。

（4）停工期间，承包人应发包人要求留在施工场地的必要的管理人员及保卫人员的费用由发包人承担。

（5）工程所需清理、修复费用，由发包人承担。

（6）不可抗力解除后复工的，若不能近期竣工，应合理延长工期。发包人要求赶工的，赶工费用由发包人承担。

（二）提前竣工（赶工补偿）

提前竣工是发包人的需求所致，在此情况下，发包人和承包人会协商对合同工程的进度计划予以压缩。最终，合同工程的实际工期会短于原定合同工期（按日历天数计算）。而原定合同工期的计算方式为：可原谅的合理顺延工期与合同协议书里双方约定的工期相加所得之和。

1. 提前竣工引起合同价款调整的规定

《建设工程工程量清单计价规范》中对于提前竣工的相关规定主要有以下几点。

（1）工程实施过程中，发包人要求合同工程提前竣工的，应征取得承包人同意后与承包人商定采取加快工程进度的措施，并修订合同工程进度计划。发包人应承担承包人由此增加的提前竣工（赶工补偿）费用。

（2）工程发包时，招标人应当依据相关工程的工期定额合理计算工期，压缩的工期天数不得超过定额工期的 20%，将其量化。超过者，应在招标文件中明示增加赶工费用。

（3）发承包双方应在合同中约定提前竣工每日历天应补偿额度，此项费用应作为增加合同价款列入竣工结算文件中，与结算款一并支付。除合同另有约定以外，提前竣工补偿的最高限额为合同价款的 5%。

2. 提前竣工（赶工补偿）费的构成

赶工费用主要包括以下几点。

（1）人工费的增加。例如新增加投入人工的报酬、不经济地使用人工使生产效率降低补贴、节假日加班、夜班补贴等。

（2）材料费的增加。例如增加材料的投入、不经济地使用材料造成的损耗过大、材料提前交货可能增加的费用、材料运输费的增加等。

（3）机械费的增加。例如增加机械设备使用时间，不经济地使用机械等。

（三）误期赔偿

所谓误期赔偿，是指承包人未按照合同工程的计划进度施工，导致实际工期超过合同工期（包括经发包人批准的延长工期），承包人应向发包人赔偿损失发生的费用。工程施工合同中规定的误期赔偿费，通常都是由发包人在招标文件中确定的。

《建设工程工程量清单计价规范》规定：如果承包人未按照合同约定施工，导致实际进度迟于计划进度的，承包人应加快进度，实现合同工期。合同工程发生误期，承包人应赔偿发包人由此造成的损失，并按照合同约定向发包人支付误期赔偿费。即使承包人支付误期赔偿费，也不能免除承包人按照合同约定应承担的任何责任和应履行的任何义务。发承包双方应在合同中约定误期赔偿费，明确每日历天应赔额度。误期赔偿费列入竣工结算文件中，在结算款中扣除。如果在工程竣工之前，合同工程内的某单项（位）工程已通过了竣工验收，且该单项（位）工程接收证书中表明的竣工日期并未延误，而是合同工程的其他部分产生了工期延误，则误期赔偿费应按照已颁发工程接收证书的单项（位）工程造价占合同价款的比例幅度予以扣减。

任务六 工程计量与价款结算管理

任务描述

在某城市综合体建设项目中，项目造价管理负责工程计量与价款结算管理。需按照合同约定与行业标准，对工程各分项进行准确计量，审核承包商提交的结算资料，确保结算数据真实无误，及时办理价款结算手续，保障项目资金流转顺畅。

任务分析

任务要求熟悉工程计量规则，确保计量准确无误；严格审核结算资料，防范虚假报账；及时办理结算手续，避免资金积压；加强与财务部门的协同，保障资金安全高效使用；通过规范计量与结算管理，提升项目财务管理水平。

任务实施

一、工程计量管理

工程计量的工作内容是，依据设计文件以及施工合同里关于工程量计算的相关规定，对施工单位所申报的已完成工程量进行核查与验证。由于工程计量的结果会直接作为工程价款结算的基础和依据，所以在施工阶段的造价管理工作中，工程计量是至关重要的环节之一。

（一）工程计量依据和原则

1. 工程计量依据

工程计量依据主要包括以下内容。

（1）已完工工程确认、勘验记录或质量合格证书；

（2）工程量清单前言和技术规范；

（3）经审定的施工设计图纸、施工组织设计和技术措施方案；

（4）施工现场情况和实测数据；

（5）其他有关技术经济文件。

2. 工程计量原则

工程计量应遵循下列原则。

（1）不符合施工合同文件要求，未经工程质量检验或未按设计要求完成的工程与工作，均不予计量；

（2）按施工合同文件规定及项目监理机构批准的方法、范围、内容和单位进行计量；

（3）属于施工单位应承担的责任与风险，或因施工单位原因发生的工程量不予计量。

（二）工程计量方法

工程计量的常用方法及内容见表 6-3。

表 6-3　工程计量方法

方法	内容
图纸法	图纸法即根据分部分项工程、单位工程和单项工程的施工图纸的几何尺寸进行计量。工程计量最终所确认的数量是根据图纸提供的数据或图纸显示的几何尺寸计算得到的，但仍需对工程进行详细计量，目的是检查几何尺寸是否在技术标准要求的误差范围内，以保证工程质量符合要求
均摊法	均摊法即对工程量清单中某些项目的合同条款，按合同工期平均计量。每月均有发生是这些项目的共同特征
凭据法	凭据法即按照施工单位提供的凭据进行计量支付。例如，建筑工程保险费、第三方责任险保险费、履约保证金等
断面法	断面法主要用于取土坑或填筑路堤土方的计量
分解计量法	分解计量法即根据工序或部位将一个项目分解为若干子项目，对完成的各子项目进行计量支付。对于一些包干项目或支付时间过长的较大工程项目，适合采用分解计量法

二、工程价款结算管理

施工过程中的工程结算是指发承包双方依据合同约定，进行工程预付款、工程进度款的结算。

（一）工程预付款支付与扣回

工程预付款是施工合同订立后，建设单位按合同在开工前预付给施工单位的工程款，一般用于施工单位采购工程材料、构配件等。

1. 工程预付款支付条件

施工单位向建设单位提交金额等于预付款数额的银行保函；合同协议书已签订；履约保单已提交。

2. 工程预付款支付时间

建设单位应按照施工合同约定时间预付工程款。若建设单位未按约定时间预付，施工单位应在预付时间到期后约定时间内向建设单位发出要求预付的通知，建设单位应承担相应违约责任。

3. 工程预付款计算方法

（1）根据工程规模和性质、市场行情等因素，在合同条件中约定工程预付款所占合同价款百分比，据此计算工程预付款数额。

（2）影响因素法。将影响工程预付款数额的每个因素作为参数，按其影响关系计算工程预付款。计算公式为

$$A=\frac{BK}{T}t \tag{6-11}$$

式中 A——预付款数额；

B——年度建筑安装工程费；

K——主材及构件费占年度建筑安装工程费比例；

T——计划工期；

t——材料储备时间。

（3）额度系数法。设工程预付款额度系数为 λ，即工程预付款数额占年度建筑安装工程费百分比。一般情况下，工程预付款额度按工程类别、施工期限、建筑材料和构件生产供应情况统一测定，通常 λ=20%～30%。

4. 工程预付款起扣点确定

工程预付款抵扣方式须在合同中约定，并在支付工程进度款时进行抵扣。工程预付款开始扣还时的工程进度状态称为工程预付款起扣点。常用以下两种方式确定起扣点。

（1）按累计完成建筑安装工程量数额表示，称为累计工程量起扣点 W，计算公式为

$$W=B-\frac{A}{K} \tag{6-12}$$

式中符号含义同前。

（2）按累计完成建筑安装工程量与年度建筑安装工程量百分比 R 表示，称为工作量百分比起扣点，计算公式为

$$R=\frac{W}{B}\times100\%=\left(1-\frac{A}{KB}\right)\times100\% \tag{6-13}$$

式中符号含义同前。

5. 应扣工程预付款数额

对于工期较短、造价较低、规模较小的工程项目，可通过合同条款予以确定，扣还工程预付款。当合同没有明确约定时，可采用一次扣还法和分次扣还法。

（1）一次扣还法。一次扣还法是指在未完工建筑安装工作量等于预付款时，以全部未完工价款一次抵扣预付款为标准，施工单位停收价款。此方法虽简单，但建设单位易失去对未完工程大部分的经济控制权，一般不宜采用。

（2）分次扣还法。分次扣还法是指即自起扣点开始扣还工程预付款，每次结算工程价款时，按材料比例抵扣工程价款，工程竣工前全部扣清。

针对工程造价低且工期短的简单工程，在施工过程中无须分次抵扣工程款。当工程预付款与已支付工程款之和达到应支付的合同价款时，便停止支付工程款。

（二）工程进度款结算

工程进度款是指施工单位就已完成的部分工程，与建设单位结算工程价款，其目的是用来补偿施工过程中的资金耗用，以确保工程项目顺利进行。

1. 工程进度款结算方式

工程进度款可按月结算，也可分段结算。所谓分段结算，是指将工期较长的工程项目按照形象进度划分为不同阶段，依此支付工程进度款。

2. 每期工程进度款应考虑款项

（1）经确认核实的已完工程量对应的工程价款；

（2）设计变更应调整的合同价；

（3）本期应扣回工程预付款；

（4）根据合同中允许调整合同价款的规定，应补偿给施工单位的款项和应扣减款项；

（5）经项目监理机构批准的施工单位索赔款；

（6）其他应支付或扣回款项。

（三）工程价款动态结算

工程价款动态结算就是将各种动态因素渗透到工程结算过程中，使工程价款结算能反映实际消耗的费用。常用的动态结算方法有以下几种。

1. 按实际价格结算法

按实际价格结算法允许施工单位凭借发票按实际费用进行报销。该方法操作简便，然而因其实报实销的特性，施工单位缺乏降低成本的动力。为减少这一弊端，合同中应明确规定建设单位或项目监理机构有权要求施工单位选择价格更为低廉的供应渠道。

2. 按主材计算价差

建设单位在招标文件中列出需要调整价差的主要材料表及其基准日期价格（一般采用当时当地工程造价管理机构公布的信息价或结算价），工程结算时按当时当地工程造价管理机构公布的材料信息价或结算价，与招标文件中列出的基准日期价比较计算材料价差。

3. 调价系数法

调价系数法是指按工程价格管理机构公布的调价系数及调价计算方法计算价差。

4. 调值公式法

调值公式法又称动态结算公式法，即在建设单位与施工单位签订的合同中明确规定调值公式。价格调整的计算工作比较复杂，要确定计算物价指数的品种。一般地说，品种不宜太多，只确定那些对工程款影响较大的因素，如水泥、钢材、木材和工资等，这样便于计算。

小贴士

1. 在合同条款中，一是应写明经双方商定的调整因素，以及物价波动到何种程度才进行调整（一般在 ±10%）；二是应确定考核的地点和时点，地点一般在工程所在地，或指定某地的市场价格，时点是指某月某日的市场价格。这里要确定两个时点价格，即基准日期的市场价格（基础价格）和与特定付款证书有关的期间最后一天的时点价格。这两个时点是计算调值的依据。

2. 确定各成本要素的系数和固定系数，各成本要素的系数要根据各成本要素对合同总价的影响程度而定。各成本要素系数之和加固定系数应等于 1。

项目小结

本项目首先概述了施工阶段造价管理的重要性，明确了其作为成本控制关键环节的地位；其次，制订了资金使用计划，确保了资金的有效流动；再次，加强了施工项目成本管理，降低了施工成本；从次，妥善处理了工程变更与合同价款调整，维护了合同双方的利益；此外，还积极应对工程索赔，减少了不必要的损失；最后，严格管理工程计量与价款结算，确保了造价管理的精准性。通过学习，我们掌握了施工阶段造价管理的核心技能，能够有效控制施工成本，应对工程变更和索赔挑战。

项 目 工 单

施工阶段造价管理实训记录见表 6-4。

表 6-4　施工阶段造价管理实训记录

班级		姓名		日期	
实训名称	施工阶段造价管理实训				
实训目标	1. 掌握施工阶段造价管理流程； 2. 学会制订资金使用计划； 3. 熟练处理工程变更与索赔				
实训过程记录					
实训注意事项					
实训总结					

施工阶段造价管理实训评价见表 6-5。

表 6-5 施工阶段造价管理实训评价

项目名称	评价内容	分值	评分
职业素养考核项目（30%）	正确规范操作能力	10	
	责任心团队协作能力	10	
	问题解决与创新能力	10	
专业能力考核项目（70%）	成本管理计划能力	10	
	变更价款调整能力	10	
	索赔文件编制能力	20	
	工程计量准确能力	10	
	结算管理规范能力	20	
合计评分			
教师评语		教师签字	

课 后 练 习

一、填空题

1. 资金使用计划以＿＿＿＿＿＿作为基础，把＿＿＿＿＿＿的总目标值逐步细化分解到各个具体的工作单元之中，进而形成详细的各个分目标值。

2. 大中型工程项目含多个单项工程，单项工程可细分为单位、＿＿＿＿＿、＿＿＿＿＿工程。

3. 施工成本预测方法可分为＿＿＿＿＿＿和＿＿＿＿＿＿两大类。

4. 施工成本计划一般由＿＿＿＿＿＿和＿＿＿＿＿＿组成。

5. 合同一方索赔需具备索赔三要素：＿＿＿＿＿＿、＿＿＿＿＿＿，且在合同约定期限内提出。

二、简答题

1. 简述资金使用计划对工程造价的影响。

2. 简述工程计量依据的内容。

项目七

建设项目竣工与交付阶段造价管理

项目导读

建设项目竣工与交付阶段造价管理确保了项目最终成本的准确核算，通过竣工决算和保修费用处理，有效反映工程实际投资，并为项目成本控制提供最终保障。本项目将带领读者全面了解建设项目竣工与交付阶段造价管理，包括建设项目竣工决算和保修费用的处理。

学习目标

知识目标

1. 掌握建设项目竣工决算的内容、编制方法及审核流程，理解其在工程造价管理中的重要性。

2. 了解保修费用的处理原则、流程及常见问题解决策略，熟悉保修合同的相关条款。

能力目标

1. 能够独立完成建设项目竣工决算的编制与审核工作，确保决算数据的准确性和完整性。

2. 熟练运用保修费用处理流程，有效解决保修期间出现的费用争议，维护双方合法权益。

素质目标

1. 培养严谨细致的工作态度，注重竣工决算与保修费用处理的细节，确保工程造价管理的科学性。

2. 提升沟通协调能力，能够在竣工与交付阶段与各方有效沟通，推动项目顺利交付。

思政目标

帮助学生树立诚实守信的职业操守，严格遵守工程造价管理的法律法规，确保竣工决算与保修费用处理的公正性，使其为建筑行业的健康发展贡献力量。同时，培养其精益求精的工匠精神，不断提升自身的专业素养和综合能力，为实现个人价值和社会价值的统一而不懈努力。

任务一　建设项目竣工决算

任务描述

在某高速公路建设项目竣工阶段，竣工决算编制人员负责编制竣工决算报告。需汇总项目全过程费用数据，包括工程结算、设备购置、征地拆迁等各项支出，依据财务会计制度进行核算，确保数据准确无误，形成完整的竣工决算报告，为项目审计与交付提供依据。

任务分析

任务要求全面收集费用数据，确保无遗漏；精通财务会计制度，准确核算成本；细致编制决算报告，确保内容完整真实；加强与审计、交付等部门的沟通，保障决算报告顺利通过；通过高质量竣工决算，为项目画上圆满句号。

任务实施

一、建设项目竣工决算编制

建设项目竣工决算是指所有工程竣工后，由建设单位编制的反映工程项目实际造价和投资效果文件的过程。建设项目竣工决算是准确核定新增固定资产价值、考核与分析投资效果的重要依据。将竣工决算与概算、预算展开对比分析，能够对工程造价进行考核，检验造价控制工作的成效，总结其中的经验与教训，积累技术经济领域的基础资料，进而提升未来建设工程的投资效益。

建设项目竣工决算文件以实物数量和货币指标为计量单位，综合反映了竣工项目从筹建开始到竣工交付使用为止的全部建设费用、建设成果和财务情况。

（一）竣工决算编制依据

竣工决算编制依据主要包括以下几点。

（1）经批准的可行性研究报告及投资估算；

（2）经批准的初步设计及工程概算；

（3）经审查的施工图设计文件及施工图预算；

（4）设计交底或图纸会审纪要；

（5）工程施工合同及工程结算资料；

（6）设计变更记录、施工记录或施工签证单，以及其他在施工过程中发生的费用记录；

（7）竣工图及各种竣工验收资料；

（8）历年财务决算及批复文件；

（9）设备、材料调价文件和调价记录；

（10）有关财务决算制度、办法和其他有关资料、文件等。

（二）竣工决算内容

竣工决算作为考核工程建设投资效益、确定交付使用财产价值、办理交付使用手续的依据，一般由竣工决算报告说明书、竣工财务决算报表、工程竣工图和工程造价比较分析四部分组成。

扫一扫

竣工验收与决算书

1. 竣工决算报告说明书

竣工决算报告说明书主要反映竣工工程建设成果和经验，是对竣工决算报表进行分析和说明的文件，也是考核工程投资与造价的书面总结。其主要内容包括以下几点。

（1）工程项目概况，即对工程总的评价，一般从进度、质量、安全、环保等方面进行分析说明；

（2）工程建设过程和管理中的重大事件、经验教训；

（3）会计账务处理、财产物资情况及债权债务清偿情况；

（4）资金结余、基本建设结余资金、基本建设收入等上交分配情况；

（5）主要技术经济指标分析、计算情况及工程遗留问题等；

（6）工程项目管理及决算中存在的问题、建议；

（7）需说明的其他事项。

2. 竣工财务决算报表

工程竣工财务决算报表按大中型项目和小型项目分别制定。报表结构如图 7-1 所示。

大中型项目竣工财务决算报表
- ①工程项目竣工财务决算审批表
- ②大中型工程项目概况表
- ③大中型工程项目竣工财务决算
- ④大中型工程项目交付使用资产总表
- ⑤工程项目交付使用资产明细表

小型项目竣工财务决算报表
- ①工程项目竣工财务决算审批表
- ②工程项目交付使用资产明细表
- ③小型工程项目竣工财务决算资产总表

图 7-1　工程竣工财务决算报表结构

3. 工程竣工图

工程竣工图是记录地上地下建筑、构筑物情况的技术文件，是交工验收、维护、改建和扩建依据及重要工程的技术档案。新建、扩建、改建工程都要编制。为确保质量，施工中要及时做隐蔽工程检查记录并整理好设计变更文件。

4. 工程造价比较分析

工程造价比较分析是指认真比较分析控制工程造价的措施、效果及动态变化并总结经验。批准的概（预）算是考核实际造价的依据，分析时将决算实际数据和资料与概（预）算指标对比，反映总造价和单方造价节约或超支情况。在此基础上找出原因，总结教训并提出改进措施。

（三）竣工决算编制程序

建设项目竣工决算编制程序如下。

（1）从工程开工就按编制要求收集、整理、分析有关资料；

（2）对各种设备、材料、工器具等要逐项盘点核实并填列清单，妥善保管，或按有关规定处理，不得任意侵占和挪用；

（3）对照、核实工程变动情况，重新核实各单位工程、单项工程造价，将竣工资料与原设计图纸进行查对、核实，必要时可进行实地测量，确认实际变更情况；

（4）根据审定的施工单位竣工结算等原始资料，按有关规定对原概预算进行增减调整，重新核实工程造价；

（5）严格划分和核定各类投资，将审定后的待摊费用、设备工器具购置费用、建筑安装工程费用、工程建设其他费用分别计入相应建设成本栏目中；

（6）编制竣工决算财务说明书，填报竣工财务决算报表；

（7）进行工程造价对比分析，侧重分析主要实物工程量、主要材料消耗量、建设单位管理费、建筑安装工程其他直接费和间接费等内容；

（8）整理、装订工程竣工图；

（9）按有关规定上报审批存档。

二、建设项目竣工决算审查

建设单位编制完成建设项目竣工决算文件后，要上交相关主管部门，由主管部门进行审查。建设项目竣工决算审查内容如下。

（1）竣工决算是否符合工程实施程序，是否有未经审批立项、未经可行性研究和初步设计等环节而自行建设的项目；

（2）竣工决算编制方法的可靠性，有无造成交付使用的固定资产价值不实的问题；

（3）有无将不具备竣工决算编制条件的工程项目提前或强行编制竣工决算的情况；

（4）分别将竣工工程概况表中的各项费用支出与设计概算数额相比较，分析节约或超支情况；

（5）将交付使用资产明细表中各项资产的实际支出与设计概算数额进行比较，以确定各项资产的节约或超支数额；

（6）分析费用支出偏离设计概算的主要原因；

（7）检查工程项目结余资金及剩余设备材料等物资真实性与处置情况，包括查工程物资盘存表核实库存设备、专用材料账物相符性；查现金结余真实性；查应收、应付款项真实性；关注是否按合同预留工程质量保修金。

任务二 保修费用的处理

任务描述

在某住宅小区项目交付后，项目售后人员负责处理保修期内的维修费用事宜。需根据保修合同条款，审核维修申请与费用清单，确认维修责任与费用承担方，及时支付保修费用，并跟踪维修效果，确保问题得到有效解决，维护业主权益与公司形象。

任务分析

任务要求熟悉保修合同条款，明确责任划分；严格审核维修费用，防止不合理支出；及时支付费用，保障维修工作顺利进行；跟踪维修效果，确保问题彻底解决；通过高效处理保修费用，提升客户满意度与公司信誉。

任务实施

一、保修的范围及期限

工程项目在竣工验收并交付使用之后，建立工程质量保修制度，这是施工企业对工程负责的具体表现。借助工程保修，施工企业能够听取并了解使用单位针对工程施工质量给出的评价与改进建议，从而有助于提升自身的管理水平。

（一）建设项目保修概述

1. 工程保修的含义

《中华人民共和国建筑法》第六十二条规定，建筑工程实行质量保修制度。建设工程质量保修制度是指建设工程在办理交工验收手续后，在规定的保修期限内（按合同有关保修期的规定），因勘察设计、施工、材料等原因造成的质量缺陷，应由责任单位负责维修。项目保修是项目竣工验收交付使用后，在一定期限内由施工单位到建设单位（用户）进行回访，对于工程发生的确实是由于施工单位施工责任造成的建筑物使用功能不良或无法使用的问题，由施工单位负责修理，直到达到正常使用的标准。保修回访制度属于建筑工程竣工后管理范畴。

2. 工程保修的意义

建设工程质量保修制度作为国家确立的一项重要法律制度，在完善建设工程保修体系、激励承包方强化质量管理以及维护用户和消费者合法权益等方面，均发挥着关键作用。

（二）工程保修的范围、期限和工作程序

1. 工程保修的范围

建筑工程的保修范围应包括地基基础工程、主体结构工程、屋面防水工程和其他土建工程，以及电气管线、上下水管线的安装工程，供热、供冷系统工程等项目。

2. 工程保修的期限

工程保修的期限应当按照保证建筑物合理寿命内正常使用，维护使用者合法权益的原则确定。按照国务院《建设工程质量管理条例》第四十条规定，在正常使用条件下，建设工程的最低保修期限为：

（1）基础设施工程、房屋建筑的地基基础工程和主体结构工程，为设计文件规定的该工程的合理使用年限；

（2）屋面防水工程、有防水要求的卫生间、房间和外墙面的防渗漏，为 5 年；

（3）供热与供冷系统，为 2 个采暖期、供冷期；

（4）电气管线、给排水管道、设备安装和装修工程，为 2 年。

其他项目的保修期限由发包方与承包方约定。

建设工程的保修期，自竣工验收合格之日起计算。

3. 工程保修的工作程序

（1）发送保修证书（房屋保修卡）。

工程竣工验收时（最迟不超 3 天到 1 周），施工单位向建设单位发放“建筑安装工程保修证书”。国内无统一格式规定，由施工单位拟定印刷。证书主要内容包括：工程简况与房屋使用管理要求、保修范围内容、时间、说明、情况记录及保修单位（施工单位）名称地址等。

（2）要求检查和保修。

房屋建筑工程保修期间出现质量缺陷，建设单位或所有人向施工单位发保修通知，施工单位接通知后到现场检查并在约定时间保修。遇涉及结构安全或严重影响使用功能的紧急抢修事故，应立即到现场抢修。涉及结构安全质量缺陷，建设单位或产权人向当地建设主管部门报告并采取防范措施，由原设计或有相应资质设计单位出方案，施工单位实施保修，原工程质量监督机构监督。

（3）验收。

在发生问题的部位或项目修理完毕后，要在保修证书的“保修记录”栏内做好记录，并经建设单位验收签认，此时修理工作完毕。

二、保修费用的处理办法

根据住房城乡建设部、财政部关于印发《建设工程质量保证金管理办法》的通知，保修费用即建设工程质量保证金（以下简称保证金）是指发包人与承包人在建设工程承包合同中约定，从应付的工程款中预留，用以保证承包人在缺陷责任期内对建设工程出现的缺陷进行维修的资金。保修费用应按合同和有关规定合理确定和控制。保修费用一般可参照建筑安装工程造价的确定程序和方法计算，也可以按照建筑安装工程造价或承包工程合同价的一定比例计算（目前取5%）。

根据《中华人民共和国建筑法》的规定，在保修费用的处理问题上，必须根据修理项目的性质、内容以及检查修理等多种因素的实际情况，区别保修责任的承担问题，对于保修的经济责任的确定，应当由有关责任方承担。由建设单位和施工单位共同商定经济处理办法。具体处理办法如下。

（1）因承包单位未按国家有关规范、标准和设计要求施工而造成的质量缺陷，由承包单位负责返修并承担经济责任。

（2）若因设计因素导致工程出现质量缺陷，设计单位需承担经济责任。设计单位应提出修改方案，由施工单位负责维修。维修费用方面，按相关规定，建设单位可向设计单位索赔；若索赔金额不足，建设单位需协同有关方面共同解决。

（3）因建材、构配件和设备质量不合格致质量缺陷，若检测单位提供虚假或错误报告，其担责并负责维修费用；承包单位采购或验收同意的，由其承担质量与经济责任；建设单位采购的，其承担经济责任。

（4）因使用单位使用不当造成的损坏问题，由使用单位自行负责。

（5）因地震、洪水、台风等自然灾害造成的质量问题，施工单位、设计单位不承担经济责任，由建设单位负责处理。

（6）根据《中华人民共和国建筑法》第七十五条的规定，建筑施工企业违反本法规定，不履行保修义务或者拖延履行保修义务的，责令改正，可以处以罚款，并对在保修期内因屋顶、墙面渗漏、开裂等质量缺陷造成的损失，承担赔偿责任。质量缺陷因勘察设计原因、监理原因或者建筑材料、建筑构配件和设备等原因造成的，根据民法规定，施工企业可以在保修和赔偿损失之后，向有关责任者追偿。因建设工程质量不合格而造成损害的，受损害人有权向责任者要求赔偿。因建设单位或者勘察设计的原因、施工的原因、监理的原因产生的建设质量问题，造成他人损失的，以上单位应当承担相应的赔偿责任。受损害人可以向任何一方要求赔偿，也可以向以上各方提出共同赔偿要求。有关各方之间可以在赔偿结束及查明原因后向真正责任人追偿。

小贴士

涉外工程的保修问题，除参照上述办法进行处理之外，还应依照原合同条款的有关规定执行。

项目小结

本项目聚焦于竣工与交付阶段的造价管理。首先，我们精心组织了建设项目竣工决算工作，全面、准确地反映了项目实际造价，为项目结算提供了可靠依据；其次，我们妥善处理了保修费用，既保障了承包商的合法权益，也确保了项目在保修期内的顺利运行。通过本项目，我们有效提升了竣工与交付阶段造价管理的规范性和效率性，为项目画上了圆满的句号。

项目工单

竣工交付造价管理实训记录见表 7-1。

表 7-1　竣工交付造价管理实训记录

班级		姓名		日期	
实训名称	竣工交付造价管理实训				
实训目标	1. 掌握竣工决算编制方法； 2. 熟悉保修费用处理流程； 3. 提升项目交付造价管理能力				
实训过程记录					
实训注意事项					
实训总结					

竣工交付造价管理实训评价见表 7-2。

表 7-2　竣工交付造价管理实训评价

项目名称	评价内容	分值	评分
职业素养考核项目（30%）	正确规范操作能力	10	
	责任心团队协作能力	10	
	问题解决与创新能力	10	
专业能力考核项目（70%）	决算编制准确能力	10	
	保修费用核算能力	10	
	交付文件整理能力	20	
	造价资料归档能力	10	
	结算审核能力	20	
合计评分			
教师评语		教师签字	

课后练习

一、填空题

1. 建设项目竣工决算是指所有工程竣工后，由__________编制的反映工程项目实际造价和__________的过程。

2. 工程竣工财务决算报表按__________和__________分别制定。

3. 工程项目在__________并交付使用之后，建立__________制度，这是施工企业对工程负责的具体表现。

4. 在发生问题的部位或项目修理完毕后，要在保修证书的“__________”栏内做好记录，并经__________验收签认，此时修理工作完毕。

5. 建设项目竣工决算文件以__________和__________为计量单位，综合反映了竣工项目从筹建开始到竣工交付使用为止的全部建设费用、建设成果和财务情况。

二、简答题

1. 简述竣工决算报告说明书的主要内容。

2. 简述工程保修的范围。

项目八

工程造价审计

项目导读

竣工决算是工程造价管理的重要组成部分，它综合反映了建设项目全部建设费用、建设成果和财务状况，是核定新增固定资产价值、考核投资效果、办理交付使用的关键依据。通过竣工决算，能够全面总结工程造价管理成效，为未来工程建设提供重要参考。本项目将带领读者全面了解工程造价审计，包括工程造价审计概述、工程造价审计方法及审计程序、设计概算审计、施工图预算审计和竣工结算审计。

学习目标

知识目标

1. 掌握工程造价审计的基本概念、原则及重要性，了解审计的主要内容和任务。

2. 熟悉工程造价审计的方法、程序以及在设计概算、施工图预算、竣工结算等阶段的审计要点。

能力目标

1. 能够运用所学工程造价审计知识，对建设项目进行全面的审计分析，准确识别潜在的风险和问题。

2. 熟练掌握工程造价审计的方法和技巧，有效进行审计取证和报告编写，提出合理的审计建议。

素质目标

1. 培养良好的职业道德和严谨的工作态度，确保审计工作的客观公正和准确性。

2. 增强团队协作和沟通能力，能够在复杂多变的审计环境中迅速作出决策并有效执行。

思政目标

帮助学生树立法治观念，遵守审计职业道德，坚持原则，敢于揭露和纠正违法违规行为，使其为维护国家财经法纪和建设项目的合法权益贡献力量。同时，培养其精益求精的工作精神，不断提升自身的专业素养和综合能力，为建筑行业的健康发展作出积极贡献。

任务一 工程造价审计概述

任务描述

在某商业综合体建设项目中，工程审计人员负责工程造价审计概述工作。需全面梳理项目造价构成，包括预算、结算、变更及合同执行等情况，依据审计规范与程序，制订审计计划，明确审计重点与风险点，为后续详细审计提供指导框架。

任务分析

任务要求深入理解项目造价细节，确保审计全面无遗漏；熟悉审计规范与程序，制订合理审计计划；准确把握审计重点与风险，提高审计效率与准确性；通过概述工作，为后续审计奠定坚实基础，保障项目造价合规性。

任务实施

一、工程造价审计的定义

工程造价审计是指由专业审计人员对建设项目工程造价形成的各阶段进行全面系统的检查、校正、复核，并纠正工程造价在确定时出现的问题，使工程造价的确定及构成更加准确、合理、合法。工程造价审计是独立的经济监督活动，也是对工程项目投资活动的真实性、合理性、合法性进行的全面监督和评价的过程。

工程造价审计是建设项目审计的核心内容和主要构成要素，其审计的目标是保证“四算两价”的真实性、合法性和有效性，如图 8-1 所示。

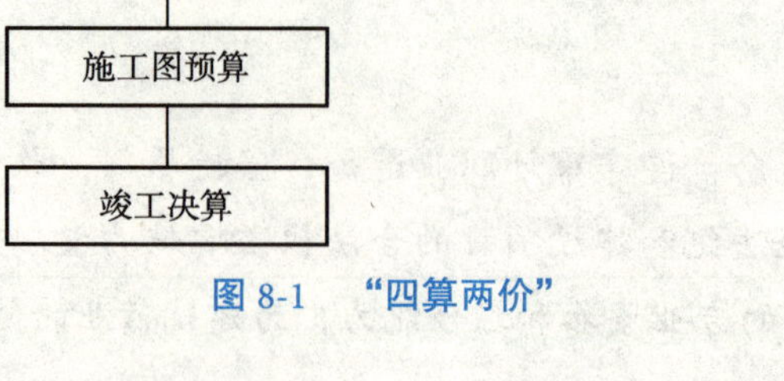

图 8-1 “四算两价”

二、工程造价审计的主体与客体

（一）工程造价审计的主体

审计机构由政府审计机关、社会审计组织和内部审计机构三大部分组成。政府审计机关含国务院审计署及派出机构、地方各级政府审计厅，重点审计以国家投资或融资为主的基建与公益项目。社会审计组织是获批注册的中介组织，如会计师事务所等，受被审单位或审计机关委托审计，受建设单位委托多审计企业投资为主的竞争性项目，受政府审计机关委托多审计基础性或公益性项目。内部审计机构是单位内设机构，由本部门、单位负责人领导，接受国家审计机关和上级内审机构指导监督，重点审计本单位或系统内投资建设项目。

（二）工程造价审计的客体

审计的客体是审计主体作用对象，内涵上审计的客体是审计内容或其范围限定。工程造价审计的客体内涵为项目造价形成过程的经济活动及相关资料，涵盖投资估算等工作及涉及资料；外延上审计的客体是被审计单位，工程造价审计中主要指建设、设计、施工、金融、监理等参与项目建设与管理的部门或单位。

三、工程造价审计的目标、依据及作用

（一）工程造价审计的目标

工程造价审计属于一门专项审计，其目标是确定建设项目造价确定过程中的各项经济活动及经济资料的真实性、合法性、合理性和效益性。

1. 真实性

真实性是指在造价形成过程中经济活动是否真实，如账目是否真实明晰、有无虚列项目增设开支；资料内容是否真实，如单据是否真实有效、图纸与实体是否一致；计量计价是否真实，如工程量是否准确按规定计算、材料用量与设备报价是否真实。

2. 合法性

合法性是指建设项目造价确定过程中的各项经济活动是否遵循法律法规及有关部门规章制度的规定。在工程项目造价审计中，需要审查编制依据是否经过国家或授权机关的批准；编制依据是否在其适用范围内，如主管部门的各种专业定额及取费标准应适用于该部门的专业工程；编制程序是否符合国家的编制规定。

3. 合理性

合理性是指造价的组成、取费标准是否合理，有无不当之处，有无高估冒算、弄虚作假、多列费用、加大开支等问题。

4. 效益性

效益性是指在造价形成过程中是否充分遵循成本效益原则，合理使用资金和分配物资材料，使项目建成后的生产能力或使用效益最大化。

（二）工程造价审计的依据

工程造价审计的依据主要由以下四个层次组成。

1. 方针政策

方针政策主要指党和国家在一定时间颁发的与国民经济发展有关的宏观调控政策、产业政策和一定时期的发展规划等。这些方针政策直接影响工程造价的审计工作，是工程造价审计的宏观性和指导性依据。

2. 法律法规和规章制度

根据依法审计的要求，工程造价审计必须严格遵照一定的法律法规和规章制度来实施，主要包括《中华人民共和国审计法》《中华人民共和国建筑法》《中华人民共和国合同法》《中华人民共和国招标投标法》《中华人民共和国价格法》《中华人民共和国税法》《中华人民共和国土地法》《内部建设项目审计操作指南》，以及国家、地方和各行业定期或不定期颁发的相关文件规定等。

3. 相关技术经济标准

相关技术经济标准主要是指工程造价审计中所依据的概算定额或指标、预算定额及综合价格，在进行造价绩效性审计分析时，还包含有关的造价技术经济指标等。

4. 其他重要审计依据

例如，要求进行专项造价效益审计的文件、审计机关制订的年度工作计划等文件。少了这些审计依据，被审计单位就不一定会给予配合，审计工作就难以开展下去。另外，设计图样、招标文件和合同等建设项目资料也是审计不可或缺的重要依据。

（三）工程造价审计的作用

工程造价审计的作用主要体现在以下两方面。

1. 制约作用

工程造价审计通过揭露、制止、处罚等制约经济活动消极因素，有助于经济责任履行与社会经济发展。实际中“三超”现象严重，原因包括设计施工质量低劣与主观思想问题，不少被审单位故意高估冒算，致投资规模失控。工程造价审计可控制建设项目投资规模、提高投资效益。

2. 促进作用

审计借助调查、评价、提建议等促进微观经济管理与宏观经济调控，有助于提升国民经济管理水平和绩效。如初步设计阶段开展概算审计，审查设计概算真实性与准确性，及时反馈设计方案问题，保障设计方案经济适用。

任务二 工程造价审计方法及审计程序

任务描述

在某桥梁建设项目中，工程审计人员负责实施工程造价审计。需运用对比审计、抽样审计等方法，对工程设计、施工、结算等各阶段造价进行审查；遵循审计程序，从资料收集、现场勘查到报告编制，确保审计过程规范严谨，揭示造价问题，提出改进建议。

任务分析

任务要求熟练掌握审计方法，灵活运用于各阶段造价审查；严格遵循审计程序，确保审计过程合法合规；深入挖掘造价问题，提出切实可行的改进建议；通过专业审计，保障桥梁建设项目造价合理，提升资金使用效益。

任务实施

一、工程造价审计方法

审计方法是审计人员获取审计证据、证实被审计事实、作出审计评价所用专门技术手段的统称。其选择得当与否关系到审计工作进程和审计结论正确与否。工程造价审计的方法很多，如简单审计法、全面审计法、现场观察法和分析筛选法等。

（一）简单审计法

简单审计法指在建设项目审计时，对不重要或审计人员凭经验判断信赖度高的环节，审核关键审计点，无须全面详审。如建设项目概预算审计中，若编制单位信誉度高，审计人员可采用该方法。

（二）全面审计法

全面审计法是指对建设项目工程量的计算、单价的套选和取费标准的运用等所有建设项目的财务收支等进行全面审计。此种方法审查面广、细致，有利于发现建设项目中存在的各种问题。但此种方法费时费力，一般适用于预算编制质量差、问题较多的建设项目。

（三）现场观察法

现场观察法是直接考察施工现场，观察人员与管理活动，检查工程实际进展与图样范围（或合同义务）是否相符。审计人员要实地观察、检查影响造价大的关键部位或工序，对涉及造价调整的隐蔽工程，隐蔽前针对性抽查监理验收资料、做好记录，有条件可留影像资料。

这种审计方法对十分重视工程计量工作的单价合同工程显得尤为重要。如对于土方开挖、回填等分项工程，审计人员应要求监理人员进行实测实量，分阶段验收。要严格分清不同土质、深度、地下水、放坡或支撑等情况，分别测量工程量，不能只是一个工程量总数。

（四）分析筛选法

分析筛选法是指造价人员综合运用各种系统方法，对建设工程项目的具体内容进行分类，综合分析、发现疑点，然后揭露问题的一种方法。分析筛选法的目的是通过分析查找可疑事项，为审计工作寻找线索，进而查出各种错误和弊端。

分析筛选时，可凭借主观经验或对比各类经济技术指标，经多次筛选找出可疑问题再审计。例如，先对比建设项目不同类型工程每平方米造价与规定标准，未超标准则简单审计，超出标准则按各分部工程造价比重、用经验数据二次筛选，直至确定重点审计对象详审。

这种方法可加快审计速度，事先须积累必要的经验数据，但不能发现所有问题，可能会遗漏存在重大问题的环节或项目。

二、工程造价审计程序

审计程序是审计机构和人员审计工作须遵循的规程，对保证审计质量、提高效率、确保依法审计，增强工作严肃性与人员责任感意义重大。工程造价审计程序分为四个阶段，即审计准备阶段、审计实施阶段、审计终结阶段及后续审计阶段，如图 8-2 所示。

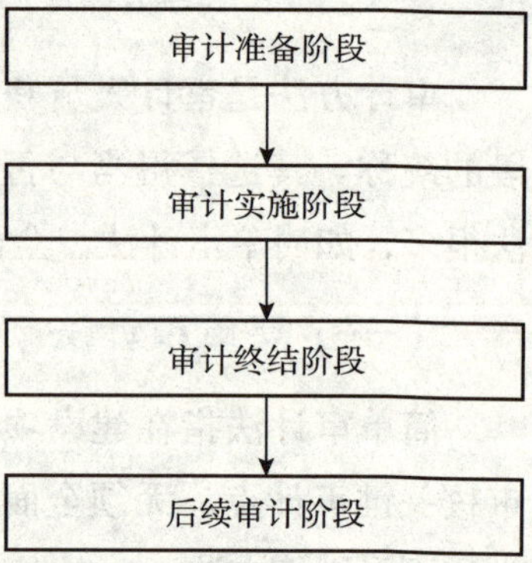

图 8-2　工程造价审计程序

（一）审计准备阶段

准备阶段是整个审计工作的起点，直接关系到审计工作的成效，包括以下两个步骤。

1. 接受审计任务

接受审计任务的主要途径有以下三种。

（1）接受上级审计部门或主管部门的任务安排，完成当年审计计划，一般存在于内部审计之中。

（2）接受建设单位委托，根据自己的业务能力情况酌情安排工程造价审计工作。以审计事务所为代表的社会审计大多选择这种方式。

（3）根据国家有关政策要求及当地的经济发展和城市规划安排，及时主动地承担审计范围内的工程造价审计任务，这是政府审计。

2. 组织审计人员，做好审计准备工作

从政府审计角度来讲，在对大、中型建设项目进行造价审计时，要求组织有关工程技术人员、经济人员、财务人员参加，并成立审计小组，明确分工、落实审计任务。

从社会审计与内部审计角度来讲，重点是将工程造价审计工作按专业不同再详细分工，如土建工程审计、水电工程审计、安装工程审计等。

（二）审计实施阶段

审计实施阶段是将审计的工作方案付诸实施，是审计全过程中最主要的阶段。

1. 进入施工现场，了解项目建设过程

从实施阶段开始，审计组与项目建设主管部门工程建设负责人接触，了解项目规划、施工方案、造价编制要求等，分析项目并收集图纸、任务书等编制资料，同时按审计重点进行实物测量，重点关注变更部位。此为取证阶段，确保证据有理有力是关键。

2. 获取审计证据，编写审计工作底稿

审计组实施审计时，运用审计方法，围绕准备阶段目标，以收集资料为依据，从工程量计算、定额套用、取费计算等方面审计工程造价，排查建设项目经济活动疑点。

通过合法有效的渠道获取审计证据，作出审计记录，编制审计工作底稿。被审计单位负责人应当对所提供审计资料的真实性和完整性作出承诺。审计人员在整个工作过程中应严格遵守实事求是、公正客观的基本原则，从技术经济分析入手，保证审计质量，达到审计目的。

（三）审计终结阶段

扫一扫

工程造价中审计时注意事项

1. 撰写审计组审计报告，征求被审计对象意见

审计实施阶段工作完成后，审计组撰写出审计报告，并就该审计报告征求被审计对象的意见。

被审计对象应当自接到审计组的审计报告之日起 10 日内，将其书面意见送交审计组。审计组将其审计报告和被审计对象的书面意见一并报送审计机关。

2. 出具审计机关审计报告，提出处理处罚建议

审计机关按法定程序审议审计组的审计报告，研究被审计单位意见后提出自身审计报告；对违规财政收支行为，依法应处理、处罚的，在职权内作出审计决定或向主管机关提处理、处罚意见。

3. 审计文件资料整理归档

最后，审计人员应把审计过程中形成的文件资料整理归档。需要归档的主要资料有：审计工作底稿、审计报告、审计建议书、审计决定、审计通知书、审计方案和审计时所有主要资料的复印件。

（四）后续审计阶段

后续审计指审计机关在审计工作结束后，为检查审计建议和决定执行情况、核查被审计单位隐瞒行为或避免漏审错审而开展的跟踪审计，原审计结论与决定中问题的落实执行情况是其重要内容。

任务三 设计概算审计

任务描述

在某高校新校区建设项目中，项目审计人员负责设计概算审计。需对项目初步设计阶段的概算文件进行全面审查，包括工程量计算、定额套用、费用计取等，确保概算准确合理，符合国家政策及行业标准，为项目后续投资控制提供可靠依据。

任务分析

任务要求精通概算审计流程，准确把握审计要点；细致审查工程量与定额套用，防止高估冒算；严格费用计取标准，确保概算合规性；通过专业审计，优化项目概算，有效控制投资成本，保障资金高效利用。

任务实施

一、设计概算审计概述

审计机关对国家建设项目概算执行情况进行审计时，应当检查概算审批、执行、调整的真实性和合法性。对于财政性资金投入较大或者关系国计民生的国家建设项目，审计机关可以对其前期准备、建设实施、竣工投产的全过程进行跟踪审计。因此，审计机关可以对设计概算进行跟踪审计。但在概算编制过程中，审计力量、审计体制和审计观念等诸多因素的限制，使得概算跟踪审计遇到了较大的阻力。

审计实践中，概算审计多为事后审计，即在设计概算编制完成后，于项目建设或竣工验收阶段审计其执行情况，检查预算是否超概算。因当前设计概算编制粗糙，执行概算审计意义不大，审计人员事后审计概算编制情况，揭示问题并提建议，却导致执行概算审计缺刚性标准，使概算控制预算流于形式。

因此，从理论上来说，审计人员应在初步设计阶段过程中实施设计概算跟踪审计，使设计概算审计与设计工作同步进行，从而避免事后审计的缺点。

二、设计概算审计的内容

（一）审计设计概算编制的依据

主要是审计概算编制的依据是否合法、编制的依据是否具有时效性以及编制的依据是否适用。

1. 审计概算编制的依据是否合法

设计概算的编制必须以经过国家有关部门批准的可行性研究报告及投资估算为依据。审计工作中，要重点审查是否存在“搭车”多列项目的情况。同时，需严格把控设计概算，坚决避免出现概算超估算的问题。若确实出现超估算的情况，应详细分析原因，要求被审计单位重新将概算上报至审批部门进行审批。此外，还要全面总结经验，深入查找导致超估算的根源。

2. 审计概算编制的依据是否具有时效性

设计概算编制的大部分依据是国家或有关部门颁发的现行规定，因此应注意审计编撰概算的时间与其使用的文件资料的适用时间是否吻合，不能使用过时的依据资料。

3. 审计设计概算编制的依据是否适用

各类编制依据均有其规定的适用范围。例如，各主管部门所规定的专业定额及取费标准，仅适用于该部门的专业工程；各地区规定的定额及取费标准，也仅适用于本地区的工程。所以，在进行设计概算编制时，严禁使用超出规定范围的依据资料。

（二）审计设计概算编制的深度

通常大中型建设项目的设计概算都有完整的编制说明和“三级概算”（建设项目总概算书、单项工程概算书、单位工程概算书），审计过程中应注意审计其是否符合规定的“三级概算”，各级概算的编制是否按照规定的编制深度进行编制。

（三）审计设计概算内容的完整性

审计设计概算内容的完整性主要包括三个方面的内容。

1. 审计建设项目总概算书

重点审计总概算：项目是否符合前期决策批准内容；建设规模、生产能力等是否符合可研报告；各项费用有无可能发生、是否重复；总投资额是否在批准估算内；内容是否涵盖项目筹建到竣工投产全部费用。

2. 审计单项工程综合概算和单位工程概算

重点审计概算书中各项费用计算方法、概算指标或定额标准、工程量计算的正确性。如建筑工程的概算定额、价格指数及人材机单价，安装工程的部门或地区定额、调整系数等是否符合规定。单项和单位工程概算审计中，审计人员应关注工程费用部分，对生产性建设项目、设备投资比重大的项目来说，设备费审计尤为重要。

3. 审计工程建设其他费用概算

重点审计其他费用内容真实性、发生可能性、计算依据适当性及费用是否重复。其他工程费审计要点与难点集中在建设单位管理费、土地使用费、联合试运转费审计等方面，审计人员需予以关注。

另外，在设计概算的审计过程中，审计人员还应重点检查总概算中各项综合指标和单项指标与同类工程技术经济指标对比是否合理，这也体现了造价的有效性审计要求。

任务四 施工图预算审计

任务描述

在某住宅小区建设项目中，造价审计人员负责施工图预算审计。需对施工图纸、预算文件及相关资料进行详细审查，核对工程量、材料价格、人工费用等，确保预算准确无误，为项目成本控制和招投标提供可靠数据支持。

任务分析

任务要求深入理解施工图纸，精准核算工程量；熟悉材料市场价格，合理确定预算单价；准确把握人工费用标准，确保预算合理性；通过细致审计，有效控制项目成本，提高资金使用效率，保障住宅小区建设顺利进行。

任务实施

一、施工图预算（标底）审计需要的资料

根据审计资料提交表中规定，预算（标底）审计需要提交的资料有以下三点。

（一）前期计划立项文件

前期计划立项文件包括发改局立项批文（或资金统筹部门计划）、经批准的项目概算或项目资金分配表、规划设计要点、规划设计许可证、项目建议书、可行性研究报告、环境影响评价报告、地质勘探报告等。

（二）预算（标底）计算依据

预算（标底）计算依据包括经审批的工程图样（全套：土建、安装）、招标书（按招标规定内容提交）、工程预算书（加盖送审、编制单位公章）、设备预算价依据文件与证明、工程量计算书、材料分析表、材料预算价差调整及调整依据文件与证明等资料。

（三）被审计单位承诺书

审计机关或审计人员自己必备的资料：各种专业的预算定额、取费标准、费用文件等计价依据；市造价站等造价主管部门发布的材料信息价文件；工程预算审计相关软件［如斯维尔计价与计量软件、国家审计署开发的现场审计实施系统（AO）或各级政府办公软件等计算机辅助审计系统］。

二、施工图预算（标底）审计的主要内容

（一）审计施工图、招标文件、合同条款和概算等资料

审计施工图是否完整，设计深度是否满足招标要求，是否有设计相关人员的签字及设计单位的盖章，是否经审图机构审查，设计文件是否有明显的错误；审计招标文件是否符合法规的要求，是否完整；招标文件中的合同条款是否合法、合理和公正；审计概算的组成是否完整，预算是否超出概算。

（二）审计项目招标前的合法合规性

审计项目预算内容是否完整，是否有肢解工程发包的嫌疑等。

（三）审计预算工程量

如今工程项目招标多采用工程量清单计价，预算工程量审计作用淡化。但若工程量相差过大，会给投标人不平衡报价机会，导致政府或业主造价失控。所以，预算工程量审计主要是经技术经济指标分析后，对工程量及造价差异明显的分项工程重点抽查，实际中很少全面审计。

（四）审计工程单价

审计选用定额是否正确，包括是否用当地定额（如深圳用市造价站定额）、按专业类别套用（如市政用市政定额）；定额子目有无套错、高套，工作内容与设计要求是否一致，不一致时换算是否合规；是否重复套取定额；主材价格是否符合设计规定，单价是否为信息价，无信息价时市场价是否合理。

（五）审计工程取费

审计工程定额测定费、社会保险费（失业、养老、工伤、医疗和住房公积金费）、工程排污费、城市道路占用挖掘费、临时占用绿地费、绿化补偿（赔偿）费等规费的计取是否合理；审计工程安全文明施工措施费是否合理；审计工程税金的计取是否合理。

（六）审计综合评价与建议

初步审计结果出来后，审计人员要对工程项目预算经济性评价，评估技术经济指标合理性、总预算和分预算是否超概算、最终设计标准与批准概算标准是否一致。审计机关可依问题提审计建议。

任务五 竣工结算审计

任务描述

在某高速公路建设项目竣工阶段，项目审计人员负责结算审计。需对项目实际完成的工程量、变更洽商、材料设备价格及各项费用进行全面核查，与合同、招标文件及施工图预算进行对比，确保结算金额真实准确，为项目最终决算提供依据。

任务分析

任务要求细致审查竣工资料，核实工程量与变更情况；严格对比合同与预算，防止虚报冒算；准确核算材料设备与人工费用，确保结算合规；通过专业审计，保障高速公路建设项目资金结算的准确性和合理性，维护项目各方利益。

任务实施

一、竣工结算审计需要的资料

根据审计资料提交表中规定，结算审计需要提交的资料有以下几种。

（一）前期计划

立项类文件发改局立项批文（或资金统筹部门计划）、规划设计要点。

（二）招标过程资料

招投标书（按招标规定内容提交）、定标书、施工单位资质证明、施工单位营业执照、税务登记（复印件加公章）。

（三）各种合同及协议书

工程设计合同（补充合同和协议书）、施工合同（补充合同和协议书）、监理合同（补充合同和协议书）。

（四）施工过程中的资料

开工证明书、投资许可证、开工许可证、设计变更图样、设计变更签证单及备案单、施工进度形象记录（包括隐蔽工程记录、吊装工程记录）、建设单位预付工程款或垫付款项明细表、竣工图、竣工验收证明、已批准的施工组织设计方案。

（五）工程项目结算书及量价计算依据

工程结算书（加盖送审、编制单位公章）、工程量计算书、材料分析表、材料价差调整以及调整依据文件及证明。

（六）被审计单位承诺书

审计机关或人员必备资料：各类专业预算定额、取费标准等计价依据；造价主管部门发布的材料信息价文件；建筑安装材料等相关手册；工程结算审计软件（如算斯维尔软件、AO 及各级政府办公软件等计算机辅助审计系统）。

二、竣工结算审计的主要内容

（一）审计竣工图、合同、补充协议等竣工资料

审计竣工图完整性、是否加盖竣工图章，实地勘察其与实际竣工现场一致性；审计工程施工合同条款合法性与合理性，核查是否与现行法规抵触、与招标文件一致，确定合同类型（单价、固定总价或可调合同）；审计补充协议签订的合法合规性。

（二）审计项目实施过程中的合法合规性

审计工程项目招标过程违法违纪情况，如是否依规公开、公平、公正选择承包商；审计施工过程违法违纪情况，包括设计变更单价计取是否合规、有无串通舞弊、人为变更及故意增加隐蔽工程量等行为。

（三）审计结算工程量和结算单价

全面贯彻国家审计署“全面审计，突出重点”原则开展审计。重大项目着重审计量大价高的分部工程，房屋建筑工程重点抽查钢筋混凝土、隐蔽工程、墙体及高级装饰部位等；道路工程聚焦面层、垫层及土方工程；装饰工程关注墙面、地面、顶面及特殊装饰部位；修缮工程重点审查改造比例大的部位，如墙面铲除、油漆涂料工程量等。中小项目则采用详细审计法审核工程量。

（四）审计设计变更和现场签证造价

审计设计变更与签证手续完备性及内容真实性。核查是否有设计变更通知单，建设、施工、监理单位负责人是否签字盖章；确认内容是否真实发生、有无虚假情况。针对隐蔽工程量（如基坑开挖回填量），要求被审计单位提供相片等影视资料确保真实。

（五）审计工程取费

结算审计工程取费涵盖预算工程取费审计内容，主要差异在于工程施工措施费审计。工程施工措施费通常作为不可竞争费用计入投标价，结算审计时，应严格按预算时的安全文明施工措施费计算结算造价，而非按结算价费率计取。

（六）审计工程结算价是否超出合同价

若结算价超出合同价，甚至超出计划（概算），必须依照规定程序办理超合同或超计划的审批手续，未履行该手续的，不得出具结算审计报告。

项目小结

本项目深入探索了工程造价审计的各个环节。首先，我们概述了工程造价审计的基本概念与重要性；其次，详细研究了审计方法及程序，为审计工作提供了科学指导；再次，我们对设计概算、施工图预算进行了细致审计，确保了预算的合理性；最后，重点开展了竣工结算审计，保障了工程造价的真实性与准确性。通过本项目，我们全面提升了工程造价审计的专业水平。

项 目 工 单

工程造价审计实训记录见表 8-1。

表 8-1　工程造价审计实训记录

班级		姓名		日期	
实训名称	工程造价审计实训				
实训目标	1. 了解工程造价审计流程； 2. 掌握审计方法及程序应用； 3. 提升各阶段审计实践能力				
实训过程记录					
实训注意事项					
实训总结					

工程造价审计实训评价见表 8-2。

表 8-2　工程造价审计实训评价

项目名称	评价内容	分值	评分
职业素养考核项目（30%）	正确规范操作能力	10	
	责任心团队协作能力	10	
	问题解决与创新能力	10	
专业能力考核项目（70%）	概算审计准确能力	10	
	预算审核能力	10	
	结算审计技巧能力	20	
	审计报告编写能力	10	
	审计证据收集能力	20	
合计评分			
教师评语		教师签字	

课后练习

一、填空题

1. 工程造价审计是独立的________活动，也是对工程项目投资活动的真实性、合理性、合法性进行的全面监督和________的过程。

2. 审计机构由________、________和内部审计机构三大部分组成。

3. 审计方法选择得当与否关系到________和________正确与否。

4. 根据审计资料提交表中规定，预算（标底）审计需要提交的资料有三点：________、预算（标底）计算依据和________。

5. 工程造价审计属于一门专项审计，其目标是确定建设项目造价确定过程中的各项经济活动及经济资料的真实性、________、合理性和________。

二、简答题

1. 简述工程造价审计的作用。

2. 简述简单审计法。

项目九

工程造价风险管理

项目导读

工程造价风险管理能够有效识别并应对潜在风险，确保工程造价控制在合理范围内，提高项目经济效益，保障工程顺利实施。通过风险管理，企业能更科学地决策，优化资源配置，实现成本最小化与效益最大化。本项目将带领读者全面了解工程造价风险管理，包括工程造价风险因素及识别方法和工程造价风险应对措施。

学习目标

知识目标

1. 掌握工程造价风险的主要类型及识别方法，理解各种风险因素对工程造价的影响。

2. 熟悉工程造价风险应对措施的制定原则和实施步骤，了解不同应对措施的适用场景和效果。

能力目标

1. 能够运用所学知识和方法，准确识别和分析工程项目中的造价风险因素，为风险管理提供依据。

2. 具备较强的工程造价风险应对能力，能够根据项目实际情况制定有效的风险应对措施，降低风险损失。

素质目标

1. 培养严谨细致的工作态度，注重工程造价风险管理的细节，确保风险识别的准确性和应对措施的有效性。

2. 增强团队协作和沟通能力，能够在风险管理过程中与各方有效沟通，共同应对和解决风险问题。

思政目标

帮助学生树立风险意识，勇于担当责任，积极面对和解决工程项目中的造价风险问题，使其为工程项目的顺利实施和企业的健康发展贡献力量，同时培养其诚信守法、精益求精的职业精神。

任务一　工程造价风险因素及识别方法

任务描述

在某商业综合体建设项目中，造价管理人员负责识别并分析工程造价风险因素。需综合考虑市场波动、设计变更、施工难度、政策变化等因素，运用风险清单、专家调查、数据分析等方法，全面识别潜在风险，为项目造价控制提供风险预警和应对策略。

任务分析

任务要求熟悉工程造价风险类型，掌握多种识别方法；深入分析项目特点，精准识别风险因素；结合市场与政策动态，评估风险影响程度；通过有效识别与评估，为项目造价控制提供科学依据，降低造价风险，确保项目顺利实施。

任务实施

一、工程造价风险因素

工程建设过程中，建设单位、承包单位及工程造价咨询单位承担着不同的工程造价风险。

扫一扫

工程造价风险因素

（一）建设单位工程造价风险

工程设计完成后，建设工程造价已基本确定。此后，建设单位工程造价风险因素可从工程招标投标、施工和竣工结算三个阶段分别考虑。

1. 工程招标投标阶段

建设单位在此阶段的工程造价风险主要有：工程量风险、综合单价风险、最高投标限价风险、招标文件与合同内容隐藏风险。

（1）工程量风险。采用工程量清单招标可合理分配发承包双方工程风险，建设单位承担工程量变动风险，承包单位承担工程报价风险。建设单位或其委托的咨询单位编制的工程量清单不准确、不全面，会给建设单位带来造价风险。风险因素包括工程量不准确、清单错项漏项、分项工程内容及特征描述不清等。

（2）综合单价风险。在签订工程合同时，如果建设单位未对综合单价中人工、材料、机械台班单价的调整进行约定或约定不明，会造成合同履行中双方出现纠纷，从而增加建设单位工程造价风险。

（3）最高投标限价风险。建设单位或其委托的咨询单位编制最高投标限价，可防止投标单位串标、哄抬标价。若编制不合理，会影响评标结果正确性，给建设单位带来工程造价风险。

（4）招标文件与合同内容隐藏风险。招标文件规定投标规则、程序及中标后签订合同的主要条款，旨在向投标人提供编写投标文件所需的资料。如果招标文件不完善或合同条款内容不完整，叙述不严密、有漏洞，将有可能引起承包单位索赔，从而给建设单位造成损失。

2. 工程施工阶段

在此阶段对建设单位工程造价影响较大的风险因素主要有：工程变更、承包单位索赔、环境变化及物价变化等。

（1）工程变更风险。工程实施中，建设单位提出或施工承包单位提出经其批准的工作增减取消，以及施工工艺、顺序、时间改变，图纸修改，施工条件变化，招标清单错漏等，引发合同条件改变或工程量增减，均属工程变更。工程变更致合同条件与工程量变动，直接影响建设单位工程造价。

（2）承包单位索赔风险。在工程合同履行过程中，承包单位因非自身原因而遭受损失，按合同约定或法律法规规定应由建设单位承担责任的，承包单位会向建设单位提出工期或费用索赔，从而影响建设单位工程造价。

（3）环境变化风险。其包括法律法规变化和不可抗力因素。法律法规变化属社会环境因素变化，如“营改增”影响工程造价，对参建各方造价管理提出更高要求。不可抗力指发承包双方签约时不可预见、后果不可避免且不能克服的自然灾害和社会性突发事件，如地震、海啸致在建工程损坏，会极大影响工程造价。

（4）物价变化风险。施工周期长的工程项目，物价变化影响工程造价。建设单位负责供应的建材价格变动会引起总承包服务费变化；承包单位自购材料、工程设备及施工机械台班价格波动影响合同价格。合同约定的材料、工程设备、专业工程暂估价施工中确认单价或价格后取代暂估价，会调整合同价款、影响造价。

3. 工程竣工结算阶段

工程竣工结算阶段是工程造价最终形成阶段。有些承包单位会采用各种手段增加工程结算价，如增大结算工程量、贿赂结算审核人员、编制虚假工程签证单等。为此，建设单位应对工程结算予以高度重视，采取积极应对策略，以降低工程造价风险。

（二）承包单位工程造价风险

承包单位工程造价风险因素也可按工程招标投标、施工和竣工结算三个阶段分别考虑。

1. 工程招标投标阶段

承包单位在此阶段的工程造价风险因素主要有：建设单位资信风险、垫资风险、勘察设计风险、施工方法和施工技术风险、投标报价决策风险、合同风险等。

（1）建设单位资信风险。建设单位资信情况反映其合同履行能力和履行态度。在我国，由于种种原因，建设单位延迟付款是一种普遍现象，有些信誉较差的建设单位甚至故意克扣或拖欠工程款。因此，建设单位资信风险是承包单位需要面临的工程造价风险因素之一。

（2）垫资风险。垫资不仅会使承包单位资金运转紧张、增加工程成本、直接影响企业效益，严重的甚至导致职工工资不能及时发放，造成工人队伍不稳定及人才流失。

（3）勘察设计风险。有些建设单位在工程设计方案不确定时就进行招标，设计不充分或不完善时，很有可能给承包单位的投标报价带来风险。

（4）施工方法和施工技术风险。每种施工方案（传统或创新）都有自身特点与适用条件，不同方案施工成本不同。这要求承包单位评估不同施工方法和技术条件下的风险，采用新工艺、新技术时，更要充分考虑施工方法与技术风险。

（5）投标报价决策风险。目前多数工程项目采用工程量清单计价模式，承包单位投标时需依据建设单位提供的清单，结合自身生产效率、消耗水平和管理能力，考虑适度风险后报价。报价确认且中标后，工程造价一般不能轻易改变，工程综合单价风险全由承包单位承担。

（6）合同风险。施工合同既是工程项目管理的法律文件，又是工程项目全面风险管理的重要依据。承包单位要抓好合同的签订和运用，要认真推敲和审核工程合同价款确定方式、工程价款调整与支付、合同履行期限、工程变更和索赔、竣工结算等核心内容，降低工程合同风险。

2. 工程施工阶段

承包单位在此阶段的工程造价风险因素主要有：来自建设单位的风险，来自监理单位的风险，国家政策及经济因素变化风险，异常气候、重大疫情等不可抗力风险，以及承包单位自身引起的风险。

（1）来自建设单位的风险。部分建设单位存在问题影响工程进度和造价：一是不遵循施工规律，不合理压缩工期；二是不严格按图纸和合同执行，施工中频繁修改设计致反复变更；三是未处理好项目外部协调关系，如施工手续办理、拆迁等事宜。

（2）来自监理单位的风险。有些工程项目监理机构工作效率低，拖延签署支付，或是项目监理机构有意拖延支付。还有因部分监理人员水平低，对一些索赔问题迟迟提不出建议或做不出决定，这些都是承包单位需要面临的工程造价风险因素。

（3）国家政策及经济因素变化风险。建筑业发展与国家政策紧密相连，建设投资结构和规模调控、信贷政策变化等直接影响建筑业，也波及承包单位业务开拓与产出效益。通货膨胀、外汇汇率浮动、税收政策、物价变动等经济因素影响建筑产品单位成本，进而影响工程造价。

（4）不可抗力风险。工程施工易受自然环境影响，异常恶劣气候（如超常年雨季、寒冷冬季）及重大疫情等会影响施工、降低工效，甚至导致停工。国际工程还可能受战争、海盗、罢工等风险因素影响。

（5）承包单位自身引起的风险。由于承包单位自身原因引起的工程造价风险因素主要有不规范行为引起的风险、管理方面的风险、人员方面的风险和索赔困难带来的风险等。

3. 工程竣工结算阶段

此阶段承包单位面临的工程造价风险包括：建设单位压价、拖欠工程款、不按约办理竣工结算、转嫁规费；因设计变更与签证手续不全、工程质量及工期问题引发造价纠纷致无法结算；承包单位索赔证据不足、计价失误；工程计价政策与依据变化、材料涨价使预期利润减少。

（三）咨询单位工程造价风险因素

在全过程工程造价咨询模式下，造价咨询单位将参与工程招标投标、施工、竣工结算和决算全过程咨询。因此，造价咨询单位工程造价风险也可分为三个阶段进行分析。

1. 工程招标投标阶段

在此阶段造价咨询单位主要为建设单位（招标方）服务，工程造价风险因素主要有：工程量清单编制、标底或投标限价编制、招标文件及合同编制，以及投标单位资质和标书审核。

（1）工程量清单编制。其风险因素主要有：清单项目有漏项、清单项目特征描述不完整或不正确、清单工程量不准确等。

（2）标底或投标限价编制。其风险因素主要有：标底或投标限价编制、审查不专业、欠严谨，如综合单价的组价不完整或有错误、措施项目费用计取不全、未考虑大型机械进出场及设备保护费等。

（3）招标文件及合同编制。其风险因素主要有：招标文件及合同编制不严谨、不细致，容易使当事人误解，或者给施工单位提供钻空子的机会，造成工程实施时造价管控有漏洞。

（4）投标单位资质和标书审核。其风险因素主要有：投标资格预审时资质审查不严；评标时造价数据计算复核不到位，未能审查出投标单位严重的不平衡报价或重大漏项等。

2. 工程施工阶段

在此阶段咨询单位的工程造价风险因素主要有：工程进度款支付审核及工程变更和索赔审核。

（1）工程进度款支付审核。其风险因素主要有：对工程款计量规则和范围不清，未能结合施工形象进度记录严格审查工程进度款支付申请；未能审查出施工单位虚报工程量的情况；对于超出工程量清单的工程量或合同外变更签证，对其支撑资料和签批手续是否完整审核不严等。

（2）工程变更和索赔审核。其风险因素主要有：未能审查工程变更原因及相关文件资料和审批程序的完整性、真实性；对于施工单位提出的工程变更，未能分析是否存在通过变更来弥补不平衡报价的亏损问题；对于设计单位提出的工程变更，未能分析是否存在设计粗糙、错误等问题；未能审查工程索赔时效、费用计算的准确性及相关证据资料；未能审查工程索赔是否符合合同约定及相关程序要求等。

3. 工程竣工结算和决算阶段

在此阶段咨询单位的工程造价风险因素主要有：工程竣工结算审核和工程竣工决算编制。

（1）工程竣工结算审核。承包单位工程结算资料可能存在混乱、不完整、不真实和数据错误等问题。工程造价咨询单位至少需审查：工程竣工结算的完整性、真实性、合规性；工程量、单价、取费标准的合理性与正确性；工程变更和索赔程序合规性、事项真实性及费用计算正确性。

（2）工程竣工决算编制。其主要考虑工程竣工内容的完整性和数据结果的准确性。

二、工程造价风险识别方法

工程造价风险识别方法主要有：德尔菲（Delphi）法、头脑风暴法、检查表法、事故树分析法等。可根据风险识别对象的特点，选择适宜的风险识别方法，也可将多种方法结合起来使用。

（一）德尔菲法

德尔菲法，也称专家调查法，是一种利用函询形式进行集体匿名思想交流的过程。该方法按照规定程序，通过背靠背方式来征询专家意见或判断。

（二）头脑风暴法

头脑风暴法，又称智力激励法或自由思考法，是一种通过邀请不同知识领域专家组成专家组，以专家创造性思维来获取信息的直观分析判断方法。

（三）检查表法

检查表法是保险公司、咨询单位等专业团体针对工程风险（含工程造价风险）详尽调查分析并形成报告的方法。它基于系统工程分析思想，对风险分析对象系统分析后找出所有可能风险源列于检查表，以提问方式识别风险因素。检查表格式不统一，但所提问题对建设、承包或咨询单位都有意义且普遍适用。

检查表法分析弹性大，既可用于简单的快速分析，也可用于更深层次的分析。因此，检查表法是一种较为方便、有效的风险识别方法。

（四）事故树分析法

事故树分析法起源于故障树分析法，主要是以树状图形式表示所有可能引发主要事件发生的次要事件，解释风险因素引发风险事项的作用机制及个别风险事件组合可能发生的潜在风险事件。

通常用演绎分析方法编制事故树。先将需研究的不希望发生事件作为“顶上事件”置于第一层，找出致其发生的所有直接原因事件列为第二层，再找出致第二层各事件发生的直接原因列为第三层，层层向下直至找出最基本原因事件。构造时，被分析风险事件在树顶端，分支为所有可能风险原因，同层风险因素用“门”与上层风险事件相连。“门”有“与门”“或门”两种逻辑关系，“与门”指同层风险因素为“与”关系，所有因素发生，上一级事件才发生；“或门”指同层因素为“或”关系，任一因素发生，上一级事件就能发生。

事故树分析法既可用于定量分析，也可用于定性分析；既可求出事故发生的概率，也可识别出工程建设中的风险因素。因此，事故树法简单、形象，逻辑性强，应用广泛。

任务二 工程造价风险应对措施

任务描述

在某桥梁建设项目中，针对已识别的工程造价风险因素，项目造价管控人员负责制定并实施应对措施。需根据风险性质与影响程度，采取风险规避、风险减轻、风险转移及风险接受等策略，如优化设计方案、签订固定价格合同、投保工程保险等，确保项目造价得到有效控制。

任务分析

任务要求深入理解风险应对措施原理，结合桥梁建设特点制定策略；针对具体风险因素，精准选择应对措施；协调各方资源，有效实施风险应对计划；通过科学应对，降低工程造价风险，保障项目经济效益与建设质量。

任务实施

工程项目实施过程中，建设单位、承包单位及咨询单位面临的工程造价风险不同，采取的应对策略也有所不同。

一、建设单位风险应对策略

面对工程项目不同阶段的工程造价风险因素，建设单位可采取不同的风险应对策略。

（一）工程招标投标阶段

建设单位为应对工程招标投标阶段可能的工程造价风险，需要编制合理的招标文件及准确的工程量清单，制定透明的评标标准，严格审查投标报价的合理性及合同的完整性和合法合规性。

1. 编制合理的招标文件及准确的工程量清单

首先，建设单位要结合自身与市场估计，确定利于控造价、降风险的招标范围。其次，需准确编制工程量清单，避免错误或漏项。工程量清单是招标文件的重要部分，是投标报价、建设单位签合同、调量、付款及结算的依据，建设单位要承担工程量误差及承包单位索赔风险。因此，编制时应研究设计图纸，分析招标文件工作内容与技术要求，查看地质勘察报告和现场，预测施工情况，划分影响报价的清单项目。

2. 制定透明的评标标准

评标标准不仅要有评标原则，还要有详细的评标细则，必须紧扣招标文件内容和要求，切实做到评标内容和权重的设置科学合理。同时，评标内容要有指向性并尽可能量化，做到有据可查，防止评标专家仅凭个人主观臆断进行评标。评标标准要在招标文件中说明，并要求在评标过程中不得更改，防止暗箱操作。

3. 严格审查投标报价的合理性

工程量清单计价模式下，建设单位担“量的风险”，承包单位担“价的风险”。投标单位常采用不平衡报价策略求超额利润，建设单位招标时若不能及时准确识别防范，会导致低价中标、高价结算，并造成经济损失。因此，要研究投标单位不平衡报价策略与手法，制定防范对策，既保护建设单位利益，也促使施工单位竞争转向自身实力、技术和管理水平，实现合理低价中标。

4. 审查合同的完整性与合法合规性

要规范合同签订程序，在合同签订前，全面审查合同文件是否齐全，程序是否合法，条款内容是否完整全面、公平合理，定义是否清楚准确，风险是否合理分担等。通过审查，发现和修订合同内容含糊、概念不清或未能完全理解的条款，以及隐含较大风险的条款和显失公平的单方面约束性条款等，以减少在工程结算时可能发生的纠纷。

（二）工程施工阶段

建设单位为应对工程施工阶段可能的工程造价风险，需要强化现场管理与合同管理，完善工程变更和索赔管理制度。

1. 强化现场管理与合同管理

确定中标单位后，建设单位应对中标单位的工程量清单报价、不平衡报价等投标技巧和可能发生的工程变更与索赔做到心中有数，以利于加强现场管理与合同管理，增强索赔处理与反索赔能力。要打破合同管理人员不去施工现场的不良做法，要求工程造价管理人员深入施工现场，切实做到工程变更量与变更费用的双重控制。

2. 完善工程变更和索赔管理制度

承包单位工程变更申请先交项目监理机构专业审查，同意且经建设单位认可后，由原设计单位编制变更文件并进行造价分析。明确造价变更，确认责任人与签证权限，严格管理现场签证单。工程实施中，建设单位要规范自身行为，及时提供施工条件、支付进度款，预防承包单位索赔，按合同约定处理索赔事件。

（三）工程竣工结算阶段

建设单位在工程竣工结算阶段的重点工作是核算实际完成工程量、审定工程量清单中未列项目单价、处理合同价格调整问题、审核竣工结算总金额。对承包单位追加合同价款的申请或索赔，应认真按合同约定加以对待。同时，建设单位还可对承包单位的违约行为实施反索赔。

二、承包单位风险应对策略

面对工程项目不同阶段的工程造价风险因素，承包单位可采取不同的风险应对策略。

（一）工程招标投标阶段

承包单位为应对工程招标投标阶段可能的工程造价风险，需要认真研读招标文件，适当运用不平衡报价策略，严把合同签订关。

1. 认真研读招标文件

首先要充分了解招标范围、报价内容与评标标准，研读设计图纸，计算复核工程量清单中的工程量，对不明确处或错误、漏项，及时要求建设单位（招标人）澄清、修正。此外，要认真踏勘施工现场，预测施工中可能遇到的情况，并在制定报价策略时充分考虑。

2. 适当运用不平衡报价策略

在一定范围内有意识地调整工程量清单中某些子目的报价，以期既不提高投标总价，也不影响中标，又能在结算时得到更理想的经济效益。

3. 严把合同签订关

图 9-1　土石方工程

首先，要规范合同签订程序，每份合同应经企业内部工程、经营、法律等相关职能部门层层审核、把关，保证合同文本内容全面、完整。其次，要认真研究合同的严密性和规范性，合理运用专用条款和补充条款。最后，要强化合同管理意识，重点审查可能隐含较大风险的条款。例如，对于外部条件不足产生的风险，应明确由谁来承担；对于不确定性因素较多的工程（如地下工程、土石方工程等，如图 9-1 所示），应明确约定合同价款调整范围和方式；对于建设单位负责供应的材料设备，要明确约定计价方式等。此外，应详细界定双方违约责任，同时应明确约定合同双方的风险分担范围。

（二）工程施工阶段

承包单位为应对工程施工阶段可能的工程造价风险，需要进行投标报价交底和合同交底，并及时做好工程索赔工作。

1. 做好投标报价交底和合同交底

要充分了解合同范围、报价策略等内容，在履约前做好合同交底，并制定有针对性的工程成本控制措施。此外，还要密切关注合同范围外新增工程的价格签认和合同范围内工程量增减带来的利润和风险变化。

2. 及时做好工程索赔工作

工程项目实施中诸如工程量变化、设计失误、建设单位指令变更、加速施工、施工图变化、不利自然条件及非承包单位原因引起的施工条件变化和工期延误等，承包单位均可提出索赔。为此，要注重工程相关资料（合同、会议纪要、指令变更单等）的收集、整理工作，为索赔提供充分依据。

（三）工程竣工结算阶段

工程竣工结算是控制、消除造价风险最后一关。为应对结算阶段造价风险，承包单位要掌握合同、文件及图纸内容，整理施工变更、签证等资料防错漏算。注重结算程序、时效性与谈判技巧，抓大放小促资金回收。对久拖不结的建设单位灵活处理，必要时用法律维权减损。

三、工程造价咨询单位应对策略

工程造价咨询单位的风险应对策略可分为两方面：内部控制措施和职业责任保险。

（一）内部控制措施

工程造价咨询单位应对风险的内部控制措施主要有：提高咨询人员专业胜任能力、建立和完善质量保证体系及构筑企业质量文化。

1. 提高咨询人员专业胜任能力

工程造价咨询是集技术和经济于一体的智力服务活动，涉及专业面广、咨询成果要求高。为此，需要一大批专业素养高的工程造价咨询人员。拥有综合素质高、专业能力强的咨询队伍，才能有效避免在工程造价咨询业务开展过程中错误的发生，降低工程造价咨询风险。

2. 建立和完善质量保证体系

质量保证体系是工程造价咨询单位控制工程造价咨询成果质量、减少工程造价咨询风险的重要保障。工程造价咨询单位应注重质量保证体系的建立和完善，明确造价咨询职责，落实咨询成果复核机制，确保工程造价咨询成果的真实、可靠、科学、公正。

3. 构筑质量文化

要建立企业质量文化，树立为客户创造价值的咨询服务意识，以严、慎、细、实的工作作风为委托方提供咨询服务，这样才能更持久、全方位地减少工程造价咨询风险。

（二）职业责任保险

购买职业责任保险是工程造价咨询单位及造价工程师转移职业风险、提高社会信誉的重要手段。所谓职业责任保险，是承保各类专业技术人员因工作疏忽或过失造成合同对方或他人人身伤害或财产损失的经济赔偿责任的保险。

工程造价咨询过程烦琐复杂，咨询人员工作中疏忽或过失导致造价偏差，会给委托方或其他工程参与方造成经济损失。若发生大额赔偿，那么注册资本金较小的造价咨询单位难以承受。所以，投保职业责任保险是造价咨询单位转移风险的首选。

建立职业责任保险制度，有利于强化造价咨询单位风险管理，完善行业监督及清出制度，是树立行业信用、实现可持续发展的重要途径。在“一带一路”背景下，推行该制度也是我国造价咨询行业与国际接轨的必要保障。

项目小结

本项目着重于工程造价风险管理。首先，我们系统分析了工程造价的风险因素，并采用了有效的识别方法，为风险管理奠定了坚实基础；其次，我们针对识别出的风险，制定了切实可行的应对措施，有效降低了风险发生的可能性和影响程度。通过本项目，我们增强了工程造价管理的风险意识，提高了应对风险的能力，确保了项目造价的稳健性。

项 目 工 单

工程造价风险管理实训记录见表 9-1。

表 9-1 工程造价风险管理实训记录

班级		姓名		日期	
实训名称	工程造价风险管理实训				
实训目标	1. 识别工程造价风险因素； 2. 掌握风险应对措施方法； 3. 提升风险管理实践能力				

表 9-1（续）

实训过程记录	
实训注意事项	
实训总结	

工程造价风险管理实训评价见表 9-2。

表 9-2　工程造价风险管理实训评价

项目名称	评价内容	分值	评分
职业素养考核项目（30%）	正确规范操作能力	10	
	责任心团队协作能力	10	
	问题解决与创新能力	10	
专业能力考核项目（70%）	风险识别准确能力	10	
	评估分析能力	10	
	应对措施制定能力	20	
	风险监控能力	10	
	报告规范编写能力	20	
合计评分			
教师评语		教师签字	

课后练习

一、填空题

1. 建设单位工程招标投标阶段的工程造价风险主要有：____________、综合单价风险、最高投标限价风险、招标文件与____________。

2. 在工程竣工结算和决算阶段，咨询单位的工程造价风险因素主要包括两点：____________和____________。

3. 职业责任保险，是承保各类专业技术人员因____________或过失造成合同对方或他人人身伤害或财产损失的____________的保险。

4. 在工程施工阶段咨询单位的工程造价风险因素主要有：________审核及________审核。

5. 环境变化风险包括________和________。

二、简答题

1. 简述德尔菲法。

2. 简述建设单位在工程招标投标阶段面对工程造价风险，需要作出的应对策略。

项目十

工程造价管理的发展趋势与展望

项目导读

工程造价管理的发展趋势明确了其国际化、专业化、信息化、系统化等发展方向，有助于工程造价管理适应新时代要求，提升管理效率与质量，推动行业持续健康发展。本项目将带领读者全面了解工程造价管理的发展趋势与展望，包括工程造价管理的国际化、工程造价管理的专业化、工程造价管理的信息化和工程造价管理的系统化。

学习目标

知识目标

1. 掌握工程造价管理国际化、专业化、信息化、系统化的基本内涵和发展趋势。

2. 了解工程造价管理在国际化进程中面临的挑战与机遇，以及专业化、信息化、系统化对提升工程造价管理水平的重要性。

能力目标

1. 能够分析工程造价管理国际化的发展趋势，提出应对策略，提升国际竞争力。

2. 熟练运用信息化手段进行工程造价管理，提高工程造价的准确性和效率，推动工程造价管理的系统化进程。

素质目标

1. 培养全球视野和跨文化交流能力，适应工程造价管理国际化的需求。

2. 具备持续学习和自我提升的能力，紧跟工程造价管理专业化、信息化、系统化的最新发展动态。

思政目标

帮助学生树立国际视野和全局观念，积极应对工程造价管理国际化带来的挑战，使其为推动工程造价管理的专业化、信息化、系统化进程贡献力量，同时注重培养自身的创新意识和实践能力，为实现工程造价管理的可持续发展做出积极贡献。

任务一　工程造价管理的国际化

任务描述

在某跨国企业总部大楼建设项目中，国际化造价管理团队负责推进工程造价管理的国际化进程。需对接国际工程造价标准，引入国外先进管理理念与技术手段，如BIM技术、国际造价数据库等，实现项目造价的全球化管理与控制，提升项目在国际市场上的竞争力。

任务分析

任务要求熟悉国际工程造价管理体系，掌握前沿管理技术；对比分析国内外造价差异，制定国际化管理策略；加强国际合作与交流，引入优质资源与经验；通过国际化管理，提升项目造价管控水平，助力企业拓展国际市场。

任务实施

工程造价管理国际化是指企业的管理具有国际视角，符合国际惯例和发展趋势，能在世界范围内有效配置资源。各国努力开展国际合作以谋发展。应鼓励造价咨询行业联合、重组兼并，优化资源配置，培养有国际竞争力的多功能服务机构，促进与国际接轨、扩大开放。工程造价管理国际化作为新趋势，对管理的各方面，如管理者、计划、组织、领导、控制工作等提出新要求。

一、竞争的国际化

随着建设工程市场国际化推进，我国跨国公司与项目增多，项目多通过国际招标等运作，行业壁垒弱化，国内外市场融合。面对激烈竞争，我国企业需以市场为导向，开放造价咨询市场，转换经营模式，打造有国际竞争力的造价咨询企业参与国际项目竞标。

为参与国际化市场的竞争，国内市场开始向多元化发展，转变市场竞争方式，从粗放型经济体向集约化经济体转型，从劳动力密集型和成本密集型企业向技术密集型和资本密集型企业转型，提倡自主研发和创新，提高可持续化的发展动力，保障企业在国际化市场的生存空间。工程造价管理与国际接轨并健康发展必须有法律的保障和规范，对于工程项目管理中各方人员的责、权、利也应以法律的形式予以定位。

二、内容的国际化

在国际化背景下，工程造价管理的基本内容是合理地确定和有效地控制工程造价。所谓工程造价的合理确定，就是在建设程序的各个阶段合理地确定投资估算、概算造价、预算造价、承包合同价、结算价和竣工决算价；所谓工程造价的有效控制，就是在优化建设方案、设计方案的基础上，在建设程序的各个阶段，采用一定的方法和措施将工程造价的发生控制在合理的范围和核定的造价限额以内。在确定和控制造价的过程中，全过程的动态管理、相关的约束机制、经济的发展形势，以及管理的方法和手段都面临着更为复杂的各方利益，应严格规范价格行为，提高投资效益和建筑安装企业的经营效果，促进微观效益和宏观效益的统一。

三、标准的国际化

在经济全球化背景下，各个国家都在开展低碳经济体制，利用规范有效的手段来限制世界的碳排放量，这对于一些建筑类以及工程类企业都有一定的制约。当前，我国受其影响在项目工程造价方面也朝着低碳、绿色的方向发展。我国应该加强工程建筑的低碳标准和节能要求，要强调绿色化建筑和低碳工程的稳定性，要保障我国工程项目的发展遵守低碳经济的发展路线。重点对建设工程造价、单项工程造价、单位工程造价以及建筑安装工程造价等环节加以改进和优化，注意低碳经济理念的引入，认真分析工程项目建设中各种低碳化的投入与维护。

低碳经济对工程造价有要求：材料选绿色环保的，项目设计以低碳绿化为目标，能源选可再生或可二次利用的，加强低碳教育、实行绿色贸易标准，提升群众和相关人员对绿色经济与环保概念的认知。核心技术与低碳理念是低碳经济发展及建设低碳工程的关键。绿色工程造价标准涵盖设计、选材预算、人员素质、碳排放测定、生态保护与地区和谐、可持续发展与能源再生能力等。提高我国工程造价基本标准，可为发展绿色工程造价奠基。

我国实行低碳环保工程主要任务是构建环保工程法律体系，以法律保护环境、保障工程经济发展，在法制管制下限制或驱逐高排放企业。发达国家严格限制影响环境的产品，如欧盟实施能源消耗制度后，不仅对产品能耗有要求，还对冲击环境的项目进行抵制。

四、国际化的影响

（一）优化行业结构

深化行业改革，优化区域布局与业务品种结构；实施国际化战略，加快熟悉国际规则，加强国际交流合作；推动造价咨询服务出口，促进跨专业跨领域合作，提升行业国际影响力，培育有竞争力的造价咨询公司，实现国内外市场协调发展。

（二）提升行业信度

通过诚信建设，不断提高行业诚信度和公信力，并采取多种方式提高从业人员的专业胜任能力和职业道德水平，建立健全以决策程序、风险控制、人才培养、收益分配、执业网络协调为重点的内部管理制度，提高行业社会声誉，提升服务经济社会发展能力，将品牌效应逐步扩大，赢得社会的普遍认可。确立符合国际惯例的行业管理体系和产业相关的支持政策，改革企业运行机制。

（三）适应行业要求

人才培养要满足行业发展要求，按照结构优化、专业精湛、道德良好的要求扩大造价工程师以及从业人员队伍，同时在提高造价工程师继续教育水平和效果的基础上，有计划地培养领军人才、高端人才、国际化人才和复合型业务骨干。

（四）增加交易平台

工程造价传统交易周期长、不确定因素多，业内已出现未来工程造价互联网化、交易担保化雏形，能提供便利交易模式并保证质量。“互联网 +”推行可发挥互联网优化集成作用，实现社会资源有效配置，将其创新成果与工程造价深度融合，形成新经济形态。利用互联网数据平台，工程造价管理可实现经营规模化、跨地区联合，寻求优质伙伴合作，开发绿色建筑、信息工程计价等新业务市场。

（五）完善集成服务

国际工程市场看重设计、施工、管理集成服务及供应链全球整合。我国企业注重提高业务技术含量、完善政策支持，优化组织结构，增加自主性与外汇管理弹性，掌握国际惯例以提升工程咨询企业综合服务能力。工程勘察设计企业国际化发展，需具备良好的企业形象、完善的风险管控机制，加强与国外先进企业合作，实现人员国际化配置与专业化，建立良好海外信息反馈机制。

任务二　工程造价管理的专业化

任务描述

在某大型水电站建设项目中，项目造价管理负责推动工程造价管理的专业化发展。需构建专业的造价管理团队，应用专业造价软件与工具，如广联达、斯维尔等，实施精细化造价管控，确保项目造价数据的准确性与时效性，提升工程造价管理的专业水平。

任务分析

任务要求组建高素质造价管理团队，掌握专业造价管理工具；深化造价数据分析，实现精细化管理；建立专业造价管理流程与标准，提升管理效率；通过专业化管理，确保项目造价可控，提升项目整体经济效益。

任务实施

工程造价管理的专业化主要体现在方向、功能和人员的专业化。

一、方向的专业化

对于工程造价管理的发展方向，需要分别从宏观政策层面、微观应用层面、服务配套层面三个层面进行转型升级。

（一）宏观政策层面

在工程造价管理法规体系建设上，要逐步构建包含国家法律、行政法规及质量安全配套等的多层次法律框架，完善行业诚信体系。通过完善工程招标控制价、国有投资项目结算审查、结算文件备案、造价纠纷调解等制度，推进工程计价行为监督，加强政府投资项目造价监管，将其纳入统一诚信体系并与资质联动。

（二）微观应用层面

推行全过程造价管理与全要素造价管理，积极推进 EPC、PMC 等新型项目管理模式，建立以造价管理为核心的项目管理集成化体系，在新型管理模式的推动下，促进专业化咨询企业的发展与规范管理。

（三）服务配套层面

进一步推行信息服务市场化、标准体系规范化、管理手段信息化。支持和推进建设工程要素价格市场化服务，通过专业的信息服务公司以信息化的手段实现精细化管理。

图 10-1 智慧建筑

作为中国未来战略发展支点的新型城镇化倡导走集约、智能、绿色、低碳的建设之路。这些都呼唤绿色、智能、宜居的智慧建筑出现，其对行业的发展提出了更高的要求，如图 10-1 所示。首先，建筑产品的造型越来越独特、工程体量与投资额也越来越大；其次，在造价管理层面，从业务的侧重点和覆盖度上，在建设期甚至投资分析阶段就已经考虑到运维阶段的成本影响了；最后，对造价从业人员来说，重复和计算性的工作多由计算机完成，他们可将主要精力集中在项目经济评价、方案优化及风险控制等方面。

二、功能的专业化

工程造价管理的功能定位是有价值的专业化服务工作。工程造价管理是基于建设工程项目全生命周期的价值管理，具体包括全生命周期造价管理、全过程造价管理和全要素造价管理。其是政府主管部门、行业协会、业主、承包单位及咨询单位等在建设工程投资决策、设计、发承包、施工、竣工验收的各个阶段，基于建设工程项目全生命周期对工程的建造成本，以及质量、工期、安全、环境等要素进行的集成管理。

国家从战略新兴产业角度认定建筑业产品为“伴随有形实物的服务”，国际在工业化中后期从服务经济角度研究组织服务对建筑业企业经济的推动。我国建筑业从生产者服务角度认识生产经营将主导大型企业结构调整与产业升级。如德鲁克所说，企业竞争核心是商业模式。不同建筑业企业的商业模式受内外部因素影响，其创新动力源于企业所有者、债权人等资源投入。商业模式的构建与实施能丰富企业业务板块，激发经济活力，推动建筑行业与企业经济转型、模式创新，提升质量效益。

建筑业企业提供的服务（建设产品）生产周期和生命周期都比较长，多主体参与，因此其承担的社会责任更强，不同于一般的工业产品或者服务；同时，建筑业企业更加注重工程总承包模式、建设－转让模式或者城乡综合运营等大客户的标志性产品或服务，为后续企业服务对象和服务板块确立品牌价值。因此，从服务经济角度出发，建筑业企业商业模式可视为以项目为导向，通过生产要素或生活要素的有效整合，提高企业自我发展能力，满足获得市场空间需求，追求价值增长。也就是说，在企业自我发展的背景下，通过服务对象、服务板块和服务逻辑三者的整合创造价值。

1. 服务对象

服务对象主要是指有效需求建筑业企业提供产品或服务的客户。企业市场服务的需求结构不同，企业的客户结构因之而不同。建筑业企业商业模式的服务对象需以客户的市场结构为特征，这样易于企业内部的客户管理和资源配置。

2. 服务板块

服务板块主要是指建筑业企业向客户（业主）提供的产品或服务。服务板块包括主营业务板块和非主营业务板块。这里的产品或服务不仅指狭义的建设服务，还有建设产业链的前端延伸和后向延伸，然后形成满足客户有效需求的组合服务或产品，比如建设领域的资本运营、金融投资、县域一体化建设和城市规划运营；也有可能是跨越了建设产业链，在非建设领域内进行投资运营，形成商业模式的新增长点。

3. 服务逻辑

服务逻辑主要是指建筑业企业获取项目，采用的服务营销手段和战略。将项目看作服务，企业从内部组织资源、制定服务营销战略并运用手段争取客户。大型建筑业企业服务营销倾向大订单、大客户、“一体化”“软投资”、大装饰服务等营销。可见，其更注重高端客户及社会价值、品牌影响力，关注服务一体化带来的高附加值。服务逻辑覆盖主、非主营业务板块，服务对象明确为国内外高端客户及高附加值、高影响力项目。

三、人员的专业化

在新形势下，要求工程造价人员不仅要懂法律与管理知识、工程技术经济，还要有很好的职业道德与丰富的实践经验。造价工程师从总体上发挥真正意义上的“建设项目全过程、全方位的造价动态服务”社会功能。

咨询企业需优化人才结构，储备各专业综合人才。国家经济与建设市场发展对造价专业人员提出更高要求，新时代下造价工程师核心能力重要性排序为：综合素质能力＞持续发展能力＞专业技术能力。工程造价人员作为建设领域造价管理者，需具备技术、人文和观念技能，契合造价企业国际化发展要求。咨询企业要培养和引进国际化人才，掌握国际标准，参与国际技术交流与标准认证，为国际化发展奠基，提升核心竞争力，促进行业发展。

四、专业化的要求

（一）更新观念，提高管理水平

首先，政府的职能应转变，政府应进行宏观指导和服务性的工作，将相关的管理权力和协调服务工作逐步转交给行业协会。市场经济是法治经济，作为市场化的工程造价活动同样要用法律法规规范行业的行为，建立监督约束机制和措施，减少行政手段对工程造价行为的干预和制约，使行业行为自律。同时加大行业协会对本行业的管理力度，促使造价咨询业加强行业自律，在造价咨询的费用、质量、时间和其他服务等方面遵守行业公约，避免恶性竞争或低价竞争，为造价咨询行业创造良好的发展环境，引导行业可持续发展。此外，政府应在宏观上对造价咨询业务进行整合，改变条块分割的局面。对工程造价进行全过程控制是工程造价管理发展的必然趋势。

（二）拓宽服务，提高市场地位

未来，造价工程师执业岗位将从传统建筑业拓展至建筑业、房地产业、投资业为主的行业，涵盖银行、保险等金融服务及法律、税务等行业。如保险行业，若我国强制推行工程保险制度，需有人对投保项目计价以确定保费和赔偿费，为造价咨询业进入保险领域带来机遇。此外，造价咨询企业服务重点应转向国际建筑市场流行的“工程索赔”，开展为项目当事人提供“索赔”顾问服务。

工程造价管理是基本建设领域中一项重要的经济管理工作，要规范其市场行为和运行秩序，必须做到依法从政、依法办事、按章运作。工程造价领域的立法应包括建设工程造价运行的各主要环节以及建设全过程各阶段造价的确定和控制。运用信息技术提高专业服务业服务于生产者的能力。工程造价咨询业是高科技产业，必须站在技术创新的最前沿，否则就不可能提供最先进、最科学的咨询服务。

（三）加强培养，提高人员素质

工程造价咨询业可持续发展关键在于提升从业人员素质。工程造价社会服务属智力密集型高层次管理服务，要求从业者素质高且遵守职业道德，否则难获社会认可。企业若吸引高素质人才，需加强内部管理，从技术、行政等方面提升实力，完善人才培训制度。建立人力资源管理机制，重视造价工程师队伍人力资源开发，促进人才保值增值，培养、留住并用好人才，对工程造价管理事业发展至关重要。

（四）整合信息，建立诚信体系

基于信息共享的协同管理模式保障诚信体系运行，诚信体系借助协同信息流改善员工行为、优化协同管理模式。当前，建筑企业信用评价结果用途多元化可提升该项工作效能，影响企业盈利，激励其守法。对建筑市场执业资格人员信用评价能约束并规范其行为。企业和执业人员信用评价体系既应独立又应结合，从企业向个人信用评价过渡，可促使企业监督员工信用。信用体系可减少合同监督管理工作，降低对合同依赖与交易成本。

任务三 工程造价管理的信息化

任务描述

在某智慧城市建设项目中，信息化造价管理负责实施工程造价管理的信息化升级。需整合项目造价数据，构建信息化造价管理平台，利用大数据、云计算等技术实现造价数据的实时共享与智能分析，提升造价管理的决策效率与准确性，助力项目智慧化管理。

任务分析

任务要求掌握信息化造价管理技术，构建高效数据平台；实现造价数据数字化、网络化存储与传输；利用智能算法优化造价分析流程，提高决策科学性；通过信息化升级，提升造价管理效能，支撑智慧城市项目的高质量发展。

任务实施

工程造价信息化是在传统造价管理基础上，利用信息技术等实现造价信息形成、交流与共享的过程。实现造价信息化利于行业改革发展，推动管理规范化、高效化、标准化与现代化，长远看信息化在造价行业作用将愈发重要。造价信息化建设参与主体有政府、行业协会、企业、研究机构等。政府是管理者和引导者，核心职能是建设信息标准体系和制定发展规划；行业协会作为自律管理者，负责贯彻推广相关法规、技术标准和规范，还通过制定发布推广行业标准规范企业行为。

工程造价信息化是现代工程管理重要趋势，已从业务辅助发展到与业务高度依赖。在此背景下，企业信息化部门应从业务视角看信息化。科学统一、全面的造价信息化技术标准体系可推动造价信息化及信息共享。大数据时代，政府应完善信息查询及发布平台，提高数据挖掘度，及时发布科学、时效的造价指标指数，公开造价资源。行业和企业可借此对比造价指数，提高可预见性与掌控力，降低成本、提升效率。信息化技术用于造价工作能提高服务品质、降低成本、提供差异化服务，增强企业核心竞争力，也是建设行业市场需求。造价信息化管理利于体现资源价值、提升管理水平。

一、信息化的优势

（一）实现内外部信息的网络化

内外部信息的网络化包括数据处理、基础资料的收集整理、效果评估、数据包的传递、技术经济信息咨询等网络服务，以及时、准确、全面地获取某一产品或劳务等方面的价格信息。其将会在投资项目评价软件、设计概算软件、建筑辅助设计软件、施工图预算软件、建筑业的价格信息网和企业内部的信息资料库之间建立无缝连接的通道，在项目评估、工程设计、造价管理等各部分工作间实现数据信息的低成本转移。

（二）实现信息管理服务共享化

工程造价信息是具有共享性的社会资源，建立和完善全国工程造价信息系统及地区工程造价信息系统可提高工程造价信息网的覆盖面，可以更好地为工程建设市场和工程造价管理服务。现代工程建设市场的发展要求工程造价信息收集渠道同一化，加工、传递、贮存系统化，这样不仅可以减少重复工作，而且可以提高造价信息处理的质量，实现信息互通、共享。建立工程造价数据库、实现数据共享可提高工程造价管理的科学性，以适应市场快速、多变的特点。

（三）实现造价信息处理集成化

工程造价工作应拓展信息处理范围至企业定额编制、投标报价、施工管理等相关系统，通过局域网传输到造价应用软件，依据结构部位及尺寸等要求从价格信息资源库自动提取数据计算。企业定额传至投标报价系统，企业管理系统数据进入造价信息收集系统，指标系统检验指导报价工作。如此既能保证设计数据一致准确，又能提高招投标工作自动化水平，实现计算机技术应用的集成化与系统性。建筑信息模型（Building Information Modeling，BIM）、大数据、云技术的广泛应用为造价信息的收集与处理提供了技术支持。

工程咨询公司借助信息技术实现了造价咨询项目信息的收集、归纳与处理，建立包括众多项目案例的综合造价服务信息数据库。此外，BIM 等信息技术在规范造价咨询操作的同时可实现造价咨询信息的实时修改、保存，保证造价服务的集成化处理。

二、信息化的手段

（一）做好工程造价管理信息化总体规划

政府是工程造价信息化建设战略框架制定者，要从全局、长远、战略高度规划国家及地方工程造价信息化，其引导作用体现于制定产业促进和信息化发展规划，如标准体系建立、建设保障、平台运行等政策。工程造价管理各类组织的信息流构成、比例、作用、规模不同，面向市场角度、程度及应用信息技术范围、作用也有差异，各方应结合自身特点与实际，遵循规律制定适合的信息化建设规划。

（二）健全工程造价信息化管理工作机制

要加快工程造价管理信息化建设步伐，首先要从建立健全工作机制入手，明确各级工程造价管理机构造价信息管理职责，理顺工作关系，建立协调机制，加强组织领导，安排专人负责，实现资源共同开发、利益共享，建立考评制度，落实工程造价管理信息化建设专项资金。

（三）建立工程造价管理信息化网络平台

网络平台是信息传输、共享的基础。首先，各级工程造价管理机构都要建立工程造价管理内部网络平台，实现办公自动化，提高工作效率。其次，不断完善工程造价信息资源数据库，丰富工程造价信息库内容，注重工程造价信息的深度加工整理，加强工程造价信息的开发和利用，更好地满足工程造价信息用户的需求。最后，充分利用互联网构建覆盖全国的工程造价管理信息化网络平台。

三、信息化的技术

工程造价信息管理涵盖收集、加工整理、储存、传递与运用等工作，旨在通过有序的信息流通，让决策者及时准确获取信息。建立工程造价信息化管理系统能为投资估算编制、初步设计概算、施工图预算审查及招投标工作提供可靠依据。

工程造价信息管理，一般是针对政策法规、定额管理、价格信息、造价指标、招标投标、行业动态、造价人力资源、新技术、造价软件、工程项目情况等信息进行管理，为服务对象提供全面、准确、及时的工程造价信息。

（一）工程造价信息管理平台

通过先进的计算机技术、信息技术、网络技术、数据通信技术等，构建统一的工程造价信息管理平台，对不同地区的工程造价信息资源进行整合，并实现信息共享、提高工程造价信息服务效率、降低社会成本。工程造价信息管理平台具有信息查询、信息发布、决策支持三种功能。基础设施的建设、工程造价信息资源的建设和安全保障体系的建设是平台建设的主要内容。

（二）基于 BIM 的工程造价信息化管理

建筑、结构、设备等几何视觉信息与成本、性能等管理信息，通过集成项目信息处理过程和业务流程，为建设工程全生命周期各阶段、各参与方提供及时准确且充足的信息，支持不同阶段、参与方及应用软件间的信息交流共享，以提高工程设计、施工、运营、维护的效率与质量，提升工程建设行业生产力水平。

1. BIM 在工程造价管理中的信息传递

工程造价信息只有经过传递才能实现其价值，才能成为决策的依据、组织指挥的前提以及控制的基础。BIM 是对建筑产品和生产过程的信息化，是对项目组织、流程的信息化，是建筑工程项目特性的数字化表达。BIM 的实质是搭建一个信息共享平台，通过三大数据标准 IFC、IDM、IFD 的支撑，把不同软件、不同阶段、不同参与方有效地连接起来，确保与该建设工程项目相关的所有信息得以快速、通畅的传递与共享，可以为该项目从概念到拆除全生命周期中的所有决策提供可靠依据，且在项目的不同阶段，参与人可以按照权限不同通过 BIM 系统插入、提取、更新和共享数据。

2. 工程造价信息管理平台

通过先进的计算机技术、信息技术、网络技术、数据通信技术等，构建统一的工程造价信息管理平台，对不同地区的工程造价信息资源进行整合，并实现信息的共享，如图 10-2 所示，提高工程造价信息的服务效率，以降低社会成本。工程造价信息管理平台具有信息查询、信息发布、决策支持三种功能。基础设施的建设、工程造价信息资源的建设、安全保障体系的建设是平台建设的主要内容。

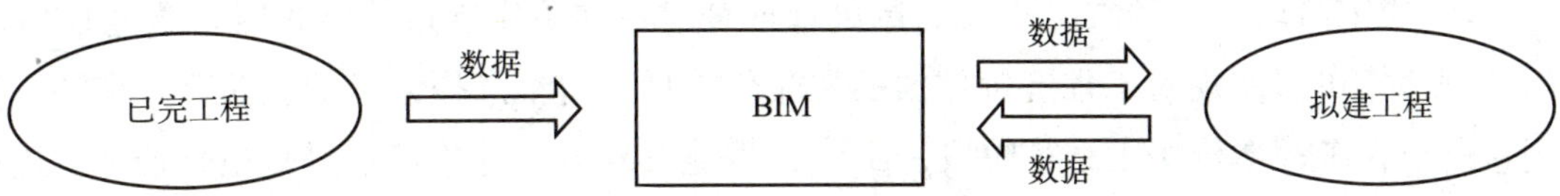

图 10-2　数据的共享

工程造价信息化平台是以 Internet 技术为支撑，以网络平台为基础，包括工程造价信息采集系统、分析处理系统、发布系统、查询系统、预警系统与维护系统六大模块。辅以建筑材料市场价格查询平台和工程造价指标共享平台。

工程造价信息化平台助力企业数据积累，打造综合单价库、单方造价库、材料价格库，经多项目统计将企业经验量化沉淀，应用于造价质量控制、投资估算及成本控制，体现数据价值，助企业拓展业务，为客户提供多元咨询服务。

3. BIM 大数据在工程造价管理中的应用

BIM 技术可以应用于从决策阶段的工程投资估算到设计阶段的初步概算、修正概算、施工图预算、招标投标的工程量清单、招标控制价及投标报价的编制，以及施工过程阶段的工程计量、变更签证、施工索赔、进度款支付、资金计划安排及偏差分析，最后到竣工阶段移交的资料整理和竣工结算办理等建设工程造价的全过程。

（1）决策阶段。决策阶段的主要工作是方案对比，对项目进行可行性研究。运用 BIM 技术对多个方案进行造价等各方面的对比，选择最经济、最合理的投资方案。决策阶段造价管理流程如图 10-3 所示。

图 10-3　决策阶段造价管理流程

（2）设计阶段。设计阶段的主要工作是施工方案设计、编制设计概算和施工图预算。设计初期，造价人员的主要工作是结合初步设计图纸建立 BIM 模型，迅速获取工程量，通过计价软件准确地对接工程的基本信息。基于价格信息平台，造价人员可得到实际的人材机价格与经济指标，进而迅速编制设计概算。施工图设计阶段，BIM 技术能够自动增减 BIM 模型中的构件，造价人员主要进行工料机分析和材料价格询价，快速编制出施工图预算。

（3）施工阶段。施工阶段，承包方按合同定期向发包方提供工程量进度报告并计算实际工程量，发包方收到后复核进度真实性。此阶段因建设周期长、市场价格变化快等不确定因素多，材料、人工等费用不稳定，设计变更、签证、索赔等还会使造价数据变动。BIM 模型能记录变更信息与版本，为变更审批、变更工程量计算及支付申请提供工程量数据。

（4）竣工阶段。工程竣工阶段的造价管理是对各项工作进行检验收尾。通过 BIM 技术的数据建模可以实现对工程造价数据的智能化管理，对信息搜索、信息储存效率的提高作用显著。在工程造价竣工结算阶段，BIM 技术能够对各种造价信息进行整合处理，提高工程造价竣工结算的准确性。

4. BIM 在工程造价管理中的应用价值

在工程造价全过程或全生命周期信息化的过程中，BIM 技术发挥着明显的优势，其价值主要体现在提升工程量计算的准确率和效率；实现数据库的动态调整和数据的共享；提高工程造价数据分析能力；实现全过程造价管理。

BIM 技术能让各个阶段实现协同工作，解决了阶段割裂、专业割裂的问题，避免了设计与造价控制环节脱节、设计与施工脱节、频繁变更等问题。

四、数字造价管理

数字造价管理，从宏观来看，是指利用BIM、云计算、大数据、物联网、移动互联网、人工智能和区块链等数字技术引领工程造价管理转型升级的行业战略。从微观来看，是指利用全行业造价管理人员在业务实施过程中对造价过程数据进行的参数化的处理、协同化的在线应用以及智慧化的数据加工，再通过数字造价管理平台对数据进行自动归集来辅助岗位的业务质量、效率提升，从而达到为项目管理增值的过程。

AI计算工程造价

（一）数字造价管理的内涵

数字造价管理是实现传统工程造价管理向数字化转型的基础设施，是驱动工程造价全过程（涵盖项目立项、设计、交易、施工、竣工、运维全生命周期）、全要素、全参与方升级的发展战略，是开放、共享的生态系统。

1. 数字造价管理是工程造价专业数字化的基础设施

数字造价管理平台由全过程造价管理、行业大数据、监管与诚信发布三个子平台组成。平台以项目为单位，以全过程造价管理为主线，在管理过程中积累各要素、各参与方数据，并传输到行业大数据子平台和监管与诚信发布子平台，形成行业大数据和行业诚信库，应用到造价管理全过程，指导造价管理。

2. 数字造价管理是“三全”升级的发展战略

数字造价管理的“三全”是指工程造价管理过程将由以往割裂的阶段的简单概预算管理升级到建设项目全过程造价管理，以至全生命周期造价管理；工程造价管理要素也将由以往单纯的量、价、费等组成单一要素升级到包含工期、质量、安全、环保等全要素、全风险的全面造价管理范畴；工程造价管理各参与方的关系将由相互间的简单博弈升级到多方协同、共享、共建与共赢的全团队造价管理。数字造价管理的“三全”演化示意图如图10-4所示。

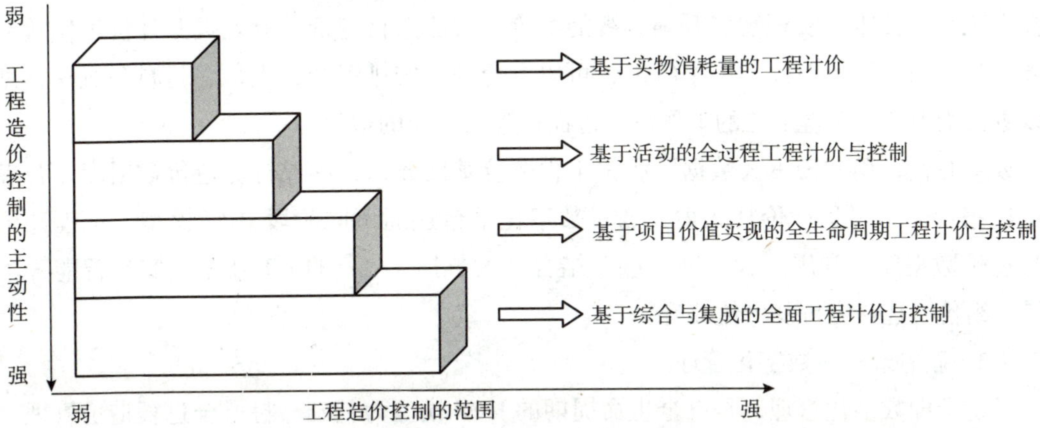

图10-4　数字造价管理的“三全”演化示意图

3. 数字造价管理是开放、共享的生态系统

数字造价管理致力于构建一个开放、共享的数字化生态系统。它会打通工程造价管理的全过程，把涉及工程造价管理的全参与方汇聚在一起，融合管理中的全要素。借助价值链，将工程造价业务的各个参与主体串联起来。在这个生态系统里，各服务主体能够依据自身优势精准定位，凭借个性化服务融入价值链，进而探寻到全新的商业机遇。

（二）数字造价管理的特征与目标

1. 数字造价管理的特征

数字造价管理通过数据驱动推动行业变革，具有结构化、在线化、智能化三大典型特征。

（1）结构化是基础，通过建立数据交换、项目特征描述等业务标准，实现现场消耗、造价过程及造价成果数据可采集、可分析，为数据采集提供基础条件。

（2）在线化是关键，通过实时在线实现数据分享、数据成果应用、优势互补。

（3）智能化是目标，通过数据分析、数据应用实现智能计价、快速决策。运用云技术、大数据技术和智能算法分析采集的数据，构建含计价依据、BIM 模型等的工程造价专业大数据库。借助该数据库和智能算法开展数据训练，建立具备深度认识、智能交互、自我进化能力的造价管理数字模型，形成“人工智能”以提升工程造价管理智能化水平。

2. 数字造价管理的目标

在“数字造价管理”时代下，工程造价专业人员在各种智能终端的协助下可随时随地开展工作，并让工作变得智能高效，从而产生“新计价”“新管理”“新服务”的三新理想场景。这也是“数字造价管理”的目标，驱动行业变革与创新发展，使全面造价管理工作有效落地，让每一个工程项目综合价值更优。

（1）新计价——智能化计价。

新计价即智能化计价，是以 BIM 模型为基础，集成造价组成的各要素，通过造价大数据及人工智能技术，实现智能开项、智能组价、智能选材定价，有效提升计价工作效率及成果质量。通过插入时间、成本维度，可以更合理地安排资金、人员、材料和机械计划，可以更详细地预知关键节点的工作量，进而核算出相应的造价。

数字时代，用“云 + 大数据”积累工程造价基础数据，形成行业造价数据库以合理确定市场报价。全过程计价耗人力，通过数字化平台连通不同阶段 BIM 模型、工程计价依据与造价数据库，利用“云 + 网 + 端”结合“大数据 +AI”的 DT 技术，实现智能开项、算量、组价、选材定价及价值提升。

（2）新管理——数字化管理。

新管理即数字化管理，是以全生命周期的 BIM 模型为基础，打通全过程造价管理，实现各参与方实时协同。通过大数据及人工智能技术，对建设期、维护期综合成本，以及质

量、工期、安全、环保等要素成本进行智能分析，以数字化管理方式实现科学决策。

数字化管理是指利用计算机、通信、网络等技术，通过统计技术量化管理对象与管理行为，实现研发、计划、组织、生产、协调、销售、服务、创新等职能的管理活动和方法。

（3）新服务——精准化服务。

新服务即精准化服务，是通过全过程造价管理平台、建设工程交易平台，积累项目、企业、人员的诚信记录，同时与社会征信合并形成四库一平台，反作用于造价管理及工程交易管理过程，实现精准化行业服务。

精准化服务是一个以精准服务为基础，以不断改进为循环，以项目团队为单元的服务运营系统，“精”主要是指简化、易操作，让目标和结果之间的时间成本、资金成本、风险成本等不断降低，从而提高管理和服务效率及结果质量；“准”主要是指结果定义的清楚，比如各种问题的真正原因、解决措施、行动方案、责任归属等，影响结果的各种因素、解决措施、行动方案、责任归属等，“准”就是要量化、细化、可操作化。精准化服务是从经验型服务转向规范化服务的最有效的体系之一，对数字化造价管理的规范化、持续化作用显著。

3. 数字造价信息数据库

（1）数据库的类型。

数据库是按照数据结构来组织、存储和管理数据的仓库。工程造价数据库主要有工程造价信息数据库、工程造价法律法规数据库和工程造价成果数据库三种。

（2）数据库的构建。

① 工程造价信息数据库。

工程造价信息数据库涵盖建设项目投资估算、设计概算、招标控制价、合同价、竣工结算文件的书面及电子资料。竣工结算文件经承发包双方确认后，由承包人报工程所在地县级以上造价管理机构备案，作为竣工验收依据，包含工程变更与结算文件的书面及电子资料。

② 工程造价法律法规数据库。

工程造价法律法规数据库收录造价相关法律、行政法规、司法解释、部委规章、地方及行业规范性文件。造价从业人员可通过标题、文号和全文检索查询国家及地方相关法规文件，为提升执业规范性、准确性及建设项目造价风险防控水平提供专业数据支撑。

③ 工程造价成果数据库。

工程造价成果数据库应由结论性文件和证明性文件组成。

结论性文件一般包括：工程概况；估算、概算、预算、结算、决算造价成果文件；审核造价文件（包括审核报告）；经济分析、成本分析报告；经济纠纷处理报告、司法鉴定文书；工程价格信息指标发布资料；工程评标报告；工程支付报告和其他。

证明性文件包括：施工合同；招标投标文件；设计文件；图纸会审纪要；施工组织设计；变更、签证；甲供材料清单及相关价格证明资料；甲方与施工、咨询单位的往来文件。

4. 数字造价管理系统

（1）数字化管理首先是利用数字技术和数字资源，在全面造价管理理念的牵引下，融合多方信息，通过数字化技术智能分析、快速决策，实现工程造价管理的愿景；其次是在云端平台的作用下，通过业务互补、技能互补、资源互补、信息互补的合作方式整合优势资源服务于项目管理过程。

目前造价行业信息化程度低，专业与阶段间行为和数据协同有限，加重造价人员负担。同专业及不同专业间模型互通可让相同数据在不同阶段自动联动刷新，解决造价人员重复算量等工作，实现数据结构化与工作效率最大化，由此催生数字造价一体化平台。数字造价管理系统如图 10-5 所示。

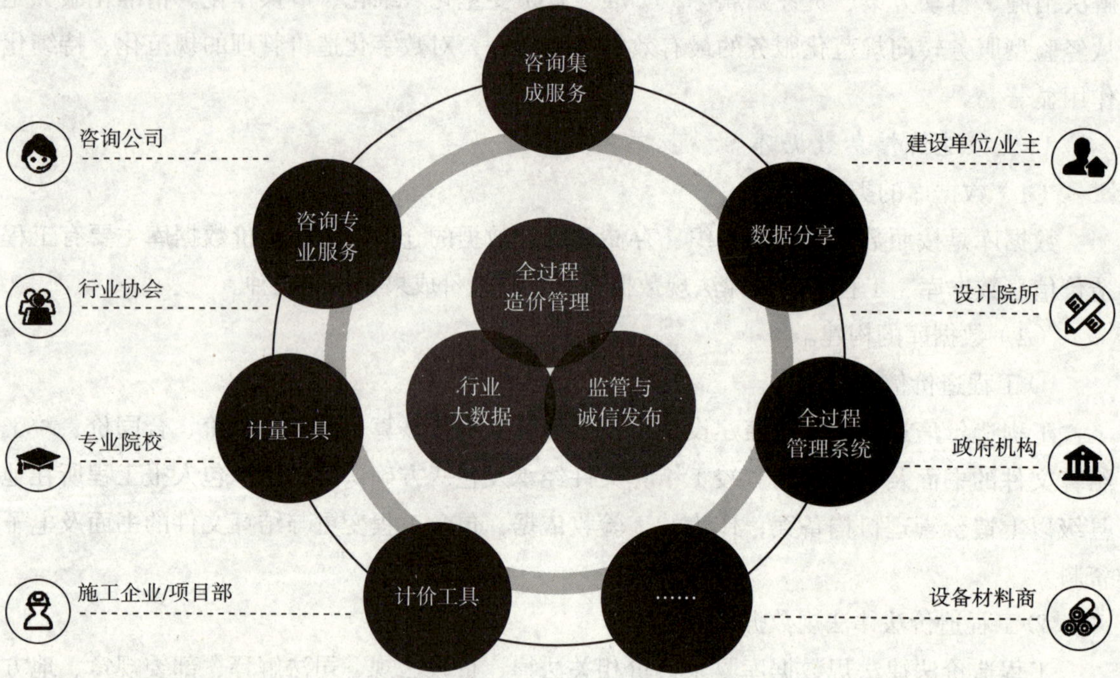

图 10-5　数字造价管理系统

（2）BIM+ 图形处理技术 + 协同。

BIM 技术是一种应用于工程设计建造管理的数据化工具，结合图像处理技术及计价依据可形成包含造价全要素的造价 BIM 模型。其在项目策划、运行和维护的全生命周期过程中进行信息共享和传递，使工程技术、造价管理人员对各种建筑信息作出正确理解并高效应对，为项目管理各参与方提供协同工作的基础，提高造价管理过程中沟通协调及管理决策的效率。通过 BIM 技术、图形处理技术集成模型及要素信息，可有效支撑数字造价管理的结构化特征。

（3）云 + 网（物联网）+ 端（智能终端）+ 区块链。

通过“云 + 网（物联网）+ 端（智能终端）”等信息技术，可以随时随地获取建筑项目过程、工程造价管理过程、计价依据等各方面的信息，提升工程造价管理相关数据的准确性和及时性。以云技术为核心的平台化应用，可提升综合管理协同效率，有效支撑数字造价管理的在线化特征。

区块链是分布式数据存储、点对点传输、共识机制、加密算法等计算机技术的新型应用模式。区块链能有效保证数据的安全，为数字造价管理的在线化提供数据跟踪以及安全保障。

（4）大数据 +AI（人工智能 / 算法）。

利用大数据与人工智能算法分析历史造价数据，建立各要素对造价的影响模型并开展关联性分析，结合结果进行智能组价、智慧预测与实时反馈，提升造价管理效率和分析决策能力，支撑数字造价管理智能化。

5. 发展趋势

在当今时代，数字造价管理已在项目、企业和行业层面展开实践，并取得了初步成果。在工程造价领域，正经历着一场快速变革，涵盖了从 BIM 招标投标、工程计价改革、全过程工程咨询、全面造价管理、成本精细化管理、数字化交付，到数据共享生态、数字企业、数字造价站以及数字时代人才培养等多个方面。

数字造价管理具有极为重要的意义。它是推动传统工程造价管理向数字化工程造价管理转型的关键基础设施，是驱动工程造价在全过程、全要素、全参与方等维度实现升级的核心发展战略，更是一个开放、共享的生态系统。

随着以 5G、物联网、AI 技术为代表的前沿 IT 技术，以及以机器人技术为代表的高端制造技术逐渐在建筑行业落地应用，数字化造价管理系统实现了多维度的管理提升。不仅达成了价值管理、标杆管理、集成管理和知识管理，还实现了全过程和全要素工程造价管理的数字化。展望未来，数字造价管理最终将引领工程计价与工程造价管理在方法、技术上实现创新，进而提升业务价值。

未来，数字造价管理是驱动建筑业创新发展的新动能，虚拟设计与建造将改变建造方式，物联网、区块链将改变供应方式和金融模式，云技术将促进信息共享与合作，在线和移动终端将改变信息传递方式，大数据、人工智能将带来新的价值。从实现路径角度来讲，数字造价管理是行业共同落地的结果；从企业角度来讲，其是共建共享的生态平台，是实现生态互促、促进企业转型升级的核心引擎；从岗位角度来讲，其是能力提升、理念转变、价值重塑的重要契机；从行业角度来讲，其是行业标准完善、数据生态重塑、实现精准服务的改革助手。

任务四 工程造价管理的系统化

任务描述

在某地铁线路建设项目中，项目造价管理人员全面负责工程造价管理的系统化构建。需整合设计、施工、采购等各环节造价数据，建立系统化造价管理体系，通过标准化流程与规范化操作，实现造价数据的一致性与可追溯性，提升项目整体造价管控能力。

任务分析

任务要求深入理解项目全周期造价管理需求，构建系统化框架；制定统一造价标准与流程，确保各环节无缝对接；强化数据整合与共享机制，提升管理协同性；通过系统化构建，实现造价管理的全面优化，保障地铁建设项目的高效推进。

任务实施

工程造价管理既涵盖了宏观层次的工程建设投资管理，也涵盖了微观层次的工程项目费用管理。宏观管理是指政府部门根据社会经济发展的实际需要，利用法律、经济和行政手段，规范市场主体的价格行为，监控工程造价的系统活动；微观管理是指工程参建主体根据工程有关计价依据和市场价格信息等预测、计划、控制、核算工程造价的系统活动。

工程造价管理从时间维度按全生命周期分为投资决策、设计、招标投标、施工、竣工验收、运行维护阶段；逻辑维指各时间阶段工作步骤，包括收集分析资料、预测决策、计划、控制实施、分析评价、监督管理；空间维根据项目利益相关者建立，有业主、政府部门、承包商等。集成可将各维度重组，提高整体功能效益。各维度相互影响关联，集成管理将其综合成整体，为管理者提供系统方法，提升造价管理效益。运用系统思维进行造价管理，能全面高效地开展工作，为利益方带来投资效益，推动建筑市场健康发展。

集成是一种管理理念，是提高复杂系统功能的有效方法。集成后的模型是将造价管理作为一个系统，造价管理所需的资料和信息为系统的输入内容，造价管理目标为系统的输出内容，整个造价管理过程为系统的中间转化作用。在工程造价管理的各个阶段，应综合考虑环境、理论方法、逻辑活动等方面的内容，强化系统管理，充分利用资源，优化施工组织设计，确保工程建设资金得以有效利用，实现工程建设综合效益的提升或最大限度地降低其建设成本，同时全面健全落实岗位责任制等行之有效的制度，规范管理，从而实现造价管理的整体目标。

工程造价管理的系统化可从运行系统、组织系统和监督系统去理解。

一、系统化的运行系统

工程造价咨询机构的运行机制是指其各个要素在运行过程中所形成的相互制约、相互作用的联系方式，包括企业的决策机制、激励机制、约束机制等。工程造价咨询业是竞争性行业，新理念、新工具推动其产品结构升级。业主追求降低交易成本，催生综合化咨询服务需求，如减少合同界面、获专业决策支持与监督等。造价管理中各部门组合管理时间、空间和功能结构，协同控制造价。有必要建立全面系统的造价管理体系，用系统方法控价。工程造价优化从全局出发，运用系统工程理论和手段优化管理行为，通过最优途径选择合理方案，实现最经济有效的造价管理。

二、系统化的组织系统

（一）工程造价管理的组织

工程造价管理的组织是指为了实现工程造价管理目标而进行有效组织活动，以及与造价管理功能相关的活动的有机群体。它是工程造价动态的组织活动过程和相对静态的造价管理部门的统一。具体来说，主要是指国家、地方、部门和企业之间管理权限和职责范围的划分。工程造价管理组织有三个系统，即政府行政管理系统、企事业单位管理系统和行业协会管理系统。

建设行政主管部门和行业协会应联合有关部门，基于现有制度尽快制定统一执业规则与收费标准，完善行业管理制度，加强资质管理、明确执业责任、加大监管力度，规范从业人员行为，完善建设管理法律规范体系，确定注册造价工程师法律地位。注册造价工程师是造价咨询业核心，赋予其法律地位，可发挥其作用，排除执业干扰与壁垒，合理确定和有效控制工程造价。

（二）组织系统变革的方向

1. 改变机制、提高活力

加大工程造价咨询机构的改革力度，尽快建立起现代企业制度，完全实现与国际接轨，形成合伙制、股份制及有限责任制。建章立制，加快造价咨询业的立法步伐，通过立法禁止任何行业、任何系统在造价咨询业实行行业垄断，由有资质的造价咨询机构按正常规范完成。

2. 项目管理目标的集成——项目全要素造价管理

建设管理模式集成化导致全过程造价咨询服务的需求增长。工程项目的建设管理模式经历了由“合”到“分”、由“分”到“合”的演变历程，即从最初的业主建管一体方式发展到专业分包实施方式，再发展为逐步集成化的模式。演化至今形成了多种具体模式，业主在采购工程项目时，需要结合项目特点与自身需求选择其中更为合适的实施模式，如DBB模式适应分阶段的建设管理模式，以分阶段专业咨询为主，DBB模式向承包商集成有EPC模式、向工程师集成有PMC模式。项目建设管理模式的集成化要求有与之匹配的综合性工程造价咨询服务产品供给。

未来，组织不再是权力的中心，组织越来越平台化、网络化、生态化，逐渐形成一个能够快速对接市场需求、围绕用户进行交互和互动的生态圈。

三、系统化的监督系统

项目监督体系由政府监督、法律监督、社会监督三方面构成。

（一）政府监督

政府可通过立法和行政监督，在产业政策引导、规范建设程序等方面规范项目活动主体、维护公共利益。其对项目的监督体现表现在：审查投资方向是否符合产业政策，监督土地资源使用的有效性与可持续性，开展安全与环保监督，规范建筑市场和监督工程质量。项目投资行为遵循国家产业政策导向，才可能成功，具备可持续性和发展动力。

（二）法律监督

项目的法律监督主要体现在公证环节。公证处的业务包括以下几个方面：招标公证、购销合同公证、货物运输合同公证、建设工程承包合同公证及借款合同公证。

（三）社会监督

社会监督有社会审计、社会监理及社会舆论监督。由社会中介机构、社会舆论以及社会团体对项目情况进行监督。项目监督的主要内容有：审查招标文件，监督工程招标和采购招标；检查项目实施内容和施工进度；审查提款申请及有关证明文件，按施工进度拨付款项，保证专款专用，如果借款人挪用贷款，贷款银行有权中止贷款并追究责任；项目投产后检查项目运营效果，提交项目监督报告。

当前，在建设工程项目的造价管理中，特别是在国有投资项目的造价管理中，“跟踪审计”这种审计模式已经得到广泛应用，已渐渐成为规范和制度。“跟踪审计”的作用也已经渗透到项目现场管理的各个环节，起到对工程价款事前、事中和事后的控制作用，同时在对竣工决算中有关争议问题的及时解决，以及对工程造价的合理动态控制等方面都发挥着重要的作用。“跟踪审计”这种管理模式已经涵盖了项目管理公司的一些管理理念，强化了上级资质审批机关与地方监管部门的沟通联系，是提升行业监管能力的基础。完善工程造价咨询机构信用档案制度和责任赔偿制度，在新形势下运用市场手段引导和加强监督，不仅可以规范工程造价执业行为，还可以维护建筑市场的稳定与有序发展，发展具有中国特色的工程造价新模式。

为实现工程造价管理国际化、专业化、信息化、系统化，需确立新的管理观：一是全面观，让管理从单一、国内、片面走向多元、国际、全面；二是动态观，使管理由静态、断续、重结果、事后检验转为动态、可持续、重过程、事先预防；三是“以人为本”观，管理主体是管理者，长效机制在其心中，要贯彻该原则，发挥其能力，将管理重点从管物转向管人，实现从治标到治本等转变；四是建设、施工、监理单位三位一体观，三者角色等不同但目的利益一致，是共同体，应处理好关系，共同提升管理质效，实现管理现代化。

项目小结

本项目展望了工程造价管理的发展趋势。首先，我们探讨了其国际化趋势，强调与国际接轨的重要性；其次，着重于专业化发展，提升从业人员的专业素养；再次，我们关注信息化进程，利用科技手段提高管理效率；最后，强调系统化整合，构建全面、协同的管理体系。通过本项目，我们对工程造价管理的未来有了更清晰的认识和规划。

项 目 工 单

造价管理趋势展望实训记录见表 10-1。

表 10-1　造价管理趋势展望实训记录

班级		姓名		日期	
实训名称	造价管理趋势展望实训				
实训目标	1. 把握造价管理国际化趋势； 2. 理解造价管理专业化发展； 3. 掌握信息化、系统化应用				
实训过程记录					
实训注意事项					
实训总结					

造价管理趋势展望实训评价见表 10-2。

表 10-2　造价管理趋势展望实训评价

项目名称	评价内容	分值	评分
职业素养考核项目（30%）	正确规范操作能力	10	
	责任心团队协作能力	10	
	问题解决与创新能力	10	
专业能力考核项目（70%）	国际化案例分析能力	10	
	技能专业化提升能力	10	
	信息化软件操作能力	20	
	系统化管理设计能力	10	
	趋势预测报告能力	20	
合计评分			
教师评语		教师签字	

课后练习

一、填空题

1. 工程造价管理国际化是指________具有国际视角，符合国际惯例和发展趋势，能在世界范围内________。

2. 在国际化背景下，工程造价管理的基本内容是________和________工程造价。

3. 工程造价管理的专业化主要体现在________、________和人员的专业化。

4. 数字造价管理是实现传统工程造价管理向数字化转型的基础设施，是驱动工程造价全过程、全要素、全参与方升级的________，是开放、共享的________。

5. 数字造价管理通过数据驱动推动行业变革，具有________、在线化________三大典型特征。

二、简答题

1. 简述新时代下造价工程师核心能力重要性排序。

2. 简述工程造价管理的专业化要求。

参 考 文 献

[1] 广东省工程造价协会．建设工程造价管理基础知识 [M]．北京：中国建筑工业出版社，2025．

[2] 中国建设工程造价管理协会．建设工程造价管理相关文件汇编：2023 年版 [M]．北京：中国计划出版社，2023．

[3] 全国造价工程师职业资格考试培训教材编审委员会．建设工程造价管理 [M]．3 版．北京：中国计划出版社，2023．

[4] 张静晓，江小燕．工程造价管理 [M]．2 版．北京：北京大学出版社，2021．

[5] 李建峰．工程造价管理 [M]．北京：机械工业出版社，2021．

[6] 林君晓，冯羽生．工程造价管理 [M]．3 版．北京：机械工业出版社，2021．

[7] 刘伊生．工程造价管理 [M]．北京：中国建筑工业出版社，2020．